천재 과학자들의 숨겨진 이야기

야마다 히로타카 지음 · 이면우 옮김

천재 과학자들의
숨겨진 이야기

놀라운 발명과 발견으로 세기를 빛낸 천재 과학자 · 기술자들의 위대한 업적,
그 뒤에 감춰진 드라마틱한 삶과 인간적인 면모!

야마다 히로타카 지음 · 이면우 옮김

사람과 책

C O N T E N T S

* 본문의 날개 참고사항은 두산 세계대백과 Encyber에서 다수 발췌하여 수록하였음.

지은이의 말

인류의 역사상 과학이나 기술을 발전시켜온 것은, 지극히 소수의 천재 과학자와 천재 기술자들이었다.

그들은 천부의 재능을 꽃피웠고 인류에게 큰 공헌을 했다. 세상의 대다수 과학자나 기술자들은 그러한 천재들의 업적이나 지도를 토대로 일을 수행해나간 것이라고 볼 수 있다.

그러한 생각에서, 우리들은 유명한 천재들을 구름 위에 있는 사람 또는 가까이하기 어려운 사람, 처음부터 우리들과 다른 사람이라고 생각하는 경향이 있다.

평생 동안 2,000가지 이상의 발명을 한 에디슨이나 혼자의 힘으로 화학이나 물리학의 역사를 크게 바꾸어놓은 라부아지에, 뉴턴이나 아인슈타인, 8년이라는 긴 세월 동안 꾸준하게 실험하여 8톤의 광석에서 0.1그램의 라듐을 추출했던 퀴리 부인 등이 모두 그런 인물들이다.

그러나 진짜 천재들의 인생이 우리들과 동떨어진 특별한 것이었을까?

필자는 지금까지 쓰여진 '위인전'이라고 불리는 많은 과학자 전기나 기술자 전기를 여러 번 읽어보았는데, 그런 류의 저서들이 가진 하나의 결함을 알게 되었다.

그것은 바로 이들 천재 과학자, 천재 기술자들의 인간적인 갈등이나 숨겨진 야심, 학계에서의 힘겨루기와 따돌림, 또한 그들이 불러들인 강한 운명 등의 지극히 인간적인 과정에 대한 서술이 매우 미약하다는 점이다.

우리는 천재들의 빛나는 업적에서뿐만이 아니라, 그것을 성취하기까지의 과정을 통해 그들에게 친근감을 느끼게 되며 그 인물과 인생에 공감하게 된다.

인물 자체에 매료되는 '인간론'적인 과학자 전기나 기술자 전기가 지금까지는 거의 없지 않았나 하는 것이 필자의 생각이다.

1900년대 초에 미국으로 건너가 국제적인 의학자로서 활약한 노구치의 인생은, 정말이지 치열한 인간적 갈등 그 자체였다.

파스퇴르가 광견병 백신을 만든 것은, 뇌출혈로 쓰러져 반신불수가 된 후에 이루어진 것이며 불완전성 정리로 우리의 자연관까지 변화시켰던 괴델은 강박신경증으로 고통을 받던 중에 위대한 업적을 달성했다.

보통 사람들의 몇 배 이상이나 드라마틱한 인생을 살았던 천재들의 삶의 태도는 우리의 마음을 촉촉하게 적신다. 또 우리는 스스로에게 정직했던 그들의 역동적인 인생에 감동을 받는다.

　이 책은 업적의 이면에 감추어져서 지금까지 부각되지 않았던 세기의 천재 20명의 살아 있는 인간성과 어린 시절의 가정환경이나 부모의 영향력, 또한 위대한 발견이나 발명에 결합된 의외의 사실 등에 초점을 맞추어, 과학의 역사상 사례가 오늘날에도 살아 있도록 배려해서 서술했다.

　한 인물마다 5개의 이야기를 옴니버스 형식으로 구성했는데, 독자들의 인생관이나 또는 현재 처한 상황에 도움을 줄 것으로 생각한다.

　실제로 과학·기술 분야에 종사하는 사람이나 인생의 지침을 구하는 샐러리맨, 또 과학자나 기술자가 되고 싶은 청소년들 모두에게 각각 무엇인가 하나라도 도움이 되었으면 좋겠다.

　또한 자식 교육에 열심인 젊은 부모들에게도 천재의 성장 과정을 통해 어렸을 때의 환경과 인간적 감화가 매우 결정적인 요인으로서 중요한 것임을 강조해두고 싶다.

　아인슈타인을 위대한 과학자로 이끌었던 첫걸음은 10살 무렵 읽었던 교양과학 도서였다. 또 소년 에디슨이 모두가 손들 정도의 기이한 행동으로 퇴학당했을 때, 그의 재능을 굳게 믿고 열심히 개인 교육을 시켰던 것은 바로 그의 어머니였다.

　필자는 이 책에 나오는 한 사람 한 사람의 천재의 인생에서 배울 수 있는 것이 100인의 평론가가 하는 충고보다도 의미 있다고 생각한다.

　이 책에 나오는 천재들의 인간상은, 언젠가 교육에 도움이 되는 과학사를 쓰려고 생각하고, 대학 졸업 후 30년 이상 계속된 필자의 과학사 연구의 결과임과 동시에 필자의 인생관이 투영된 것인지도 모른다.

　E. H. 카(역자 주 : 역사학자)가 말한 바와 같이, 역사는 본래 역사가가 가진 역사관과 인생관이 투영되어 서술되는 것이기 때문이다.

　이 책을 읽고 누구보다 드라마틱한 인생을 살아온 천재 과학자, 천재 기술자들에 흥미를 갖게 된 독자들이라면 개별적인 전기나 관련된 과학도서를 찾아 읽길 바란다. 과학사 연구의 재미를 마음속 깊이 느끼게 된다면 필자는 더 이상 바랄 게 없을 정도로 행복할 것이다.

야마다 히로타카(山田大隆)

옮긴이의 말

저자는 말한다. 인류의 역사상 과학이나 기술을 발전시켜온 것은 지극히 적은 소수의 천재들에 의한 것이라고 말이다. 역사적 관점이 다르다고 할지라도 이 말을 전적으로 부정하기는 어려울 것이다.

일생 동안 2,000가지 이상의 발명을 한 에디슨, 혼자의 힘으로 화학 혁명을 일으킨 라부아지에, 8년 동안의 단순하고 고된 작업을 통해 8톤의 피치블렌드 광석에서 불과 0.1그램의 라듐(8천만 분의 1)을 추출한 퀴리 부인 등의 노력만 보더라도 그들을 천재라고 칭송할 만한 가치가 있다.

이어서 저자는 여태까지 쓰여진 많은 과학자나 기술자의 전기를 읽었지만 거기에는 하나의 결함이 있었다고 지적한다. 즉 대부분의 전기에서 과학자들은 우리들과 전혀 다른 특별한 위인의 인생을 살았던 것처럼 미화되고 있으며, 그들의 이면에 감추어진 야심이나 갈등 같은 인간적인 면모에 대한 언급이 지극히 빈약했다는 것이다.

이 책의 장점은 바로 여기에 있다.

천재 과학자들은 우리와 전혀 다른 사람으로, 태어날 때부터 뛰어난 천재여서 모든 일을 독창적으로 수행했으며 또 그들은 연구에만 몰두했을 뿐 사소한 일에 대해서는 무관심했다든가, 아니면 독특한 성격의 소유자로 살아가는 데 많은 곤란함이 있었다든가, 또는 모두 성인군사로 화낼 줄도 모르며 인격적인 삶을 살았을 것이라는 편견에서 벗어나게 해준다. 이 책은 보통 사람보다 훨씬 역동적으로 살았던 천재들의 삶의 태도를 엿볼 수 있게 하며, 그 인간적인 내용이 독자의 마음을 촉촉이 적신다.

이 책에서 접할 수 있는 인물의 대부분은 흔히 이름이라도 기억할 만한 과학자와 기술자들이다. 다만 우리에게는 다소 생소한(그러나 그 업적은 충분히 자랑할 만한) 일본인 의학자 2명이 포함되어 있다.

가장 먼저 소개한 인물은 누구도 이의를 제기하지 않을 최고의 과학자 뉴턴이다. 뉴턴의 생가를 방문하는 듯한 설명, 그의 병적인 메모를 보여주는 가계부 자료, 당시 과학자사회에 횡포를 부렸던 뉴턴의 독재자적인 인격을 소개하고 있다. 상식을 의심했던 아인슈타인은 상대성 이론을 완성했지만, 과학적인 면에서 항상 성공한 것만은 아니었다. 좋은 환경에서 태어난 유카와 히데키가 수학에서 물리학으로 방향을 전환한 동기, 야망을 가진 여인 마리 퀴리의 여성 운동가적인 면모도 이 책에서 읽을 수 있다. 항상 스승 데이비를 존경했던 겸손한 실험가로 46년 동안을 연구실 다락방에서 기거한 패러데이, 그림 솜씨가 뛰어났던 아름다운 부인을 가진 라부아지에, 외과 수술 시간에 기절하는 바람에 박물학으로 전공을 바꾼 다윈, 맥주 제조공장의 아들로 태어나 실험의 대가가 된 줄, 수도원의 좁디좁은 정원에서 완두콩을 재배하여 유전의 법칙을 발견한 멘델, 광견병 백신을 발견하여 많은 환자에게 희망을 준 파스퇴르, 과학의 발전을 가져온 주기율표를 발견했지만 단 1표 차이로 아깝게 노벨상을 놓친 멘델레예프, 의대생에서 물리학자로 행로를 바꾼 갈릴레이, 뛰어난 수학자였지만 오히려 천문대장으로 임명되었던 가우스, 수학자로서 불완전성 원리를 주장한 괴델, 자살로 생을 마감한 정신병력이 있었던 볼츠만 등 극적인 과학자들의 생애를 접할 수 있다.

　기술자로는 하루 20시간이나 일했다는 에디슨의 지독한 노력을 살펴볼 수 있으며, 증기 기관의 발명자라기보다는 개량자인 와트의 생애를 읽을 수 있다. 또 최초로 유인 동력 비행에 성공한 라이트 형제와 항공학자 랭글리의 불화와 자전거를 교묘하게 결합한 비행기의 원리를 이해할 수 있다. 누구나 꺼려했던 뱀독과 매독을 자신의 연구 분야로 선택하여 세계적인 의학자가 된 노구치 히데오는 결국 황열병 연구로 사망하는 아쉬움을 남겼고, 파상풍균을 처음 발견하고도 노벨상을 놓친 기타사토 시바사부로의 인생에서 우리는 다소 낯설지만 세계 최고의 의학자가 되기 위한 일본 의학자의 각고의 과정을 엿볼 수 있다.

　각설하고, 독자들은 이 책을 읽기 전과 읽고 난 다음에, 과학자의 이미지가 어떻게 변했는지 한번 생각해 보라. 또한 과학자나 기술자의 이름을 조용히 마음속으로 나열해 보자.

　아직도 '과학자'라고 하면, 우리와 완전히 유리된 실험실이나 연구실에서 흰 가운을 입고 세상사와 상관없이 연구하는 사람으로 생각될지도 모른다. 과학자들은 태어나면서부터 천재성을 발휘했으며, 노력보다는 운이 따라주었기 때문에 위대한 업적을 이룰 수 있다고 생각하는가?

이 책의 원 제목은 《마음을 적시는 천재의 일화 20 ─ 천재 과학자의 인격 · 생활 · 발상의 에피소드》이다. 과학사학자인 저자는 여러 문헌을 기초로 기술자나 수학자를 과학자 부류에 포함시켜 나름대로 그들의 전기를 5개의 짧은 이야기로 구분해 옴니버스 형식으로 꾸몄다. 비교적 알려지지 않았던 최근의 과학사 연구 성과까지 포함시킨 것은 이 책의 장점이다. 특히 저자는 천재과학자나 기술자들은 모두 어렸을 때 책을 많이 읽었으며, 위대한 학자들의 이면에는 어머니의 헌신이 있었다는 점을 여러 부분에서 강조하고 있다.

그러나 이 책을 번역하면서 느낀 아쉬움이 전혀 없진 않다. 우선 우리가 잘 알고 있는 중요한 과학자들이 생략되었다는 점이다. 예를 들면, 양자론을 개척한 닐스 보어, 피의 순환을 발견한 하비, 산소의 발견자 프리스틀리, DNA의 구조를 발견한 왓슨과 크릭, 지구 중심의 우주 체계를 처음으로 주장한 코페르니쿠스, 행성의 타원 궤도를 발견한 케플러, 우주의 팽창을 발견한 허블, 대륙이동설을 논리적으로 주장한 베게너 등이 그러한 예가 될 것이다.

또 한 가지 작은 아쉬움은 일본에서 출간된 책이어서 자국인 일본 과학자가 3명이나 선택된 점이다. 독일어나 영어의 표기를 원문 없이 그대로 일본어만으로 표기하여 번역에 애를 먹기도 했다. 예를 들면 기타사토 시바사부로 부분에서, '묘후레르 연구소'가 뢰플러(F. A. Johannes Loeffler, 1852~1915)라는 독일 생리학자의 연구소임을 알기까지는 상당한 노력이 필요했다. 그래서 독자들을 위해 부득이 원문에 없는 참고사항을 날개로 편집했다. 이 내용은 역자와 편집자가 독자들의 이해를 돕기 위해 덧붙인 것으로, 말 그대로 참고사항에 불과하므로 굳이 읽지 않아도 될 것이다.

마지막으로 역자는 이 책을 번역하면서 내내 부끄러운 마음을 느꼈음을 고백한다. 역자 스스로 과학출판 운동의 일익을 담당한다고 자처하면서도, 독자들을 위한 평이하면서도 가치 있는 과학자의 전기나 읽을거리를 우리말로 제공하지 못했던 나태함을 질책하면서, 빠른 시일 안에 능력 있는 저자들에 의해서 우리 식의 연구와 읽을거리가 제공되기를 희망한다.

급한 번역임에도 불구하고 꼼꼼하게 편집하고 본문에 대해 많은 의견을 준 사람과책의 편집부, 번역의 기회를 제공해 주신 이보환 대표에게 감사드린다.

2002년 3월 이면우

아이작 뉴턴

영국의 물리학자, 수학자, 천문학자

업적

· 만유인력의 법칙 발견
· 미적분법 발견
· 빛의 분해(이상을 3대 발견이라 함)
· 운동의 세 가지 법칙 확립
· 뉴턴링 발견
· 반사망원경 발견 외 다수

Issac Newton (1642~1727)

근대 과학의 완성자. 27살에 케임브리지대학 교수가 되었다. 교수 재임 시절 전반부에 운동의 역학, 광학, 수학, 천문학 분야의 업적을 대부분 완성했으며, 《프린키피아 (원제:자연철학의 수학적 원리 *Philosophiae Naturalis Principia Mathematica*)》와 《광학 *Optics*》으로 그 내용을 정리했다. 후반부에는 연금술, 성서의 연대기 연구 등에 몰두했다. 54살에 교수직을 그만두고 이후 조폐국장을 거쳐 왕립학회 회장이 되어 영국의 학계에서 군림했다.

1642	영국 잉글랜드 동부 링컨셔의 울즈소프에서 중농의 아들로 태어남.
1655	그랜섬왕립학교 입학.
1661	케임브리지대학 트리니티칼리지 입학.
1665	케임브리지대학 졸업, 페스트가 유행하자 고향으로 돌아옴.
	이항정리 발견, 만유인력의 법칙, 빛의 분해 등을 생각해냄(23세).
1666	유율법에 관한 〈10월 논문〉 발표.
1667	케임브리지대학에 복귀, 연구원이 됨.
1668	반사망원경 발명, 왕립학회에 기증함.
1669	*배로의 뒤를 이어 제2대 루카스교수직에 부임(27세), 1671년까지 광학을 강의함.
1672	왕립학회 회원이 됨(30세).
1675	뉴턴링을 발견함. *호이겐스가 주장한 빛의 파동설에 대항하여 빛의 입자설을 주장함.
1687	《프린키피아》 출간(45세).
1692	건강상의 이유로 휴직(2년간).
1696	케임브리지대학 교수직을 버리고 조폐국 감사가 됨(54세).
1699	조폐국장이 됨.
1703	왕립학회 회장이 됨(이후 24년 동안 재직).
1704	《광학》 출간(62세).
1705	기사(나이트) 칭호를 받음.
1727	사망(85세).

1. 달걀 대신 회중시계를 삶았던 집중력

역사에 남을 만한 업적을 남기려면, 넓은 시야나 깊은 식견 이외에 필요한 것이 있다. 그것은 바로 연구에 몰두하는 집중력이다.

뉴턴은 운동 역학에서부터 광학뿐만 아니라 천문학까지 집대성했고, 동시에 그것을 설명하는 수학을 새롭게 개발했다. 스스로 합금을 조합하여 반사망원경까지 만들었으며, 또한 성서의 연대학에 관한 연구에도 손을 댔다.

이렇게 호기심 많은 만능 천재 아이작 뉴턴은 역사상 최고 수준의 집중력을 지녔던 사람으로 알려져 있다. 그는 때와 장소를 가리지 않고 집중했고, 갑자기 새로운 세계에 빠져들곤 했다. 이와 같은 유별난 집중력을 잘 보여주는 다음의 일화가 전해오고 있다.

케임브리지대학 교수 시절이던 어느 날, 뉴턴은 당시 화제가 되었던 광학 분야의 한 주제에 대해서 깊이 생각하고 있었다. 이윽고 점심 때가 되자, 그는 빵과 함께 삶은 달걀을 먹으려고 실험실에 있던 스토브에 냄비를 올려놓고 물을 끓이기 시작했다.

바로 그때였다. 그때까지 골몰했던 주제에 대해, 번뜩이는 영감이 스치면서 아이디어가 떠올랐다. 그는 곧바로 관련된 책을 찾아 들고는 골똘히 읽기 시작했다. 그와 동시에 지금까지 하려 했던 모든 것을 잊어버리고 말았다. 아주 빠른 속도로 다른 사고의 세계에 빠져든 것이다.

깊은 생각에 빠진 채 무의식적으로 주머니에 손을 넣은 뉴턴은 주머니 속에서 달걀 비슷한 것이 손에 잡히자 달걀을 삶아 먹으려던 생각이 떠올랐고, 확인도 하지 않고 그대로 끓는 물 속으로 집어넣었다. 그리고 나서 다시 책을 보면서 사색에 잠겼다.

배로

[Barro, Isaac. 1630~1677]
영국의 수학자·신학자.
1660년 케임브리지대학의 그리스어 교수로 임명되었고 1663년 수학의 루카스교수직이 신설되자 초대 교수가 되었다. 여기서 행한 광학과 기하학 강의로 뉴턴에게 영향을 주었다.

호이겐스

[Huygens, Christiaan. 1629~1695]
네덜란드의 물리학자·천문학자.
주요 저서로《진자시계》(1673)《빛에 관한 논술》(1690)이 있다. 1655년 형 콘스탄틴과 굴절망원경을 공동 제작, 토성의 고리를 발견하고 토성의 위성을 관측했다. 또 1656년 진자시계를 발명했다.

이때 마침 볼일이 있었던 가정부가 방으로 들어왔다. 그녀는 하늘을 쳐다보면서 깊은 생각에 잠겨 있는 뉴턴 옆에서 부글부글 소리를 내며 끓고 있는 냄비 속을 쳐다보고는 깜짝 놀라 큰 소리로 말했다.

"선생님, 도대체 무슨 일을 하신 거죠? 시계를 삶고 있어요!"

뜨거운 물 속에서 삶아지고 있던 것은 그가 아끼던 회중시계였다.

이 회중시계는 만들어진 곳의 지명을 따서 '뉘른베르크의 달걀'이라는 별명이 있었는데, 뚱뚱한 모양으로 달걀과 아주 비슷했다. 그렇다고는 해도 달걀과는 충분히 구분할 수 있는 것이었다.

2. 메모광 뉴턴의 꼼꼼한 가계부

의외로 잘 알려져 있지 않지만 뉴턴은 지독한 메모광으로, 기록하는 것을 매우 좋아했다.

분야를 막론하고 창작 활동을 하는 사람들(과학자, 발명가, 예술가, 작곡가, 디자이너, 작가 등)은 일상생활 속에서 갑자기 번뜩이는 아이디어나 영감을 꼼꼼하게 메모하는 습관을 가진 사람이 많다. 손으로 하는 작업이나 언어 활동 등의 일상생활 속에서 순수한 사고가 자극을 주게 되면, 빠른 속도로 창작 활동이 진전되는 경우가 있는데, 이때 그것을 잊지 않으려고 메모하는 것이다.

뉴턴은 이러한 생활 방식을 생애 전체를 통해서 관철시켰던 인물이었다. 다만 뉴턴의 경우 기록의 범위나 양이 다른 사람보다 훨씬 많았다.

그의 메모 습관은 일상생활의 거의 모든 면에서 철저하게 이루어졌다. 유명한 것으로 '뉴턴의 가계부'가 있다.

케임브리지대학 재학 당시 하숙생이었던 뉴턴이 썼던 가계부가 지금까지 전해오고 있는데, 거기에서 꼼꼼한 그의 성격을 보여주는 필적을 확인할 수 있다.

예를 들면 케임브리지대학에 입학하던 날 뉴턴은 책상 자물쇠, 1쿼터의 잉크와 잉크병, 노트 1권, 양초 1폰트, 침실용 변기(당시에는 여기에다 용변을 보았고, 밤중에 내용물을 바깥으로 쏟아버렸다)를 구입했다는 것이 적혀 있다.

이와 같은 형태로 가계부 기입이 계속되는데, 집에서 보내주는 용돈은 1년에 10폰트 정도에 불과했다. 뉴턴의 집은 중농으로 연수입이 700폰트 이상이었다. 그럼에도 불구하고 10폰트밖에 받을 수 없었던 이유는, 추측컨대 남편을 여읜 뉴턴의 어머니가 뉴턴을 상속자로 생각하여 빨리 대학을 그만두게 하려고 생각했기 때문인 것 같다. 수업료 면제를 받지 못했다면 뉴턴은 어떻게 되었을까?

이렇게 경제적으로 곤궁했던 뉴턴이었지만, 가계부에는 가난한 학생이 둘 수 없는 침실 청소부나 가정부에게 지불한 금액이 기술되어 있다. 이 돈이 모두 어디서 나온 것일까?

아마도 뉴턴의 재능을 알고 있었던 이웃의 후원자들이 그의 어려운 처지를 도와주기 위해서 금전적인 지원을 했을 것이다. 한편 뉴턴은 자신이 수업료를 면제받는 장학생이란 사실을 후원자들에게 알리지 않았던 것으로 보인다. 굳이 사기라고까지는 할 수 없겠지만, 어쨌든 이중으로 원조를 받은 셈이다.

또한 교활한 것인지, 아니면 관대한 것인지는 잘 모르겠지만, 후원자들로부터의 후원금 중 일부는 가난한 동료 학생들에게 빌려주기도 했다.

가계부에는 가끔 '교체' 라는 단어가 보이는데 그 아래에는 '6펜스' 라고 기록되어 있다. 이것은 학교 식당 자리를 좋은 자리로 바꾸는 데 쓴 비용이었다. 그는 부잣집 자제들과 '좋은 인연' 을 만들려고 돈을 들여 그들의 옆자리를 샀던 것이다. 눈물겨운 노력이었다.

모든 방면에서 지극히 정밀했던 뉴턴의 지식과 판단력의 원천은 아마도 그의 이런 꼼꼼한 메모 습관이라고 해도 과언이 아닐 것이다.

가계부뿐만 아니라 그의 메모는 물리학, 수학, 천문학 이외에 *연금술, 성서의 연대기 연구 등 모든 학문 분야에 걸쳐 남겨졌다. 아이디어나 영감은 물론이고 새로 얻은 지식, 귀중한 수치, 그래프나 그림, 공식 등 모든 것을 기록해 두었다.

그는 젊은 시절부터 어느 누구도 반론을 제기할 수 없을 정도의 위엄을 갖추고 있었다고 하는데, 메모로 축적된 구체적인 데이터는 필연적으로 그의 주장에 설득력을 실어주었다.

르네상스 시대의 위대한 발명가인 *레오나르도 다 빈치 역시 뉴턴처럼 엄청난 메모를 남긴 사람이었다.

두 사람을 비교해 보면, 천재는 결코 갑작스럽게 태어나는 것이 아님을 알 수 있다. 어느 누구와 비교할 수 없을 정도로 치밀한 메모의 엄청난 축적은, 그야말로 그들만이 가지는 독창적인 힘이었다.

그러나 이 상상을 뛰어넘는 세밀한 성격이 뉴턴을 평생 독신으로 살게 했을지도 모른다. 그의 지나친 꼼꼼함 때문에 여성들이 그와 결혼하는 것을 꺼려했을 것이다. 그의 인간미가 형편없었다는 사실 역시 아주 유명하지만 말이다.

뉴턴은 학문과 결혼할 운명을 가진 채 이 세상에 나와, 평생 학문과 같이 살았다. 그러면서 확실하고 위대한 업적을 남긴 천재로 역사에 남았다.

3. 야간 노점에서 구입한 장난감 프리즘

뉴턴의 천재성을 나타내는 또 다른 일화가 있다.

1665년에서 1667년까지 2년에 걸쳐 페스트가 유행하자, 그는 대학에서 고향인 울즈소프로 돌아왔다. 이때 뉴턴은 23, 24살이라는 젊은 나이에 만유인력, 미적분법(유율법), 빛의 분해라는 세 가지 위대한 착상을 한 것으로 알려져 있다.

그러나 이 사실에서 뉴턴이 철학자처럼 깊은 사색만을 하면서 청년기를 보냈을 거라고 상상하는 것은 경솔한 생각이다. 그에게는 아이 같은 천진난만함이 있었다.

뉴턴은 어린 시절부터 공작을 좋아했다. 손재주도 뛰어나서 25살 때 역사상 최초로 혼자 힘으로 합금을 조합시켜 반사망원경을 만들었을 정도였다. 또한 호기심이 많아서 일생 동안 자연의 신비에 대해 아이와 같은 예민한 감수성을 보였다.

26살, 케임브리지대학 교수였을 때의 일이다.

케임브리지 거리에는 매년 '스토우브릿지'라는 축제가 열렸는데, 뉴턴은 축제가 열리는 거리의 야간 노점에서 장난감 프리즘을 발견했다. 무슨 생각을 했는지는 모르겠지만, 그는 그것을 3개나 구입해서(이 사실 역시 가계부에 기록되어 있다) 놀랍게도 대학에서 광학을 강의하는 데 이용했다.

지금보다도 훨씬 권위주의적이었던 당시의 케임브리지대학에서, 야간 노점에서 구입한 아이들용 장난감을 수업에 이용했던 교수는 그때까지 없었을 것이다.

그는 암막을 친 실험실의 문에 조그마한

뉴턴의 반사망원경

구멍을 뚫고, 틈새로 들어온 태양광선의 통로에 프리즘을 놓았다. 빛은 멋지게 분해되었고, 갑자기 나타난 일곱 빛깔의 무지개에 학생들은 환호했다.

놀라움은 계속 이어졌다.

뉴턴이 일곱 빛깔이 나타나는 곳에 또 하나의 프리즘을 둔 것이다. 그러자 두 번째 프리즘으로 일곱 개의 빛이 모여들었고 원래의 태양광선으로 되돌아왔다. 학생들은 다시 놀랐고 뉴턴도 학생들도 아주 즐거워하면서 이 실험을 계속했다.

이것은 바로 뉴턴이 울즈소프로 피난 갔던 중에 수행했다는 그 유명한 빛의 분해와 합성 실험 그 자체였다.

프리즘에 태양광선을 통과시키면 무지개 빛깔이 나온다는 것은 이미 알려져 있던 사실이었다. 그러나 당시에는 그 원인을 주로 프리즘 자체에서 구하려고 했다. 즉 프리즘 속의 '어두움' 때문에 백색의 태양광선이 가공되었든지, 아니면 태양광선과 프리즘 부근의 그림자가 섞여서 무지개 빛깔이 나온다는 설이 주장되고 있었다.

이에 대해 뉴턴은 프리즘은 원래 태양광선에 포함되어 있는 여러가지 색깔의 빛이 굴절률에 따라 단순히 분해된 것임을 밝혀냈다. 만일 무지개 빛깔이 나타나는 원인이 프리즘 자체에 있다면, 두 개의 프리즘을 통과한 빛은 원래 상태로 돌아갈 수 없기 때문이었다.

야간 노점에서 산 장난감 프리즘에서 볼 수 있는 사례와 같이, 순수하고 자연에 대해 가진 강한 호기심이야말로 뉴턴이 가진 최고의 창조력의 원천이었다.

전 생애를 통해 일관했던 자연에 대한 뉴턴의 호기심과 깊은 경외심은 죽기 전에 했다고 하는 다음과 같은 유명한 말로 요약된다.

"내가 다른 사람보다 멀리 볼 수 있었던 것은 거인의 어깨 위에 서

뉴턴의 연구실이 있었던 트리니티칼리지(케임브리지대학)

있었기 때문이다…… 내가 세상에 어떻게 비쳐질지 모르지만, 나는 바닷가에서 예쁜 조개껍질, 반짝이는 조약돌을 찾는 작은 소년과 같았다. 내 눈 앞에는 아직도 밝혀지지 않은 진리를 안고 있는 커다란 바다가 펼쳐져 있다."

　여기서 말하는 거인이란 레오나르도 다 빈치, 갈릴레오 갈릴레이, 호이겐스와 같은 사람들이 이루어 낸 위대한 업적을 말하는 것이다.

　모두가 자신을 천재라고 칭찬하지만, 정작 본인은 과학 현상에 대해 소박한 흥미를 가지고 선인들의 위업을 바탕으로, 조금이지만 진리 탐구의 역할을 한 것에 불과하다고 하는 이러한 과학자의 자세야말로 최고의 겸손이라 할 수 있다.

　아무리 독창적인 것이 중요하다고 주장되어지고 있는 오늘이지만, 뉴턴의 말처럼 독창적인 업적이라 해도 그것은 모두 선인들이 쌓아 놓은 많은 지식을 기반으로 하여 다시 세워진 것임을 명심할 필요가 있다.

라이프니츠

[Leibniz, Gottfried Wilhelm von. 1646~1716]

독일의 철학자·자연과학자.

주요 저서로 《단자론 Monadologia》(1720)이 있으며 수학 분야에서 미적분법을 창시한 것이 유명하다. 이것은 뉴턴과는 별개로 전개된 것이며, 미분 기호, 적분 기호의 창안 등 해석학 발달에 많은 공헌을 하였다.

훅

[Hooke, Robert. 1635~1703]

영국의 화학자·물리학자·천문학자.

T.윌리스의 화학실험 조수를 거쳐, R.보일의 배기펌프 실험 조수가 되어 기체법칙의 발견에 기여하였다.

4. '헛수고'의 대가

세상에 잘 알려진 천재 과학자라고 해서 그가 인생의 모든 일에서 성공한 것은 아니다. 일설에 의하면 한 사람의 천재 과학자가 생애를 통해 수행한 연구의 90퍼센트 가량이 독창성이 없어 역사에 이름을 남기지 못할 것들이었다고 한다.

그 중에서 뉴턴은 만유인력, 미적분법의 발견, 빛의 분해, 운동의 세 가지 법칙 발견, 반사망원경의 발명 등 다른 과학자가 일생을 걸고 하나도 이루지 못할 업적을 수도 없이 많이 남기고 있다.

그러나 뉴턴도 생애의 모든 연구에서 성공한 신과 같은 인물은 아니었다.

사실 그의 성공은 《프린키피아》의 출간(45세)으로 마무리된 것으로, 20대~30대까지는 역학, 천문학, 수학을 중심으로 한 이론적 분야에 한정되어 있다. 역학과 동시에 시작하여 그보다 오랜 기간에 걸쳐 연구한 《광학》조차도 당시 많은 반론이 제기되었고, 그 결과 《광학》의 출간은 62살 때까지 연기되었다.

정신질환 때문에 케임브리지대학 교수를 사임했을 때(54세)까지의 40대 후반부터 50대 전반에는 물리학이나 수학과 관계 없는 성서 연구, 연대기 연구, 연금술 등에 손을 대었지만 성공하지는 못했다.

정신질환의 원인으로는 *라이프니츠와의 미적분에 관한 선취권 논쟁, *훅과의 만유인력 법칙의 선취권 논쟁 등을 들고 있지만, 최근에는 뉴턴의 머리카락에서 다량의 수은이 검출됨에 따라 그가 오랜 연금술 연구에서 사용한 수은 중독으로 정신질환에 걸렸다는 설이 제기되었다.

그런데 연금술, 성서 연구, 연대기 연구 등은 그가 40대부터 시작했던 것은 아니었다. 사실은 이러한 연구도 20대부터 동시진행된 것이다.

그는 인문학이나 자연과학 분야를 막론하고 모든 분야의 연구를 동시에 정력적으로 병행시켰다. 그 중에서도 만유인력의 법칙, 미적분법 등에 관한 연구가 가장 큰 부분이자 역사에 남길 만한 업적으로 남아있는 것이 사실이다.

뉴턴이 대학을 그만두었을 때, 손으로 쓴 상당한 양의 원고들이 상자에 보관되어 있었다. 이 원고는 경제학자 케인즈의 노력에 의해 공개되어 뉴턴 연구의 1차 자료로 이용되고 있다.

돕즈는 이 중에서 연금술 원고를 철저하게 조사하여 여러가지를 분명하게 밝혔다.

예를 들면 뉴턴의 빛의 입자설 주장은 넓은 의미에서 연금술의 일환으로서, *보일이 주장한 물질의 입자설에 상당한 영향을 받은 것 같다는 것이다.

또한 뉴턴의 연금술을 마술적이라고 하지만, 사실은 상당한 수준의 의화학적인 연구였다고 한다. 금속의 염화화합물을 사용해서 염화제이수은에서 수은을 단독으로 유리시키려는 방법도 실험적으로 수행했다.

더욱이 당시 의화학이라고 불렸던 분야도 열심히 연구했으며, *야금술이나 조합술의 배경에는 연금술의 영향이 강했던 것으로 보인다. 반사망원경의 거울 합금 기술도 의화학을 기본으로 한 것이다. 나중에 조폐국장으로서 동전의 개주를 추진했던 힘도 여기에 있다.

뉴턴의 생애 전체를 평가한다면 그는 모든 분야를 두루 섭렵했던 '헛수고' 의 대가라고도 할 수 있을지 모른다. 그러나 그 '헛수고' 조차 오늘날 연구의 대상이므로 뉴턴은 역시 대단한 천재라고밖에 말

보일
[Boyle, Robert. 1627~1691]
영국의 화학자 · 물리학자.
보일은 낡은 연금술에 반대하였을 뿐만 아니라, 화학에 실험적 방법과 입자철학을 도입하여 화학 그 자체를 연구할 만한 가치가 있는 것으로 끌어올림으로써, 근대 화학의 첫 단계를 구축하였다.

야금술
광석에서 쇠붙이를 골라내거나 합금을 만드는 기술.

할 수 없다.

5. 영국의 과학을 100년 퇴보시킨 죄인

뉴턴은 표면적으로는 상당히 얌전하고 조용한 신사였다.

순진함 때문에 상처받기 쉬웠고, 말을 분명하게 하지 않는 성격으로 인해 다른 사람에게 원한을 사기도 했다.

하지만 자신의 존재를 부정하거나 업적을 훔치려는 적에게는 철저하게 타협하지 않고 싸움을 걸었다. 그의 끈질긴 복수는 상식적인 궤도를 벗어났다고 할 수 있다. 다만 표면적인 논쟁은 즐기지 않았으며, 누군가를 앞세운 다음에 무대 뒤에서 조종하는 타입이었다.

지적으로 대단한 사람이라도 뉴턴에게 원한을 사면 상당한 문제가 되었다. 그의 이러한 성격 때문에 희생 당한 사람이 꽤 있으나 불후의 업적을 남긴 천재의 이러한 단점은 사실 잘 알려져 있지 않다.

희생자의 한 사람으로 훅을 들 수 있는데, 그는 뉴턴보다 7살 위로, '훅의 법칙' 으로 유명한 학자이다. 쾌활하고 호전적인 성격으로 수학 실력에선 뉴턴에게 뒤졌지만, 재기발랄하고 직관력이 뛰어났으며, 성격적으로 뉴턴과 완전히 반대였다.

훅은 만년에 왕립학회의 설립 초기 사무국장으로 일했는데, 성격이 어둡고 눈에 띄지 않는 젊은 후배인 뉴턴에게 언제나 비판적이었고, 그의 학회 활동을 철저히 방해했다. 이론적인 수학적 증명을 치밀하게 정리해나가는 뉴턴의 능력을 시기하여 그에게 수학적 열등감을 가지고 있었다고 한다. 그러므로 두 사람의 간격은 점점 벌어질 수밖에 없었다.

훅이 살아있을 때까지만 해도 그에 대한 뉴턴의 혐오감은 비교적 부드럽게 보였다. 그러나 훅이 죽은 후에 뉴턴이 왕립학회 회장이 되고, 학회를 장악하게 되면서는 그 혐오감이 매우 집요해졌다.

84살로 사망할 때까지 24년 동안 뉴턴은 생전에 받았던 그때까지의 쌓인 한을 풀려는 듯 훅의 업적을 역사에서 철저하게 말살했으며, 그러한 그의 행적은 다른 사람들에게 겁을 주었다.

그는 우선 왕립학회의 건물에서 훅의 초상화를 모두 없앴고, 학회에 보존된 훅의 논문이나 직접 쓴 원고를 전부 소각시켰다. 또 왕립학회의 모든 명부에서 훅의 이름을 제거하여, 훅의 역사적 기록은 완전히 없어지고 말았다.

이러한 철저한 말살 정책으로 인해, 현재 남아 있는 왕립학회의 모든 기록에서 훅의 종적은 완전히 자취를 감추게 되었다.

이야기의 앞뒤가 바뀌었지만, 뉴턴은 54살에 케임브리지대학 교수직을 그만두고 조폐국 감사에 이어서 국장이 되어 행정력을 장악했다. 그는 뛰어난 야금 기술을 이용하여 화폐 개주에 성공함으로써, *악화는 양화를 구축한다는 위기를 피했고, 당시 영국 경제를 회복시킨 주역이 되었다.

반면에 악한 사람은 반드시 벌을 받아야 한다는 악인필벌주의를 강조하여, 악화를 주조한 위폐범 10명 정도를 잡아내어 모두 사형시켰다.

뉴턴은 비록 범죄를 저질렀다 할지라도 오늘날이라면 사형까지는 가지 않을 사람을 끝까지 추적하여 사형으로 내몰았는데, 이러한 엄격함은 인간관계나 세상물정을 잘 모르는 학자 출신의 행정가로서는 지나친 면이 있다. 그는 당시 사회를 *공포정치로 몰아넣었다.

왕립학회에서도 훅 이외의, 뉴턴과 대립되거나 뉴턴을 비판하는 인물은 모두 학회에서 말살시키려는 공포정치가 이루어졌다. 뉴턴의

악화는 양화를 구축한다
그레셤의 법칙이라고 함.
16세기 영국의 재무관 T.그레셤이 제창한 화폐 유통에 관한 법칙. 한 사회 내에서 귀금속으로서의 가치가 서로 다른 화폐(예를 들어 금화나 은화 따위)가 동일한 화폐 가치로서 유통될 경우, 귀금속 가치가 적은 화폐가 가치가 큰 화폐의 유통을 막는다는 뜻.

공포정치
폭력적인 수단으로 반대자를 탄압하여 정치상의 목적을 달성하는 정치.

역학, 수학, 천문학 등 과학의 모든 업적과 학문을 비판하는 것 자체가 터부로 여겨졌다.

그러한 피해 사례로는 다음과 같은 사실이 유명하다.

뉴턴이 《프린키피아》에서 서술한 기하학은 당시 사용하기 쉬운 방법이 아니었다. 뉴턴은 *유클리드 이래의 전통을 따라서 《프린키피아》를 기하학적인 방법으로 서술했으나, 라이프니츠가 개발한 변수분리형 방식이 훨씬 편리하기 때문에 오늘날에도 이 방법이 사용되고 있다.

그러나 당시 왕립학회에서는 뉴턴의 방법이 사용하기 어렵다는 비판이 허용되지 않았다. 그 결과 뉴턴 이후에 수학을 많이 사용하는 운동학(해석역학)은 모두 대륙으로 발전의 중심이 옮겨졌다. 특히 프랑스를 중심으로 수학자나 물리학자에 의해 이 분야가 발전되었다.

*라그랑주, *오일러, *푸아송 등의 강체역학이나 *푸리에의 열역학 등은 모두 뉴턴 역학의 내용이나 표현의 불완전함을 극복한 것으로, 실제 물체의 운동이나 탄성변형, 열 등을 해석하는 유력한 방법이 되었다. 이러한 발전은 뉴턴을 비판하면 즉각 말살해버리던 영국의 학계에서는 생각하기 어려운 것이었다.

뉴턴의 어둡고 냉혹한 성격과 왕립학회 회장이라는 영향력 때문에 영국의 해석역학, 수학은 대륙에 비해서 100년이나 뒤떨어지고 말았다.

어느 해인가 케임브리지대학에서 왕립학회 평의회가 열렸을 때의 일이다. 갑자기 뉴턴이 손을 들어 발언 신청을 했다.

그가 어떤 이야기를 할까? 이번에는 누가 당하게 될까, 회의장은 갑자기 조용해졌고 긴장감이 감돌았다.

그렇지만 뉴턴은 다음과 같은 말을 했을 뿐이다.

"방이 더운데 창문 좀 엽시다."

뉴턴이 죽은 후에도 그의 업적으로 한때 세계 최고였던 운동역학의 선두자리를 영국이 다시 차지하는 일은 없었다. 이 죄는 상당히 크다고 할 수 있다.

푸리에

[Fourier, Jean Baptiste Joseph, Baron de. 1768~1830]

프랑스의 수학자 · 수리과학자. 열전도론을 연구하여 1807년 '열의 해석적 이론'을 제출하였고, 1812년 프랑스 과학 아카데미의 대상을 획득하였다. 1822년 완성된 이 이론에는 '푸리에의 정리'가 포함되어 있으며, '푸리에 급수'의 전개에 따라서 그 후의 수리물리학 발전에 크게 공헌하였다.

과학자가 남긴 한마디

> 내 눈 앞에는 아직도 밝혀지지 않은 진리를 안고 있는 커다란 바다가 펼쳐져 있다.

국왕에 준하는 대우를 받은 묘지

뉴턴의 시신은 런던의 웨스트민스터 성당 중앙에 매장되었고, 그 위에는 묘비가 세워져 있다.
웨스트민스터 성당에는 위대한 과학자의 묘비가 많이 있지만, 뉴턴 말고는 대부분 간단한 부조식 기념비이거나 문자만 기록한 판에 불과하다. 뉴턴만이 한 시대를 완수한 역할을 상징하는 것처럼 예외적으로 국가 원수급으로 대우받고 있다.

사과와 만유인력

사과가 떨어지는 것을 보고 만유인력을 발견했다고 하는 유명한 일화가 있는데, 이는 뉴턴의 주치의가 뉴턴과 함께 산책하는 도중에 일어난 일로 기록되어 있다. 주치의의 기록은 다음과 같다.
"저녁 식사 후 날씨가 좋아서 우리는 정원으로 나가 사과나무 그늘 아래에서 차를 마셨다. 이런 저런 이야기를 나누던 중 뉴턴은 예전에 중력에 관한 생각이 갑자기 떠오를 때와 똑같은 상태가 지금이라고 나에게 말했다. 차를 마시며 묵상을 하던 중에 사과가 떨어지자 갑자기 생각이 났다는 것이었다."

뉴턴의 생가

런던에서 뉴캐슬로 가는 열차를 타고 1시간 20분 정도 가면 그랜섬에 도착한다. 여기서 택시로 10분 정도 가면 울즈소프에 도착할 수 있다. 여기가 뉴턴의 고향이다.

뉴턴의 생가에는 아직도 사과나무가 있다. 원래의 나무는 1820년에 죽었고, 현재의 나무는 그 뿌리에서 나온 가지를 접목시킨 제2세대 나무다. 생가 2층에는 1665년 8월 21일 빛의 분해와 합성 실험을 했던 서재가 있다.
그랜섬 시내에는 뉴턴 박물관이 있고, 시내 외곽에 '아이작 뉴턴 쇼핑센터'가 있다.

알베르트 아인슈타인

독일 태생의 이론 물리학자

업적

· 특수상대성 이론
· 브라운 운동 이론
· 광전효과의 이론적 설명(노벨 물리학상 수상)
  (이상은 1905년의 3대 논문임)
· 일반상대성 이론 등

Albert Einstein (1879~1955)

20세기 최고의 물리학자, 특수상대성 이론으로 뉴턴 이후 절대불변이라고 믿어져 왔던 시간이나 공간이 절대적이지 않음을 증명하여 물리학의 기본을 바탕부터 다시 서술하게 했다. 동시에 질량과 에너지의 등가 원리를 유도해냈으며 이것은 나중에 원자폭탄 제조의 근본 이론이 되었다. 나치 독일의 유대인 박해를 피해 미국으로 망명했다.

1879	독일의 울름에서 유대인 공장주의 아들로 태어남.
1888	루이트폴트 김나지움 입학(9세).
1895	루이트폴트 김나지움 중퇴(16세).
1896	스위스 연방공과대학 입학(17세).
1900	스위스 연방공과대학 졸업(21세).
1902	베른에 있는 스위스 연방 특허청 취직(23세).
1905	광양자설, 브라운 운동 이론, 특수상대성 이론의 3대 논문 발표(26세).
1907	등가원리 발표.
1911	프라하대학 교수(32세).
1912	스위스 연방공과대학 교수(33세).
1914	베를린대학 교수(35세).
1915	일반상대성 이론 발표(36세).
1916	독일 물리학회 회장 취임(37세).
1919	*에딩턴이 개기일식에서 빛이 휘어지는 현상을 관측하여 일반상대성 이론 효과를 확인함.
1929	통일장 이론 제창.
1933	미국으로 망명, 프린스턴 고등연구소 연구원이 됨(54세).
1939	루즈벨트 미국 대통령에게 원폭 제조의 필요성에 관한 편지를 보냄.
1955	핵무기에 반대하는 러셀-아인슈타인 선언, 사망(76세).

1.문제아에 왕따였던 소년

천재는 어린 시절에 가끔 뒤쳐지는 아이이거나 문제아인 경우가 많다. 알베르트 아인슈타인은 바로 그러한 사례였다.

무슨 일을 생각하는 데에 너무 시간이 많이 걸렸기 때문에 '퇴출당한 신부'라는 별명까지 붙을 정도였다. 여하튼 하는 행동이 너무 느려 장애아가 아닌가 하는 의심을 받을 지경이었다.

반면에 아주 고집이 센 탓에 '왕따'를 당하기도 했는데, 아인슈타인은 6살에 초등학교에 입학했지만, 이후 진학한 김나지움(중등학교)에서는 전혀 적응하지 못했다. 당시 김나지움은 어린이들을 꽉 짜여진 틀에 맞추어 교육하였기 때문에 여기에 적응하지 못했던 것도 무리는 아니다.

부모의 사업이 실패하자, 아인슈타인은 결국 16살에 이 학교를 중퇴했다.

아인슈타인은 김나지움에 적응하지 못했던 10살부터 15살 무렵, 그의 집에서 하숙을 했던 유대인 의대생으로부터 모든 교양과학에 관한 책을 빌려 완벽하게 읽었다고 한다.

이 책은 아론 베른슈타인이 쉽게 쓴 교양과학책인 《시민을 위한 과학》이었다. 다양한 그림이 그려진 책으로 아이들도 쉽게 이해할 수 있는 내용이었다. 그는 이 책 15권 모두를 읽었다.

나중에 베른슈타인의 저작을 연구한 결과 놀랄 만한 사실이 밝혀졌다. 이 책에 아인슈타인이 가장 중요하게 생각한 것과 완전히 통하는 내용이 있었기 때문이었다.

즉 베른슈타인은 자신의 저서에서 빛이 입자임을 주장했고, 또한 중력장에 의해 빛이 휠 수 있음을 서술했던 것이다. 이 책은 다른 의

에딩턴

[Eddington, Arthur Stanley. 1882~1944]
영국의 천문학자 · 이론물리학자. 천체물리학, 우주론에 공헌하였다. 그리니치천문대의 주임 조수를 지낸 다음, 1913년 케임브리지대학 교수가 되었으며 1914년부터는 케임브리지 천문대의 대장직도 겸임하였다. 상대론적 이체(二體) 문제와 통일장의 이론에 독자적인 연구를 보임으로써 상대성 이론의 연구자 · 건설자의 한 사람으로 꼽힌다.

미에서도 소년 아인슈타인에게는 충격적이었다. 아인슈타인은 자서전에서 다음과 같이 서술하였다.

"12살 때 열렬했던 신앙심을 버린 것은 베른슈타인의 책을 읽고 난 후였다."

이 때가 아인슈타인이 그동안 열심히 믿었던 유태교와 작별을 고하고, 자연과학 탐구의 세계로 첫걸음을 내딛는 순간이었다.

루이트폴트 김나지움 시절의 아인슈타인

베른슈타인의 교양과학책과 더불어 소년이었던 아인슈타인에게 커다란 영향을 준 것은 아버지와 함께 전기 공장 경영을 돕고 있던 야곱 삼촌이었다.

야곱은 슐츠카르트공과대학을 졸업한 전기기사로 소년 아인슈타인에게 뛰어난 자연과학적 재능이 있음을 발견하고, 기하학과 대수학을 가르쳤다. 그는 대수학을 푸는 과정을 이름을 모르는 동물 X를 잡는 것에 비유하는 식으로, 아이들이 게임을 하듯 흥미롭게 수학을 접할 수 있도록 했다.

또한 전기 공장 내부를 돌아다니며 안내했고, 최첨단의 발전기나 트랜스를 보여주기도 했다.

그다지 알려져 있지는 않지만, 아인슈타인의 특수상대성 이론이 실린 논문의 원래 제목은 〈전기 동역학적 가동 물체에 관하여〉이며, 그것은 전기공학적인 관점에서 쓰여진 것이었다. 만일 아버지와 야곱 삼촌이 경영한 공장이 전기 계통이 아니었고 유리 공장이나 섬유 공장이었다면, 상대성 이론은 발견되지 않았을지도 모른다.

그 후 아인슈타인은 17살에 취리히에 있는 스위스 연방공과대학에 입학했지만, 물리와 수학 이외의 강의에는 거의 출석하지 않았고, 친구의 노트를 빌려서 시험을 볼 정도였다. 그러나 물리 실험실에는 항상 있었다고 한다.

이러한 행동 때문에 아인슈타인의 평판은 상당히 나빴다. 예를 들면 전기공학 분야의 권위자였던 웨버 교수에게 '프로페서(교수님)'라고 불러야 하는데도, '헤르(씨)'라고 불러 노여움을 샀다.

오늘날 교육심리학에서는 '*ADHD'라는 말을 사용한다. 이는 Attention Deficit Hyperactivity Disorder의 약자로, '주의력 결핍 및 과잉행동장애'라고 한다. 이런 증상을 보이는 아이는 치료하기 어려운 문제아이지만, 반면에 자신이 관심을 가진 것에는 매우 뛰어난 집중력을 보인다.

아마 아인슈타인도 ADHD의 경향이 있었던 것으로 보인다.

ADHD

학령전기 또는 학령기에 흔히 관찰되는 장애로서 필수증상은 주의산만, 과잉행동, 충동조절의 어려움 등을 나타내는 인지, 정서, 행동 면에서 결함을 동반하는 질환이다. 남아에게서 3~6배 정도 더 흔히 발생한다. 1987년에 주의력 결핍-과잉행동장애라고 명명되었다.

2. 특허청 공무원이 어떻게 상대성 이론을 발견하였는가

모교인 스위스 연방공과대학의 조교 선발에 탈락(품행이 좋지 못하다는 평가가 원인이라는 설도 있음)한 아인슈타인은 친구의 도움으로 연방 특허청에 취직하여, 30살에 그만둘 때까지 7년 동안 특허 신청에 관한 적격 여부 심사 업무를 했다.

당시에는 특허 신청이 그다지 많지 않았기 때문에 바쁜 직장은 아니었다. 그런데 단순한 작업을 하고 있던 하급 공무원이 어떻게 상대성 이론이라는 최첨단의 독창적인 이론을 발견하여 역사에 이름을 남기게 되었는가에 대해서는 의아하게 생각하는 사람이 많다.

물론 아인슈타인이 천재였기 때문이라고 말하면 그만이지만, 특허

특허청 사무용 책상 앞에 서 있는 아인슈타인
(1908년)

청 공무원이라는 직업에서 성공의 원인을 몇 가지 찾아볼 수 있다.

일본에서는 특허 심사의 기준을' 지금까지와 다른 것'에 두고 있지만, 서양에서는 '뛰어난 것'에 주안점을 두고 있다. 그러므로 서양에서는 특허를 신청해도 그 내용이 이전보다 뛰어나지 않으면 받아들여지지 않는다.

아인슈타인은 특허 심사라는 단조로운 지적 노동을 통해서, 독창적인 이론 형성에 필요한 '무엇이 중요하고 무엇이 가치 없는 것인가'를 판단하는 직관과 통찰력을 자기도 모르는 사이에 몸에 익혔던 것이었다. 특수상대성 이론, 광양자설, 브라운 운동 이론을 발표한 기적의 해인 1905년, 26살이었을 때 쓰여진 세 가지 논문은 당시 세계의 물리학계에서도 가장 주목을 받았던 연구 분야였다. 이 무명의 연구자는 학계의 최고 수준에서 활약할 수 있는 등용문을 선택하여 그 분야만을 집중 연구했던 것이다. 여기에서 그가 가진 직관의 최고 수준을 볼 수 있다.

또 한 가지는 특허청 공무원이었기에 가능했다는 점이다. 즉 '업무량이 적었다'는 사실이다.

서류 심사를 마친 후의 한가한 시간에 그는 이론의 전개와 수치 계산에 몰두했다. 또한 세계 최고 수준의 문제가 게재된《물리학 연보 *Annalen der Physik*》등 최고 수준의 물리학 잡지를 읽고 생각할 수 있었다.

이론물리학 연구에는 자유롭게 사용할 수 있는 시간이 반드시 필요하다. 또한 세계 최고 수준의 잡지를 읽는 것은 세계에서 현재 어떤 일이 최첨단의 연구 문제로 최대의 화제가 되고 있는가를 알 수 있는 지름길이다. 이러한 것이 그의 직관을 형성하는 중요한 배경이 되었다.

세 가지 논문의 성공으로 아인슈타인에게는 학계 최고로 가는 길이 급속하게 열렸다. 32살에 프라하대학 교수, 33살에 모교인 스위스 연방공과대학 교수, 35살에 *플랑크의 후원으로 독일 최고의 베를린대학 교수, 37살에 독일 물리학회 회장으로 피선되어, 계속해서 출세가도를 걸었던 것이다.

늦게 출발한 젊은 연구자가 성공하기 위해서는 연구 분야를 잘 선택하여 그것을 향하여 집중적으로 노력해야 하는데, 이러한 조건은 오늘날에도 통용되는 것으로 기성사회에서 신참자가 성공할 수 있는 방법이다. 사색하고 최첨단의 정보를 철저하게 음미하는 것, 한 마리 토끼를 끝까지 쫓아가 잡는 것은 아주 중요하다.

3. 누구도 의심하지 않았던 상식을 의심

시간적 여유가 있고 뛰어난 직관력까지 갖추었다고는 해도 누구나 상대성 이론을 발견할 수 있는 것은 아니다. 더욱 필요한 것은 발상의 전환이다. 그것도 세상의 어느 누구도 의심하지 않는 상식을 깨뜨리는 발상의 전환이 요구된다.

당시는 *로렌츠나 *맥스웰에 의해 전자기학이 창설된 직후였으며, 많은 전자기 현상이 훌륭하게 설명되었다. 다만 이 이론에는 딱 한

플랑크
[Planck, Max Karl Ernst Ludwig. 1858~1947]
독일의 물리학자.
노벨 물리학상 수상(1918). 주요 저서로 《열역학강의》(1897)가 있다. 엔트로피 · 열전현상 · 전해질 용해 등을 연구하는 등 열역학의 체계화에 공헌하였다. 상대성 이론에 관심을 가지고 1914년 아인슈타인을 베를린대학에 초빙하였다.

로렌츠
[Lorentz, Hendrik Antoon. 1853~1928]
네덜란드의 이론물리학자.
아인슈타인의 상대성 이론의 선구가 되는 '로렌츠 수축(로렌츠–피츠제럴드 수축)'(1892)을 제창하였고, 고전전자론을 완성하고 고전물리학을 총결산함과 동시에 새로운 물리학 탄생의 기반을 구축하였다. 1902년 제만과 함께 노벨 물리학상을 수상하였다.

맥스웰
[Maxwell, James Clerk. 1831~1879]
영국의 물리학자.
주요 저서로 《전자기학》(1873)이 있으며, 전자기학에서 거둔 업적은 장(場) 개념의 집대성이다. 전자기파의 전파속도가 빛의 속도와 같고, 전자기파가 횡파라는 사실도 밝힘으로써 빛의 전자기파설의 기초를 세웠다(1873).

가지 커다란 약점이 있었다. 그것은 '절대적으로 정지된 *에테르'를 가정한 것이었다.

빛은 전자기파로 간섭이나 회절을 하면서 진동한다는 것이 알려졌었다. 그러나 진동한다면 그것을 전달하는 매질이 있어야 한다. 여기에 에테르라는 진동을 위한 매질이 절대적으로 정지하고 있으며 공간에 가득차 있다고 생각했던 것이다.

바람이 없는 날 가만히 서 있으면 바람을 느끼지 못하지만, 달리면 몸 전체가 바람을 느낄 수 있다. 이와 같이 지구가 에테르 속을 움직이고 있다면 바로 에테르의 바람이 관측되어야만 했다.

이러한 예상을 기초로 *마이컬슨 등은 실험을 반복했다.

그들의 실험을 예로 들어 설명하면 다음과 같은 것이다.

지금 에테르의 바람이 서에서 동으로 분다고 하면, A지점에서 북쪽으로 던져서 벽에 튀어나온 공은, A지점에서 약간 동쪽으로 치우친 곳으로 돌아오게 될 것이다. 한편 A지점에서 서쪽으로 던져 벽을 튀긴 공은 정확하게 A지점으로 돌아오게 된다.

바꾸어 말하면, 직교하는 방향으로 던진 두 개의 공이 벽에서 튀어나와 되돌아오는 위치에 차이가 생긴다면, 그것은 에테르의 바람이 불어왔기 때문이라고 할 수 있다.

물론 여기서 말하는 공은 빛을 가리킨다.

그러나 에테르의 바람은 결국 발견되지 않았다. 직교하는 모든 방향으로 발사시킨 두 개의 공(빛)은 모두 같은 형태로 되돌아왔던 것이다. 따라서 그는 절대 정지 상태의 에테르의 존재를 가정할 수 없었다. 더욱이 지구의 운동에 의한 에테르의 바람을 관측하지 못했다는 마이컬슨 등의 실험 결과를 설명하기 위해서 *로렌츠-피츠제럴드 수축의 가설이 새롭게 도입되었다.

이것은 우선 *피츠제럴드가 제안했고, 로렌츠가 보충한 것으로 모든 물체는 에테르 속에서 운동 방향으로 그 길이가 수축된다고 하는 것이었다. 분명히 이 가설은 에테르가 있기 때문에 그 바람을 관측할 수 없다고 하는 앞의 실험 결과를 수학적으로 잘

아인슈타인이 판서한 칠판(옥스포드대학 과학사 박물관)

설명하는 것이었다. 그러나 그 변환식, 즉 로렌츠-피츠제럴드 수축의 변환식이 무엇을 뜻하는가에 대한 물리학적 해석을 당시까진 하지 못했다.

나중에 돌이켜보면, 로렌츠는 이미 거의 모든 상대성 이론을 발견했던 것이었다.

아인슈타인은 이렇게 생각했다.

"절대적으로 정지한 에테르를 생각하는 것은 우스꽝스러운 것이다. 처음부터 에테르를 버리고 공간 자체가 팽창하거나 수축한다고 생각하면 잘 설명된다."

시간이나 공간이 절대불변이라던 뉴턴 이후의 생각을 버리고, 로렌츠의 변환식이 모든 법칙의 기초인 시간과 공간 고유의 성질을 나타낸 것임을 아인슈타인이 재발견한 것이었다. 그는 1905년에 이것을 특수상대성 이론에 관한 논문으로 연결했던 것이다.

또한 이때 아인슈타인이 전제로 도입한 것은 빛의 속도가 일정하다는 원리였다.

'상대성'과 '빛의 속도 일정의 원리'를 두 개의 축으로 하는 특수 상대성 이론은 그것에서부터 귀결되는 E=mc2의 식을 기본으로 해서 실제로 원자폭탄이 제조되었으며, 여러가지 방법으로 증명이 이루어졌다.

4. 책을 거의 읽지 않았던 천재

아인슈타인은 어른이 되면서부터 책을 거의 읽지 않았다.

이 사실을 입증하는 거짓말 같은 유명한 일화가 전해 온다.

히틀러의 유대인 탄압을 피해서 미국으로 망명한 아인슈타인은 미국 국적을 취득한 후에 프린스턴 고등연구소의 정연구원으로 취임했다.

이 무렵, 나중에 노벨상을 탄 일본의 물리학자 유카와가 아인슈타인의 프린스턴 연구소에 방문했다. 아인슈타인의 방으로 한 발자국 들어선 유카와는 숨을 삼켰다. 책이 전혀 보이지 않았기 때문이었다. 유카와는 물리학을 기초부터 흔들었던 세계 최고의 위대한 이론가인 아인슈타인이라면 동서고금의 책과 문헌에 파묻힌 채 연구할 것이라고 상상하고 있었다. 그러나 그의 방에는 고전이라고 평가되는 유클리드의 《기하학 원론》과 뉴턴의 물리학 관계 서적 10권 정도가 꽂혀 있을 뿐이었고, 학회 논문집이나 증정 논문집 등의 문헌을 모두 포함해도 100권이 채 되지 않았다고 한다. 직관과 독창성만으로 물리학 이론을 변혁시켜 왔던 아인슈타인다운 이야기이다.

물론 아인슈타인도 학계의 최첨단 동향을 파악하고자 논문류는 자주 읽었다. 그러나 읽으나마나한 이미 완성된 이론을 정리한 교과서류에는 전혀 흥미가 없었다고 한다.

또한 아인슈타인이 쓴 논문에도 나름의 특징이 있었다. 그는 자신의 논문에서 다른 사람의 논문을 거의 인용하지 않았다.

대다수의 이론물리학 논문은 선행 연구의 이론을 인용하고 비판하는 것으로 분량의 반 정도를 채우지만, 그의 논문은 무엇보다도 먼저 현상의 과제만을 제시하고 있었다. 이어 독창적인 사고와 전개가 서술되고, 실험의 예상, 검토 과제를 제시하면 그것으로 끝이었다. 선행 연구 논문의 인용이나 비판은 적었고 본질만 간결하게 표현하고 있으므로, 아인슈타인의 논문은 어느 논문보다도 짧았다. 그렇지만 역사적으로는 한결같이 유명한 논문이었다. 여기에서 '진리는 단순하다'는 신념이 관통되고 있음을 볼 수 있다.

새로운 이론을 건설하는 데 여분의 정보는 필요없다는 것이 그의 생애를 통해 일관된 생각이었다.

여담이지만, *왓슨과 *크릭이 최초로 DNA모델을 발표해서 노벨상을 받았던 논문도 《네이처Nature》지의 단지 1쪽 반 분량이었다. 독창성이 높은 명논문은 모두 짧은 것이 사실인 모양이다.

왓슨
[Watson, James Dewey. 1928~]
미국의 분자생물학자.
F.H.크릭과 공동연구로 DNA의 구조에 관하여 2중나선 구조를 발표하였다(1953). 1962년 크릭, M.H.F. 윌킨스와 함께 DNA의 분자구조 해명과 유전정보 전달에 관한 연구업적으로 노벨 생리·의학상을 수상하였다.

크릭
[Crick, Francis Harry Compton. 1916~]
영국의 분자생물학자.
노벨 생리·의학상 수상(1962).
1949년부터 캐번디시연구소에서 X선을 사용, 나선상단백질 분자구조를 연구하던 중 미국의 생물학자 왓슨과 킹스칼리지의 윌킨스의 협력을 얻어 1953년 DNA의 2중나선 구조를 발표하였다. 그는 이밖에도 대장균의 인공돌연변이에 의한 DNA의 뉴클레오티드 배열 순서의 변화를 해석하고, 유전정보의 단위가 3개로 조합되어 있음을 예언하였다.

5. 만년의 대실패

자연 탐구의 방법은 크게 두 가지로 나눌 수 있다.

하나는 서너 가지의 작은 원리에서부터 직관으로 자연법칙을 연역적으로 끌어내어 이론 체계를 만들어 가는 방법이고, 또 하나는 자료를 귀납적으로 정리해서 가설을 세우고 그것을 검증하면서 이론 체계를 세워 가는 방법이다.

전자는 이론물리학, 후자는 생물학, 지구과학에서 자주 사용되는 특유한 방법이기도 하지만, 어떤 대상에 대하여 성공했던 방법이 다른 대상에도 반드시 통용되는 것은 아니다.

만년의 아인슈타인의 통일장 이론이나 우주론의 실패는 이와 같은 방법론의 선택이 적절하지 못했던 것에서 연유한다.

26살에 발표한 특수상대성 이론, 36살에 주장한 일반상대성 이론의 성공은, 사실은 상당히 제한적인 것이었다. 즉 상대성 이론이라는 것은 어떤 관측자의 시점에서 본 어떤 대상의 상대적인 현상을 설명하는 것에 불과하며, 본래의 현상을 본질적으로 해명하는 것은 아니었다.

예를 들면 지구를 기준으로 볼 때, 빛의 속도로 날아가는 로켓에 탄사람이 나이를 먹지 않는다고 해도, 타고 있는 사람 자신은 생물학적으로 분명히 나이를 먹고 있다. 본질적인 현상은 변하지 않고 존재하기 때문이다.

본질적으로 현상을 설명하는 것이 아니지만, 군살을 깎아내는 방식과 같은 연역적 방법에서 이루어낼 수 있는 측면은 부정할 수는 없다. 아인슈타인이 프린스턴 고등연구소에서 연구했던 통일장 이론은 전자기장과 중력장을 통일시켜 그것으로 입자의 행동을 기술하려던 것이었다.

전기력이나 자기력 및 중력의 식은 이미 역제곱의 법칙으로 정립된다. 또한 그 형태가 닮았으므로 통일시켜 하나의 식으로 표현할 수있을 것이라는 생각이었다.

그러나 이 연구에서는, 각각의 식 배후에 있는 '장'을 잘 연구해서 그것을 하나의 법칙으로 통합시키려고 하는, 다시 말하면 일종의 귀납적인 방법이 요구된다. 그럼에도 불구하고 아인슈타인은 꾸준히 직관에 의존한 연역적인 방법을 계속 추구했던 것이다.

당연한 일이었지만, 하면 할수록 식은 무한정 복잡해졌고 '자연의 진리는 단순하며 아름답다'는 신념에서 크게 벗어나게 되었다.

식이 복잡해지면 진정한 통일장의 식이 아니게 되어 발표를 못하였고, 반대로 단순화 되었을 때는 '이것이 결정판'이라고 발표했지만, 나중에 다시 오류를 정정하는 등의 혼란이 뒤따라 결국 학계의 지지를 계속해서 잃고 말았다.

결국 그의 직관적인 방법은 인정받지 못했고, 통일장의 식은 사라졌다. 자연은 한 사람의 천재를 과거의 사람으로 몰아넣고 말았던 것이다.

피곤해진 아인슈타인이 절망하면서 남긴 한마디가 인상적이었다.

"신은 나를 버렸다."

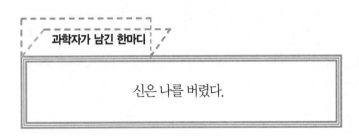

과학자가 남긴 한마디

신은 나를 버렸다.

그 밖의 이야기들

아인슈타인 찾아가기 여행

세계적으로 아인슈타인의 연고지를 돌아보는 여행이 유행하고 있다. 방문하는 장소는 대개 결정되어 있는데, 연보의 순서를 따라가면 울름 생가, 루이트폴트 김나지움, 취리히의 스위스 연방공과대학, 베른 특허국(기념관이 있다), 베를린대학, 프린스턴 고등연구소가 될 것이다. 이와 같은 아인슈타인의 연고지는 물리학자나 과학사가를 중심으로 끊임없는 인기를 얻고 있다.

일본 도쿠시마의 한 묘비에 아인슈타인의 서명이

일본 도쿠시마 현에 있는 한 묘비에는 독일어 추도문과 아인슈타인이 직접 한 서명이 조각되어 있는 묘가 있다. 묘의 주인은 미야케 하야리 부부. 아인슈타인과 미야케의 인연은 1922년 아인슈타인이 일본에 갔을 때로 거슬러 올라간다.

이 해 마르세이유 항을 출발하여 일본으로 향했던 아인슈타인이 배 위에서 노벨상 수상 소식을 전달받은 것은 유명한 일이다. 그렇지만 당시 그가 배 위에서 장염으로 죽을 뻔 했다는 사실을 알고 있는 사람은 많지 않다. 이때 같은 배를 탔던 사람으로 국제의과학회에 참석하고 돌아오던 큐슈대학 교수 미야케 하야리가 있었다. 미야케 덕분에 아인슈타인은 생명을 건졌고 무사히 고베에 도착할 수 있었다.

1945년 전쟁이 끝나기 2개월 전 미야케는 78세를 일기로 세상을 떠났다. 그의 죽음을 추도하여 아인슈타인(당시 66세)이 편지를 보냈고, 그것이 묘비에 새겨져 있는 것이다.

유카와 히데키

일본의 이론 물리학자

업적　　· 중간자 이론 (노벨 물리학상 수상)

湯川秀樹 (Yukawa Hideki, 1879~1955)

원자핵을 구성하는 양성자나 중성자를 서로 결합시키는 힘에 대해서 연구했고, 힘을 매개로 하는 미지의 입자인 '중간자'의 존재를 예언했다. 3년 후에 중간자가 발견되어 1949년 일본인으로서는 처음으로 노벨 물리학상을 받았다. 이는 전쟁 이후에 황폐해진 일본인에게 희망을 주었다. 이후 일본 과학기술 발전의 지주가 되었다.

1907	지질학자 오가와의 셋째 아들로 도쿄에서 태어남(한 살 때 교토로 이주함).
1923	제3고등학교 입학.
1926	교토제국대학 이학부 물리학과 입학.
1929	교토제국대학 졸업, 도모나가와 함께 무급 조교가 됨(22세).
1931	원자핵 이론의 권위자 *니시나 요시오의 연구실에 들어감.
1932	교토제국대학 이학부 강사가 되어 양자역학을 강의함. 유카와 스미와 결혼하여 아내의 성으로 바꿈(25세).
1934	오사카제국대학 이학부 전임강사가 됨. 중간자 이론 발표(27세).
1936	오사카제국대학 조교수가 됨.
1937	*앤더슨이 우주선 속에서 중간자를 발견함.
1939	교토제국대학 이학부 교수가 됨(32세).
1948	미국 프린스턴 고등연구소 객원교수.
1949	일본인 최초로 노벨 물리학상 수상, 콜롬비아대학 교수가 됨. 비국소장 이론 발표(42세).
1953	귀국 후 교토대학 기초물리학연구소 소장이 됨(46세).
1947	제1회 *퍼그워시회의 참가, 국제적 핵무기 폐지 운동을 추진함.
1981	사망(74세).

1. 노벨상의 성격을 변화시킨 유카와의 수상

　다이너마이트 발명으로 거부가 되고 1896년에 사망한 스웨덴의 알프레드 노벨의 유언에 기초한 노벨상은 3300만 크로네(약 42억원)의 기금에서 나오는 이자로 운영되는 것으로 오늘날 최고의 국제적인 상이다.

　대상은 물리학, 화학, 생리 · 의학, 문학, 평화의 5개 부문과, 1969년부터 시작된 경제학 부문까지 총 6개 분야로, 국제적인 업적을 쌓은 인물에게 생전에 한하여 매년 12월 10일에 수여한다.

　제1회는 1901년에 *뢴트겐(물리학), *반트 호프(화학), *베링(생리 · 의학), *쉴리 프뤼돔(문학), *뒤낭(평화), *파시(평화)에게 주어졌다.

　퀴리 부인은 1903년에 방사능 연구로 물리학상, 1911년에 라듐의 발견으로 화학상을 받아 혼자서 두 번 수상한 바 있으며, 이후에도 몇 번의 예외가 있지만, 한 사람에게 평생 한 번 수상하는 것이 원칙이다.

　노벨상의 자연과학 분야인 물리학, 화학, 생리 · 의학에서는 '가장 중요한 발견이나 발명을 한 자'라는 수상자 선정 원칙이 있다. 즉 학문의 발전에 결정적인 영향을 끼친 중요한 사실이나 물질의 발견 및 실험 장치의 발명에 대해서 상을 주는 것이다.

　이 원칙 때문에 '이론'은 나중에 중요하게 인정되더라도 일단 선정 대상에서 제외된다. 예를 들면 1905년에 아인슈타인의 3대 논문에서 가장 중요한 특수상대성 이론이나 브라운 운동 이론은 선정 대상에서 제외됐다. 1921년에 아인슈타인이 물리학상을 수상했을 때의 업적은 세 번째의 광전효과의 이론적 설명(광양자설)에 있었다.

앤더슨
[Anderson, Carl David.
1905~1991]
미국의 물리학자.
R.A.밀리컨 밑에서 감마선 · 우주선 연구에 몰두, 1932년 양전자를 발견하였다. 이것은 디랙의 이론에 따라 예견되었던 양전자의 실증이었고, 이것으로 1936년 오스트리아의 V.F.헤스와 함께 노벨 물리학상을 받았다. 백금판을 이용한 같은 장치를 이용하여, 이듬해인 1937년 S.H.네더마이어와 공동으로 무거운 전자, 즉 중간자를 발견하였다. 이것은 유카와 히데키의 중간자설의 뒷받침이 되었다.

퍼그워시회의
(Pugwash Conference)
핵전쟁의 위험에서 인류를 지키기 위하여 각국의 과학자가 군축 · 평화문제를 토의하는 국제회의. 1955년 7월 A.아인슈타인과 B.러셀이 핵전쟁의 위험과 전쟁회피를 호소한 '러셀—아인슈타인 성명'이 계기가 되어 1957년 7월 캐나다의 퍼그워시에서 과학과 세계문제에 대한 제1회 회의가 열렸다.

니시나 요시오
[仁科芳雄. 1890~1951]
일본의 물리학자.
원자핵, 우주선, 양자역학을 연구하고, 일본 최초의 핵 파괴 장치 사이크로트론을 완성하였다.

뢴트겐
[Wilhelm Conrad Röntgen.
1845~1923]
독일의 물리학자. 1880년 전자기장 내에서 운동하는 유전체에 생기는 전류(뢴트겐전류)를 발견하였다. 여러가지 물체에 대하여 기존의 광선보다 훨씬 큰 투과력을 가진 방사선의 존재를 확인, 이를 다른 복사와 구별하기 위해 'X선'이라 명명하였다. 이 업적으로 1901년 최초의 노벨 물리학상 수상자가 되었다.

반트 호프

[Jacobus Henricus van't Hoff. 1852~1911]
네덜란드의 화학자. 파스퇴르, 케쿨레 등의 연구에 기반을 두고 탄소원자를 중심으로 하는 입체적 사면체 구조를 제창하였다. 이것은 오늘날의 입체화학의 시초였다.

베링

[Behring, Emil Adolf von. 1854~1917]
독일의 세균학자. 혈청의 항균작용에 관한 연구에서 전염병의 면역치료에 관한 문제로 전환하여 그 해 연말에 기타사토 시바사부로와 함께 디프테리아 치료혈청 및 파상풍 혈청을 발견·보고하였다. 혈청 요법, 특히 디프테리아에 대한 그 요법의 응용에 관한 연구와 의학에 새로운 분야를 개척한 업적으로 1901년 노벨 생리·의학상을 수상하였다.

쉴리

[Sully Prudhomme. 1839~1907]
프랑스의 시인. 인간의 고독과 숙명에 대한 철학적 성찰이 돋보이는 시집 《정의》, 《행복》으로 제1회 노벨 문학상 수상.

뒤낭

[Dunant, Jean-Henri. 1828~1910]
스위스의 인도주의자. 1863년 국제적십자 창립의 주역. 1901년 박애정신과 평화에 기여한 공로가 인정되어 제1회 노벨 평화상을 받았다. 적십자운동의 아버지라고 불리며, 그의 생일인 5월 8일을 적십자의 날로 정

이것 역시 '이론'이라는 의견도 있을 테지만 노벨상 위원회는 고심 끝에 실험 사실에 근거한 이론적 설명이라면 실험 사실의 발견에 해당한다고 하여, 그가 발견한 세 가지 이론 중 어느 하나는 노벨상을 받을 만하다는 해석을 내렸다.

멘델레예프의 주기율표도 역사를 변화시킨 위대한 발견이지만, 발표 당시는 단순한 이론으로 판단되었으며, 노벨상 선정에서 반대표가 나와 탈락됐다.

이와 같이 중요한 이론이 제대로 평가되지 못한 불공평한 면이 있었던 반면에, 작지만 분명한 발견으로 노벨상에 턱걸이한 예도 있다. 1940년대 전반에는 노벨상의 권위도 차츰 추락하는 상황이었다.

그러던 중 1949년 유카와가 '중간자 이론'으로 노벨 물리학상을 받게 된 것은 노벨상 역사상 획기적인 의미를 부여한 것이었다.

그것은 명확하게 유카와의 '이론'에 대해서 수여한 것이기 때문이다. 그는 중간자의 존재를 '이론' 속에서 예언했을 뿐이었다. 이 점에 있어서는 주기율로부터 3개의 미지의 원소를 예언한 멘델레예프도 같은 경우였지만, 유카와부터 그러한 이론적인 예상으로 노벨상 수상이 가능한 시대로 바뀌게 되었던 것이다.

1934년의 '중간자 이론' 발표 후 3년이 지난 다음에 실제로 '중간자'가 발견되는 행운도 있었지만, 유카와의 노벨상 수상이 '이론'에 대한 재평가 작업을 가져오게 했다는 것은 분명한 사실이다.

이후 단지 개별의 사실을 발견한 것으로는 노벨상을 탈 수 없었고, 그 발견을 하는 데 반드시 필요한 이론이 동반되며 업적 자체가 이론과 실험의 종합적인 성격을 가진 것이 아니면 상을 받지 못하도록 노벨상의 성격이 변화되었다.

결국 종합적인 체제에 대해서만 수여된다는 점에서, 노벨상은 점점

받기 어려운 상이 되었다. 또한 노벨상을 받기 위해서는 대규모의 그룹 연구를 하고 상당한 수준의 연구비가 지원되어야 한다는 식으로 변해 갔다. 이러한 계기가 유카와의 노벨상 수상이었던 것이다.

또 유카와의 수상은 대상이 '이론'이라는 것 이외에, 그가 자연과학분야 노벨상을 처음

아돌프 황태자로부터 노벨 물리학상을 수여받는 유카와

으로 받은 일본인일 뿐만 아니라 동아시아 최초라는 점에서 그 의미가 크다.

그때까지의 노벨상은 백인들이 독점하는 잔치였고, 인기투표 성격의 상이라는 견해가 있었다. 마찬가지로 그때까지의 국제적인 업적을 쌓았던 기쿠이케(물리학), 기타사토(생리·의학), 노구치(생리·의학)와 같은 사람들은 노벨상을 타지 못했다.

여러 사람들이 인정하는 동양의 천재였던 유카와의 노벨상은 과학자 사회에서 인종의 장벽을 없앤 공적이 크다고 할 수 있다. 이후 일본인 수상은 *도모나가(1965년, 물리학), *에사키(1973년, 물리학), *후쿠이(1981년, 화학), *도네가와(1987년, 생리·의학), *시라카와(2000년, 화학)로 계속된다.

(역자 주:2001년에도 일본 나고야대학의 *노요리 교수가 노벨 화학상을

하여 기념하고 있다.

파시

[Frederic Passy. 1822~1912]
프랑스의 경제학자·정치가. 노벨 평화상(1901) 수상.
열렬한 평화주의자로 알려졌으며, 국제평화동맹(1867)·국제조정기구(1870) 등을 설립하였다.

도모나가 신이치로

[朝永振一郎. 1906~1979]
일본의 물리학자. 양자역학을 연구하여 유카와 히데키 등과 함께 소립자론 그룹의 지도적 역할을 하였다. 1943년 '초다시간이론', 1947년 '도모나가슈윙거이론' 등의 업적을 남겼다. 1965년 양자전기역학 분야에서의 기초적 연구의 업적으로, J.S.슈윙거, R.P.파인먼과 함께 노벨 물리학상을 수상하였다.

에사키 레오나

[江崎玲於奈. 1925~]
일본의 반도체 물리학자. 1947년 도쿄대학 물리학과를 졸업하고, 1956~1960년 소니(주)에 근무하면서 다량의 불순물을 첨가해 만든 다이오드가 터널효과로 인해 음저항(陰抵抗)을 나타낸다는 것을 발견하였다. 이 다이오드는 '에사키 다이오드(터널 다이오드)'라 불리고 있다. 1973년 I.예이베르, B.D.조지프슨과 함께 노벨 물리학상을 받았다.

후쿠이 겐이치

[福井謙一. 1918~]
일본의 화학자. 교토제국대학에서 공업화학을 공부하고 공학박사가 되었다. 1951년 모교에서 연료화학 교수로 후진을 양성하였다. 양자역학을 화학에 적용하는 것에 관심을 가졌으며, 1952년에 '프론티어 전자

받았다.)

2. 책 속에 파묻혀 미아가 되다

유카와의 성장 환경에 대해서는 실제 아버지였던 오가와 타쿠지의 존재를 빼놓고는 말할 수 없다. 그만큼 아버지의 영향이 컸다.

히데키는 25살 때 유카와 집안의 양자로 들어갔는데, 원래 성은 오가와였다. 실제 아버지인 오가와 타쿠지는 지질학자로, 히데키가 태어났을 당시에는 동경에 있는 지질조사소에 근무하고 있었다. 이듬해 그의 아버지는 교토제국대학의 지질학 교수로 부임하였고, 일가는 교토로 이사했다. 히데키가 교토제국대학 이학부에 입학할 무렵 타쿠지는 같은 대학의 학부장으로 취임하였다.

오가와 집안은 유서 깊은 한학자 집안이기도 했지만, 타쿠지는 전공인 지질학과 지리학 이외에 중국학이나 고고학, 역사, 문학 등에도 많은 관심을 가졌으며 아주 꼼꼼한 장서가였다.

그는 남다르게 여러 방면에 걸친 문헌수집을 하였다고 하는데, 셋째 아들인 히데키를 포함하여 5남 2녀를 둔 그의 집에는 여러 분야에 걸친 수만 권이 넘는 책이 있었고, 히데키도 그 책들 속에 푹 파묻힌 채 책 속에서 미아가 될 정도로 많은 책을 읽었다.

어린 히데키에게 책더미는 마치 숲처럼 보였을 것이다. 때로는 산더미처럼 쌓인 책이 무너지는 바람에 그 밑에 깔린 적도 있었다.

끝없이 늘어나는 책 때문에, 그의 가족들은 일반 가정보다 더 넓은 집으로 이사해야만 했다. 수만 권이나 되는 장서를 이동하는 데 자그마치 짐차 3대 정도가 필요했다고 한다.

유카와의 회고담에 다음과 같은 대목이 나온다.

"철들 무렵 나는 책 속에 파묻힌 생활을 했었다."

아버지의 서재에서 손에 닿는 대로 동서고금의 문헌을 읽고, 아버지의 지도로 간단한 것을 탐독하는 생활은 바깥에서 친구들과 잘 어울리지 못하던 얌전한 소년 히데키에게 있어서 가장 큰 즐거움이었다.

그의 할아버지는 한학자였는데 어린 시절 히데키는 할아버지에게 한문책을 읽는 방법을 배웠다.

고등학생이 되자 히데키는 플랑크의 《이론물리학》 5권, *보른의 《원자역학의 제 문제》, *슈뢰딩거의 《파동역학 논문집》 등 어려운 원전과 첨단 논문집을 독일어 원본으로 읽기 시작했다.

독일어는 아버지의 서재에서 서양 책을 읽으면서 필요하다 싶어 익혔다고 한다. 이러한 사실도 대단한 능력이지만, 실제로 이공계 논문이나 책은 다른 문학적인 작품에 비하여 논리가 명쾌하고 언어적으로 쉽게 쓰여졌으므로, 고등학생이라도 충분히 읽을 수 있다. 중요한 점은 그것을 읽으려고 시도했느냐에 있다.

히데키에게는 집 자체가 도서관이자 연구실이었다. 그가 이론물리학 연구자이면서 동시에 한학, 동양학, 노장사상 등에 통달하여 독특하면서도 폭넓은 시야를 가지고 있었다는 것도 이해할 만하다.

지적 창조력을 높일 수 있는 최고의 환경에서 자란 그의 형제들은, 유카와가 교토대학 물리학과 교수가 된 것 이외에 큰형인 오가와는 도쿄대학의 야금학 교수, 둘째 형인 가이즈카는 도쿄대학 동양사학 교수, 동생인 오가와는 중국문학으로 교토대학 교수가 되었다. 전형적인 학자 집안이라 할 수 있다.

능력은 유전된다고 하지만, 이와 별도로 자신의 능력을 최대한 발

재하는데, 이것을 광학이성질체라 부른다.

광학 활성 촉매를 이용해 광학이성질체에서 한 가지 형태만을 합성하는 수소화 반응을 개발한 공로로 윌리엄 S. 놀즈와 함께 2001년 노벨화학상을 수상했다.

보른
[Born, Max. 1882~1970]
독일의 물리학자.
양자역학과 핵물리학의 개척에 공헌했다. 특히 1925~1926년 하이젠베르크 및 요르단과 함께 연구한 행렬역학의 정식화와, 1954년 노벨물리학상을 타게 한 파동함수의 통계적 해석으로 유명하다.

슈뢰딩거
[Erwin Schrodinger. 1887~1961]
오스트리아의 물리학자.
원자핵 둘레의 전자의 움직임을 기술하는 방정식을 만들었는데, 그 방정식은 서로 별개이면서도 동일한 두 방정식 가운데 하나이다. 처음 것은 하이젠베르크의 행렬 역학이요, 두 번째가 막스 보른이 물리학을 통틀어 '지극히 경탄할 만한' 것으로 평가한 슈뢰딩거의 파동 방정식이다.

러시아의 작가 톨스토이의 작품에
나오는 바보 이반을 뜻함.

히데키의 부모와 형제

휘할 수 있는 환경의 영향력도 크다는 사실을 보여주는 실례가 된다.
오가와 집안의 형제 중에서는 히데키의 학문적 업적이 가장 크다고
할 수 있다.

3. 바보 이반의 뛰어난 수학 실력

히데키가 어렸을 때부터 보여준 수학적 재능은 타고난 것이었다.
초등학교 3학년 때 이미 오늘날 고등학교 수학에서 배우는 등차수열
의 합이라는 공식과 똑같은 것을 스스로 만들어냈다는 일화가 전해
온다.

그는 어렸을 때부터 말없이 책 읽는 것을 좋아하는 소년이었는데,
늘 묵묵히 자기 일을 했기 때문에 '*이반'이라는 러시아풍의 별명이
붙여졌다. 그러한 성격과 나약한 체력이 원인이 되어 초등학교와 중
학교 시절에는 자주 괴롭힘을 당했다.

구제중학교(지금의 고등학교) 1학년이었을 때 '바보' 소년은 3학년이자 불량스럽고 몸집이 큰 유도부 선배들에게 특히 괴롭힘을 당했다.

체격이 컸던 선배는 언제나 히데키의 몸을 짓궂게 지분거리며 못살게 굴었고, 히데키는 일방적으로 당해야만 했다.

그런데 시험이 가까워지자 수학을 잘 못하는 유도부 선배가 갑자기 꿔다 놓은 보릿자루처럼 얌전해졌다고 한다. 마찬가지로 평소에 공부를 게을리 하던 동급생들도 자신들이 괴롭히던 히데키를 찾아가 신기한 표정을 지으면서 예상 문제에 대한 강의를 듣곤 했다.

주객이 완전히 바뀐 이 때야말로 소년 히데키는 마치 능숙한 교수처럼 당당했으며 품격도 있었다. 당연한 것이었다. 수학에 뛰어난 실력을 갖추었던 그는 비록 1학년이었지만 이미 3학년 수학을 혼자 힘으로 거의 마스터했기 때문이었다.

그러나 시험이 끝나면 모든 것은 다시 처음으로 되돌아가 있었다. 선배와 동급생들은 다시 그를 괴롭히기 시작했고, 그러다가 또 시험이 가까워 오면 모두들 얌전해졌다.

이와 같이 어렸을 때부터 수학적 재능을 꽃피웠던 소년 히데키는 당연하게도 구제고등학교를 졸업하고 교토제국대학 이학부의 수학과를 제1지망 하기로 했다. 물론 어느 누구도 그가 장래 수학자로 대성할 것임을 의심하지 않았다.

그런데 우연히도 운명적인 일이 그에게 자연의 경이를 눈뜨게 했으며 물리학의 길을 걷게 했다. 그리하여 그는 타고난 수학 실력을 살려서 이론물리학자로서 대성했으며 일본인 최초로 노벨상을 받았다.

4. 과학 선생님의 실험 실패로 물리학으로 전향

구제 제3고등학교를 졸업할 무렵 히데키가 희망한 것은 자타가 인정한 뛰어난 수학 재능을 살릴 수 있는 수학과였지 물리학과가 아니었다.

그러나 교토제국대학 이학부에 학과 지원서를 낼 때, 그는 사실 수학과로 진학하는 것에 대해서 심각하게 고민했다.

"도구 과목인 수학을 잘 하는 것은 자연계 지원자로서 당연한 일이다. 그렇지만 자신의 장래를 맡길 만한 학과는 아니지 않은가?"

그는 마지막에 수학과가 아닌 물리학과로 희망 학과를 바꾸고 말았다. 이것은 교사나 부모의 권유에 의한 것이 아니었다. 유카와 자신의 기억에 의하면, 사실은 고교 시절 마지막 과학 수업에서 선생님의 실험 실패 장면을 목격하고 그때의 인상이 강렬하게 남았기 때문이라고 한다.

실패는 성공의 계기라고 하지만 전환점이 되기도 한다. 실제로 유카와에게 이 과학 선생님의 실험 실패는 전환점이 되었다.

그때의 실험은 황산구리 수용액의 전기 전도도에 관한 것이었는데, 오늘날에도 종종 실패하는 경우가 있다. 이 실험은 그 당시 전기화학 분야에서 수행하는 전형적인 실험이었다.

U자 유리관에 일정한 농도의 황산구리 수용액을 넣고 두 개의 입구를 고무마개로 막은 다음 백금 전극을 연결한다. 여기에 연결선을 이어 전지와 전류계를 통하여 흐르는 전류의 값으로부터 액체의 전기 전도도를 측정하는 것이었다.

선생님은 장치를 세트화 해서 실험했으며, 먼저 어떤 물질의 전류의 값을 측정했다.

전류의 값은 관의 단면적에 비례한다는 법칙이 있다. 당시 과학 선생님은 다소 탐구적인 인물이었으므로 이러한 예상을 설명하고 자신 만만하게 똑같은 방법으로 측정을 했다.

그런데 커져야 하는 전류의 값이 예상과 반대로 적어졌다. 당황한 선생님은 반대로 가느다란 관으로 바꾸어서 같은 실험을 했는데, 이번에는 전류의 값이 크게 나왔다. 예상은 완전히 빗나갔다. 한 쪽이 굵고 다른 쪽이 가느다란 U자관으로는 예상하지 못한 결과가 나왔다.

당황한 선생님은 허둥대면서 어물어물 넘어가려고 했지만, 실험 결과가 점점 더 불분명해지자 당혹감을 감추지 못했다.

그러나 탐구심이 왕성한 우수한 학생들은 오히려 재미있어하면서 "우리들이 그 해답을 찾아보자"고 말했다.

오늘날 전기분해의 복합 현상이라 설명할 수 있는 이러한 혼란은 당시 학생들의 실력으로 해결하기에는 무리였다. 하지만 극적인 사건을 체험했던 히데키는 자연의 비밀에 깊이 감명받았고, 이어 물리학으로의 전향을 결심하게 된 것이었다.

예상을 뒤집는 결과가 나오는 경우가 있는 자연의 복잡성, 그것을 해명하기 위하여 발전하고 있는 물리학이라는 학문의 깊이에 흥미를 느꼈던 것이다.

이 젊은 천재는, 실험의 실패가 결코 선생님이 공부를 덜 했거나 준비가 부족한 탓이 아니라, 원래 자연 자체가 만만치 않은 본질을 가지고 있기 때문이었다는 사실을 직관적으로 느낀 것이다.

막연하지만 수학자가 되려고 했던 히데키는 이날의 극적인 체험을 통해 주저 없이 대학 지망학과를 수학과에서 물리학과로 바꾸었고, 며칠이 지난 다음에 학과 지원서를 제출했다고 한다.

'*반면교사' 라는 말이 있다. 무명의 이 제3고등학교 선생님은 자신의 실패를 통해 훌륭한 반면교사 역을 한 셈이고, 일본과 세계의 자연과학 발전을 위하여 커다란 역할을 담당한 최고의 제자를 길러 낸 셈이다.

5. 공놀이 도중에 떠오른 중간자의 아이디어

유카와의 생애 최대의 업적인 '중간자 이론' 을 세우기 전날 밤, 세계의 물리학계는 원자 구조에 관한 이야기에 열중하고 있었다.

1932년 영국의 *채드윅이 중성자를 발견했고, *하이젠베르크는 이것을 이용해서 원자핵은 양전하를 가진 양성자와 전하를 가지지 않는 중성자로 구성되어 있고, 원자핵 바깥은 음전하를 가진 전자가 돌고 있다는 오늘날의 원자 모형을 확립했다.

그런데 원자핵에 있는 양성자와 중성자가 어떻게 단단하게 결합할 수 있는 힘(핵력)의 존재를 증명할 수 있느냐 하는 새로운 문제가 대두되었다.

유카와는 양성자가 전자와 뉴트리노를 흡수해서 중성자로 변한다는 *페르미의 실험 결과에 힌트를 얻어 전자와 뉴트리노가 양성자나 중성자 사이에서 공놀이처럼 왔다갔다 한다면, 그 관계가 계속되는 한 양성자와 중성자는 떨어지지 않는다는 주장을 했다. 즉 두 개의 입자 사이에서 미소입자의 교환으로 힘(교환력)이 발생한다는 것을, 양자 역학 특유의 힘에 의한 모델로 세계에서 처음으로 고안하여 발표한 것이었다.

유카와는 다음과 같이 회고한 바 있다.

"매일 밤 같은 문제(핵을 결합시키는 힘이 무엇인가)를 생각하고 있었다. 어느 날 천장을 보니 나이테 모양의 무늬가 있었는데, 그 일부분의 나이테는 중심에서 빙빙 돌아 두 개가 되었고, 그 바깥에는 표주박 모양의 나이테가 둘러싸여 있었다. 다음날 낮에 기분을 전환하기 위해서 공을 주고받으며 공놀이를 하고 있는데, 지난밤의 중심이 두 개인 표주박 모양의 나이테가 문득 떠올랐다. 그리고 다시 공놀이를 하면서 손에 들어온 공을 본 순간, 입자끼리 공을 주고받으면서 반발하지 않고 결속되는 것과 같이 원자핵이 구성되고 있는 것이 아닌가 하는 가설이 생각났다."

나이테에 관한 이론은 이미 발표된 것이었다. *하이틀러와 *런던에 의해 수소 분자의 공유결합 이론의 모델로 발표된 바 있다. 그들은 수소 원자가 어떻게 반발하지 않고 H₂ 분자가 되는지에 대해 신기하게 생각했고, 두 개의 원자핵 최외각에 있는 두 개의 전자를 공유함으로써 안정하게 결합할 수 있다고 생각해냈던 것이다.

양성자나 중성자(핵자)가 공놀이를 하는 것처럼 입자(전자와 뉴트리노)를 주고받음으로써 교환하는 힘(핵력)이 생긴다는 참신한 아이디어는, 마치 두 마리의 개(양성자와 중성자)가 뼈다귀(전자와 뉴트리노)를 같이 물고 떨어지지 않는 것과 아주 비슷한 모양이다.

유카와는 핵력을 설명하는 데 두 마리의 개와 뼈다귀의 이미지를 자주 이용했다.

그러나 발표 전에 교환력의 크기를 계산해 보니까, 주고받는 입자가 전자라면 질량이 너무 작아서 현실적인 핵력의 크기와 맞지 않았다. 그래서 거꾸로 이 힘의 크기에 맞는 것, 즉 전자와 양성자나 중성자의 사이에 질량을 가진 새로운 입자(중간자)가 있을 것이라는 결론을 얻었고, 드디어 중간자 이론을 완성시켰다.

페르미

[Fermi, Enrico. 1901~1954]
이탈리아의 물리학자. 원자의 양자론을 연구, 1926년 P.A.M.디랙과는 별도로 '페르미통계(페르미-디랙통계)'를 제안하였고, 분광학을 연구하였다.
원자핵 연구로 옮겨 1934년 β붕괴 이론을 제출, 복사이론과 W.파울리의 중성미자가설을 결합시켰다. 중성자에 의한 거의 모든 원소의 핵변환 가능성을 시사, 느린중성자에 의한 핵변환을 행하여 많은 방사성동위원소를 만들어 초우라늄원소 및 핵분열 연구의 길을 열었다. 1938년 중성자에 의한 인공방사능 연구의 업적으로 노벨 물리학상을 수상하였다.

하이틀러

[Heitler, Walter. 1904~1981]
독일의 물리학자.
초기에는 F.런던과 함께 양자역학적인 수소분자의 결합에 대해 설명하였으며(1927), 그 후 화학결합의 양자론에서 업적을 세웠고(하이틀러-런던이론), 복사론과 우주론 분야에서 제동복사 이론과 캐스케이드샤워 이론을 제시하였으며, 양자전기학과 중간자론에도 많은 공헌을 하였다.

런던

[London, Fritz Wolfgang. 1900~1954]
독일 태생 미국의 이론물리학자.
1927년 W.하이틀러와 함께 양자역학에 의거하여 수소분자의 구조를 검토하고 화학결합에 관한 양자역학적 해명(하이틀러-런던의 이론)에 성공하였다. 이밖에 극저온현상에 대한 연구와 초전도에 관한 현상론적 방정식(런던방정식)도 중요하며, 액체헬륨에 대해서도 연구하였다.

사실 당시의 유카와는 불면증으로 고생하고 있었다. 하지만 불면증이 없었다면 천장에 있는 나이테를 볼 수도 없었을 것이고, 자칫하면 중간자 이론은 탄생하지 못했을지도 모른다.

과학자가 남긴 한마디

철들 무렵 나는 책 속에 파묻힌 생활을 했었다.

철저한 정리정돈 습관

유카와가 사망했을 때 그의 유품이 정리된 상태는 매우 꼼꼼하여 논문이나 저서가 연도에 따라 정성스럽게 정리되어 있었다. 교토대학 기초물리학연구소의 한 모퉁이에 있는 유카와 기념관은 '유카와 스스로 기념관을 만들었다'고 할 정도였다. 특히 자신의 업적을 역사적인 위치에 자리매김하는 능력이 뛰어났다.

이 기념관은 현재 연구자에게만 공개되어 있지만, 기초물리학연구소 사무실에 문의하면 일반인도 입장할 수 있다.

마리 퀴리

폴란드 태생 프랑스의 물리학자, 화학자

업적

· 방사선 및 방사능 연구
· 폴로늄 발견
· 라듐 발견

Marie Curie (1867~1934)

방사선학을 탄생시킨 과학자. 강한 방사능을 가진 라듐, 폴로늄이라는 두 개의 새로운 원소를 발견함. 이후 핵물리학 발전의 기초를 쌓았다. 방사능 연구에 베크렐, 남편인 피에르와 함께 노벨 물리학상, 라듐의 발견으로 노벨 화학상을 탐으로써 두 번의 노벨상을 받았다. 제1차 세계대전중에 방사선 치료차를 고안하여 전쟁터에서 부상당한 병사들의 치료를 도왔다.

1867	폴란드의 바르샤바에서 태어남. 아버지는 중학교 물리 교사, 어머니는 여학교 교장.
1883	바르샤바 국립여학교 졸업(16세).
1884	입주 가정교사로 일함(17세).
1891	파리대학 이학부 물리학과 입학(24세).
1893	파리대학 이학부 물리학과 수석 졸업.
1894	파리대학 이학부 수학과 차석 졸업.
1895	피에르 퀴리와 결혼(28세).
1898	우라늄보다 수백 배 이상 강한 방사능을 가진 새로운 원소를 발견하고 조국의 이름을 따서 폴로늄이라고 명명함. 같은 해에 새로운 강력한 방사능을 가진 원소를 예언하고 라듐이라고 명명함(31세).
1902	라듐염 0.1그램 분리에 성공함.
1903	*베크렐, 남편인 *피에르와 함께 노벨 물리학상 공동 수상(36세).
1906	교통사고로 피에르 사망, 후임으로서 파리대학 최초의 여성 전임강사 (2년 후에 교수)가 됨.
1910	금속 라듐 분리 성공(43세).
1911	노벨 화학상 수상(44세).
1914	방사선 치료차를 개발, 부상병을 위한 구호활동에 이용함. 라듐 연구소 초대 소장(47세).
1921	미국 정부 초청으로 도미, 대통령으로부터 1그램의 라듐을 기증받음(54세).
1934	백혈병으로 사망(67세).

1. 초보자 부부가 8년 동안 공동 수행한 단순 작업

마리 스클로도프스카는 1893년 파리대학 이학부와 문학부가 있었던 통칭 소르본대학 물리학과를 수석으로 졸업했다. 이듬해에는 수학과를 차석으로 졸업하였고, 이어 실험 물리학자 피에르 퀴리와 결혼했다. 당시 마리는 28살, 피에르는 36살이었다.

두 사람은 신혼여행중에, 새로운 분야를 공동으로 연구하여 세상에 이름을 알릴 목표를 세웠다고 한다.

마침 그때 뢴트겐은 X선을 발견했다. 이듬해에는 베크렐이 우라늄 화합물이 방사선(당시는 베크렐 선이라고 불렀다)을 내는 것을 발견했다. 퀴리 부인은 베크렐 선의 해명을 연구 주제로 잡았다.

곧 이어서 베크렐 선을 방사선이라고 불렀는데, 방사선을 내는 성질을 방사능이라고 부른 것은 퀴리 부인이었다.

마구잡이로 우라늄 광석이나 우라늄 화합물을 조사한 퀴리 부인은, 방사능을 가진 것은 우라늄이나 토륨 등 특별한 원소뿐인 것을 밝혀냈다. 그런데 피치블렌드라는 우라늄 광석을 조사하자 당시 가장 강한 방사선이라고 생각되던 우라늄보다 4배 이상 강한 방사선이 나오고 있는 것을 발견할 수 있었다.

우라늄이나 토륨 이외에도 방사능을 가진 새로운 원소가 있음을 확신한 퀴리 부인은, 남편을 설득해서 그것을 분리하는 연구에 매진하게 되었다.

두 사람은 미지의 방사성 원소의 해명을 부부 공동의 연구 주제로 삼을 것을 결심했다. 피에르는 자신의 연구를 일단 중단하고 8년 동안 아내와 함께 미지의 방사성 원소의 단독 분리 작업에 뛰어들어 소르본대학의 낡은 해부학 실험실 공간을 빌려 작업을 시작했다.

베크렐
[Becquerel, Antoine Henri. 1852~1908]
프랑스의 물리학자.
1895년 뢴트겐의 X선 발견을 프랑스에 소개한 푸앵카레와 토론을 벌인 것을 계기로, 형광과 방사선의 관계를 검토하기 시작하였다.
자연적으로 형광작용을 가지는 물질들을 조사한 결과 우라늄염에서 모종의 방사선이 나온다는 것을 발견하였다(1896). 1903년 퀴리 부부와 함께 노벨 물리학상을 수상하였다.

피에르 퀴리
[Curie, Pierre. 1859~1906]
프랑스의 물리학자.
소르본대학에서 수학·물리학을 전공하였다.
자기화가 온도에 역비례한다는 '퀴리의 법칙'을 발견하고, 퀴리온도를 확립하는 등 자성물리학의 기초를 확립, 발전시켰다.
1895년 마리와 결혼 후, 아내와 공동으로 우라늄염의 방사선이 원자적 성질이라는 결론을 내리고 새로운 물질탐구에 노력하여 폴로늄과 라듐을 발견하였다. 1903년 아내및 베크렐과 함께 노벨 물리학상을 받은 후 소르본대학 교수가 되었으며, 1906년 교통사고로 급사하였다.

보헤미아에서 운반해온 피치블렌드 광석은 대학의 정문까지는 배달되었지만, 그곳에서 실험실까지 운반하는 것은 남편의 일이었다. 피에르는 하루 종일 무거운 광석을 담은 부대를 등에 지고 실험실과 정문 사이를 왕복했다.

실험실에 옮겨진 피치블렌드 광석을 조잡한 방법이었지만 정성껏 으깨서 분말로 만들었다. 이 작업도 피에르의 일이었으나 그 후의 일은 마리의 몫이었다.

우선 거대한 그릇 안에 으깬 광석 분말과 황산을 넣은 다음 잘 섞었다. 그러면 암석 물질은 밑으로 가라앉고 금속 부분은 황산에 녹아서 황산염으로 변했다. 이렇게 하면 우라늄이나 토륨 이외의 방사능을 가진 미지의 원소를 포함한 금속 부분을 황산염으로 분리할 수 있었다.

이후 황산 이외에 여러가지 용매를 사용해서 같은 방법으로 침전물과 용해물을 분리하여 최종적으로 미지 원소인 라듐을 분리하는 것을 목표로 했던 것이다.

그런데 퀴리 부인은 소르본대학을 수석(물리학과)과 차석(수학과)으로 졸업한 수재였지만, 그것은 물리학이나 수학에서일뿐이다. 화학, 특히 그녀가 실험하려는 분석화학 분야에서는 남편과 마찬가지로 완전한 초보였다.

이렇게 초보자였던 퀴리 부부가 새로운 원소를 단독으로 분리하려고 했다는 것은 그들 자신은 물론이고 그들을 인정했던 소르본대학으로서도 대단한 도박이었다.

부부는 피치블렌드를 운반하는 운임 등에 모든 재산을 투자했다. 또한 인생에 있어서 최고의 연구 적령기를 이러한 단순 작업에 몰두하며 보냈다. 대학은 기자재나 약품 등에 엄청난 비용을 지출했다.

퀴리 부부가 라듐을 발견했던 실험실

　기약할 수 없는 작업은 최종적으로 두 번에 걸쳐 성공했다.

　첫 번째 작업(4년 동안, 피치블렌드 광석 4톤 사용)에서는 예상 밖으로 폴로늄이 분리되었지만, 목적했던 라듐은 바륨과 라듐이 혼합되어 있었으므로 실패했다.

　바륨과 라듐은 동족 원소이므로 화학적인 성질이 아주 비슷하다. 그러므로 특정 용액에 녹는지의 여부로 분리하는 비교적 단순한 방법으로는 분리할 수 없었던 것이다.

　그렇기에 두 번째 작업에서는 용해도의 미소한 차이를 이용하는 방법이 사용되었다.

　어떤 용매에 바륨과 라듐의 혼합물을 녹이면 그 일부가 침전되고 남은 용액 속에는 바륨과 라듐이 4:6의 비율로 포함된다. 이 4:6의 비율의 용액을 다시 같은 용매에 녹이면, 그 용액 속에 바륨과 라듐의 비율은 원래의 4:6에 대해 다시 4:6의 비율을 곱한 것이 된다. 이러한 방법을 계속하면 드디어 라듐의 순도는 100퍼센트에 가깝게 된다.

　이 방법의 어려운 점은 작업을 반복하다 보면, 라듐의 바륨에 대한

E. A. 드마르세이

프랑스의 물리학자.
스펙트럼분석의 권위자.
1901년 세리아광석에서 분리시켜
유로퓸(Europium—주기율표 제3족
에 속하는 희토류원소)을 발견하였
다. 퀴리 부부의 친구로, 라듐 발견
을 돕기도 했다.

비율은 높아지지만 용액에 녹아 있는 절대량은 점점 작아진다는 것
에 있다.

그렇기에 대량으로 작업을 해야 했으며, 중간 중간에 증발접시를
이용하여 용액을 농축시켜야 했으므로 사용했던 접시만도 5,000개
가 넘었다.

이러한 두 번째 작업도 다시 4년 동안 계속되었고, 드디어 바륨을
완전히 제거한 라듐염 0.1그램을 추출하는 데 성공했다.

염화물로서 추출된 것은 라듐이 쉽게 이온이 되기 때문이었다. 반
면에 우라늄은 이온화하기 어려우므로 이 방법에서도 순수한 금속
우라늄을 얻을 수 없었다.

순수한 금속 라듐은 라듐염을 전기 분해함으로써 얻어지는데, 이것
도 퀴리 부인의 손에 의해 8년 동안의 고된 실험 결과 끝에 얻어진 것
이었다.

두 번째 작업에서 사용된 피치블렌드도 4톤이었고, 여기서 얻어진
라듐염은 불과 0.1그램이었다. 증발접시에 검은 재가 약간 남아 있
는 정도였지만 강렬한 청백색의 빛을 내고 있었다.

*드마르세이에게 측정을 의뢰한 결과 원자량은 225.9(실제는
226.0)로 결정되었고, 비로소 새로운 원소가 확정되었다. 이것이 두
번째 노벨상을 받게 된 근거가 된다.

분석화학 분야의 초보자였던 부부가 라듐을 발견할 수 있었던 이유
는 방사성 물질의 농축에는 그들이 사용한 미묘한 용해도 차이를 이
용한 단순 반복적인 농축법 이외에는 방법이 없었기 때문이다.

나중에 우라늄 235를 0.7퍼센트에서 100퍼센트까지 농축시켜 원
자폭탄을 만들었던 미국도 대규모 공장에서 공정을 기계화한 것일
뿐, 그 원리는 퀴리 부부가 한 방법을 그대로 따른 것이었다.

학문의 발전 초기에는 아무리 물리학자라 해도 이와 같은 단순 화학(농축 작업)을 하지 않을 수 없었으며, 또 그러한 작업을 하기로 결단한 것이 영광의 길로 들어서게 하는 분기점이 되었다. 목표에 도달하는 길을 알았지만 그 길은 두렵고 기나긴 길이었다. 그러므로 그 길을 걷기로 결심하는 것 자체도 무척이나 어려운 일이었다.

어쨌든, 이 8천만 분의 1이라는 농축 작업은 진리를 향한 확신이 없었으면 불가능했다.

2. 야심가의 일면을 보인 운명의 하룻밤

마리 스클로도프스카와 피에르 퀴리가 만나게 되었던 계기는, 마리의 지도 교수였던 페로 덕분이었다. 열심히 공부하고 성적이 우수한 마리의 가난한 생활을 보았던 페로는 마리를 도와주기 위해서, 그 지역의 공업회에서 대학에 지원하는 산학공동연구에 응모할 것을 권하여 공부할 수 있는 자금을 얻도록 했다.

그 보고서 작성에 필요한 자료를 얻기 위해서 페로가 물리화학학교의 실험실을 소개했는데, 그 실험실의 교수가 30대 중반의 피에르 퀴리였다.

의사의 아들로 형도 물리학자인 피에르는 소르본대학 물리학과를 졸업하고 이미 피에조 전기, 퀴리 온도(자기 소멸 온도) 등 오늘날에도 유명한 현상을 발견한 사람으로, 학문적으로는 최고 수준의 학자였다.

그는 가정을 꾸며 안정된 생활을 하려고 생각했지만 여자와는 인연이 없었다. 그런데 갑자기 나타난 미인이며 총명한 마리를 보고 한눈에 반했다. 그가 마리에게 보낸 편지 공세는 유명하다.

그러나 연구에 몰두하여 결과를 빨리 얻어 보고서를 완성하고 싶었던 마리는 그와의 교제를 완강하게 거부했다. 마리는 이때 이미 졸업 자격을 확보했으며 조국인 폴란드로 돌아가 아버지의 뒤를 이어 물리교사가 될 예정이었다.

피에르의 적극적인 프로포즈가 조금이나마 약했다면 역사에 이름을 남긴 퀴리 부인도 없었을지 모른다. 또한 원자물리학의 발전도 상당히 늦어졌을 것이다. 그러나 극적인 전환이 이루어졌다.

피에르는 모든 실험을 끝내고 귀국 준비를 하고 있는 마리에게 자기 고향집으로 놀러 가자고 권했다. 은사의 권유도 있었고 신세를 졌던 사람에 대한 예의라고 생각한 마리는 가벼운 마음으로 승낙했다. 하지만 그것은 피에르의 의도적인 계획이었다.

아니나 다를까 마리는 피에르의 집에서 청혼을 받았다. 그리고 그녀는 하룻밤을 고민한 끝에 '그래요' 라고 대답했다.

남자의 고향집에 놀러 가자는 권유를 받아들인다는 것이 무엇을 뜻하는가. 아무리 공부만 하고 살아서 세상 돌아가는 일을 모른다고 해도 마리 역시 아무 생각 없이 그를 따라나서지는 않았을 것이다.

마리는 고향 폴란드에서 평범한 물리교사로 인생을 마치는 길 대신에 대도시 파리에서 연구자로서 자신의 능력을 발휘하는 길을 선택한 것이었다.

수재였던 여성은 파리에서 보다 나은 연구자의 삶을 추구하고 있었다. 부자 집안에서 태어나 뛰어난 연구 업적을 가지고 있었지만 여성과 인연이 없었던 노총각 피에르와 마리 사이는 이렇게 해서 사랑이 싹텄고 빠르게 결합할 수 있었다. 운명적인 만남이라기보다는 서로 원했던 만남이었다.

한편 마리가 남편이 해오던 연구를 그만두게 하고 새롭게 우라늄 연구(핵과학)를 하도록 한 것은 당시 그 분야가 후발 주제로 명성을 얻을 가능성이 높은 영역이었기 때문이었다.

피에르는 마리에게 청혼할 때 보여준 강인함과 달리 본래는 우유부단한 성격의 소유자였다. 그러나 웅변적이며 추진력을 갖춘 마리에게 이끌려 점차 피에르도 야심을 가지기 시작했다.

상승지향의 강렬한 야심가 동지로서 부부는 하나의 과학적인 목표에 모든 에너지를 결집시켰고, 역사에 남길 일을 이루어냈다.

3. 퀴리 부인에게 증정된 1그램의 라듐

퀴리 부인은 제1차 세계대전 중 방사선 차를 고안하여 100만 명 이상의 부상병의 탄환 적출 수술 등에 활용했다.

또한 라듐을 이용한 암 치료에도 최선을 다했으며, 소르본대학 최초의 여성 교수로서 여성 과학자의 지위 향상에도 노력했다.

이러한 인도적·사회적 공헌뿐만 아니라 뛰어난 과학적인 업적을 인정받아, 그녀는 1921년 미국의 하딩 대통령으로부터 백악관에 초청되었고 당시 세계 유일의 농축 공장에서 만든 1그램의 라듐을 증정받았다.

이 증정은 미국의 여성지 기자 메로니 부인이 쓴 〈방사선의 여왕 퀴리 부인 오다〉의 전미 캠페인에 의한 것으로, 1그램의 라듐 구입에 필요한 10만 달러는 퀴리 부인이 방미 도중 실시했던 강연회 수입으로 모아진 것이었다.

당시 미국을 방문한 퀴리 부인에 대해 미국인들은 상당한 환영을

러더포드

[Rutherford, Ernest.
1871~1937]
영국의 물리학자.
J.J.톰슨과 함께 X선에 의한 기체의
이온화 연구를 시작했다.
우라늄 방사선 연구를 통해 방사선
에는 α선과 β선이 있음을 발견하였
다. 1902년 방사능이 물질의 원자
내부 현상이며 원소가 자연붕괴하고
있음을 지적, 종래의 물질관에 커다
란 변혁을 가져왔다. 1908년 노벨
화학상 수상.

방사선 차에 타고 있는 퀴리 부인

했다. 새롭게 방사선학을 소개하며, 한편으로는 여성의 지위 향상을
강조하는 강연에도 열심히 귀를 기울였다.

이 때 증정된 엄청난 가격의 1그램의 라듐을 프랑스로 가지고 돌아
온 퀴리 부인은 그것을 자신만의 것으로 하지 않았다. 라듐을 이용한
암 치료 이외에, 방사선원을 확보할 필요가 있지만 자금이 없어 구입
하지 못하는 물리학, 화학, 의학의 많은 연구자에게 나누어주었다.

원자핵을 깨뜨릴 α선원으로서 라듐이 필요했던 캐번디시 연구소의
러더포드 연구실에서는 이때 기증받은 많은 양의 라듐을 이용해 연
구를 획기적으로 진전시켰다.

원자에 핵이 있는지 없는지는 당시 물리학계의 주된 화제였다. 뢴
트겐은 핵이 없다고 했으나 *러더포드는 있다고 주장했다. 그것을 결
정하려면, 원자핵을 깨뜨려서 그 존재를 확인시키는, 지극히 빠른 입
자 속도를 가진 탄환(α입자)이 필요했다. 이 α가 라듐에서 얻어지기
때문이다. 그것은 지극히 적은 양인 몇 밀리그램이면 충분했다.

퀴리 부인에게서 받은 라듐으로 이 실험은 비약적으로 진전되었고,
드디어 러더포드는 원자핵을 발견했다.

이어서 채드윅은 중성자를 발견했고, 캐번디시 연구소의 여러 사람이 노벨상을 받았다. 이 중에는 알루미늄의 인공방사성 물질화로 노벨 화학상을 받은 딸 *이렌 부부도 포함되어 있다. 퀴리 부인이 기증받은 라듐의 역할은 실로 컸다.

하딩 대통령으로부터 증정받은 1그램의 라듐을 보관했던 상자

이렌 부부

[Frederic and Irene Joliot-Curie 본명은 Jean-Frederic Joliot, Irene Curie(~1926). F. 졸리오 퀴리(1900~1958), I. 졸리오 퀴리(1897~1956)]

프랑스의 물리화학자 부부.

이들은 노벨상 수상자였던 퀴리 부부의 딸과 사위이다.

붕소 · 알루미늄 · 마그네슘을 각각 알파 입자로 충돌시켰으며 그 결과 질소 · 인 · 알루미늄과 같이 보통 방사성 원소가 아닌 원소들의 방사성 동위원소를 얻었다. 이 발견으로 화학적 변화와 생리적 과정을 추적하는 데 인공적으로 만든 방사성 원소들을 이용할 수 있다는 것이 밝혀졌다. 1935년 이렌 퀴리 부부는 새로운 방사성 원소들의 합성으로 노벨 화학상을 받았다.

퀴리 부인은 라듐의 제조법에 대해서도 비밀로 하지 않았다. 두 번째 실험에서 4톤의 피치블렌드 광석에서 불과 0.1그램의 라듐염을 얻었는데, 이 5,000가지 공정을 넘는 단계적 분별 농축법은 특허를 내지 않고 공개되었다.

학문의 발전과 젊은 후계자들을 격려하기 위해, 특허를 얻으면 엄청난 부를 얻었을 제조법을 모든 이에게 공개했던 것이다.

미국은 퀴리 부인의 제조법에 특허가 없다는 사실을 활용해서 세계 최대의 공업력을 바탕으로 대량으로 광석을 처리하여 라듐이나 우라늄, 코발트 등 미량 방사성 물질을 농축하는 나라가 되었다. 히로시마, 나가사키에 떨어진 핵폭탄도 이 농축 기술을 사용하여 만들어진 것이었다.

퀴리 부인에 대한 미국인의 평가가 지극히 높았던 이유는, 여성의 권리 획득이나 자유주의 사상에 대한 공감도 있었지만, 특히 방사성 물질의 농축 기술을 공개한 것에 대한 평가가 높았다고 말할 수 있다.

1943년 MGM사가 제작하고 그리어 가슨, 월터 피존 공동 주연, 퀴리 부인의 둘째 딸인 에브 퀴리 원작인 영화 〈퀴리 부인〉은 명화로도 높은 평가를 받았다.

4. 백혈병으로 사망

1906년, 퀴리 부인이 39살이었을 때 남편인 피에르가 우편마차에
치여 사망했다. 그 후 한때 후배 물리학자 랑쥬방과의 염문설이 돌았
지만, 죽을 때까지 28년 동안 미망인으로 살았고 피에르에 대한 애
정에는 변함이 없었다.

1934년 퀴리 부인은 병으로 쓰러져 입원했다가 세상을 떠났다. 향
년 67세, 사인은 백혈병이었다.

1894년 이후 40년 동안의 연구생활 중에 그녀가 쏘인 방사선 양은
약 200*시버트로 추정되고 있다. 이것은 일상생활에서 받는 방사선
양의 600억배이다.

한번에 1시버트 정도의 방사선에 피폭되면 구토 증상이 나타나고,
7시버트 정도에서 거의 모든 사람이 죽음에 이른다.

퀴리 부인의 몸은 연속
해서 쏘였던 강력한 라듐
방사선으로 완전히 망가
졌다.

8년이 넘는 라듐 추출
실험 당시에 노출되었던
방사선 때문에 손이나 손
가락에는 커다란 화상을
입었다. 특히 오른쪽 손

퀴리 부부와 큰딸 이렌

가락은 화상이 심하여 펜을 잡을 수 없을 정도였다. 부인은 그 심한 통증을 이겨내기 위해 온종일 엄지손가락과 다른 손가락을 계속 비벼댔다고 한다.

또 오랜 기간 동안 방사선을 온몸에 쏘였기 때문에, 전형적인 방사선 장애자의 증상이 나타나, 몸은 항상 나른했고 쇠약해졌으며 얼굴색은 죽은 사람처럼 파래졌다.

라듐 분리에 성공한 공로로 런던의 왕립학회 리셉션에 초대되었을 때도 손끝이 저려서 자기 손으로 옷을 입지 못할 정도였다.

그녀는 자신이 이룩한 영광에 상응할 만큼 만신창이가 되어 있었다. 남편인 피에르도 같은 상황이었다.

그는 셔츠의 주머니나 바지의 뒷주머니에 라듐염이 들어 있는 시험관을 넣고 다녔기 때문에, 주머니가 있는 곳마다 불에 덴 흔적 같은 것이 있었다고 한다. 또한 그 시험관을 모든 사람들에게 보여주려고 했었다니 지금 생각하면 참으로 무모한 짓이다.

파리 소르본대학의 퀴리 의학연구소에 나란히 세워진 구 라듐 연구소(현재 퀴리 박물관)에는 부부가 실험했을 때 사용한 노트가 보관되어 있는데, 지금까지도 그 노트 가까이에 *가이거 계수기를 가져가면 바늘이 흔들릴 정도라고 한다. 노트에까지 많은 방사선이 방출되어 위험물로 취급되고 있는 것이다.

방사선 장애에 대한 인식이 철저해진 덕분에 기준 측정치, 방화 장비 사용 등이 법률로 정해진 오늘날의 시각에서 보면, 부부의 행동은 매우 조심스럽지 못한 행동이었으며 결과가 어쨌든 그 실험 방식만을 두고 볼 때는 매우 무모했다고 평가할 수 있다.

그러나 당시는 핵과학이 막 창시된 무렵이었고, 신도 알지 못했던 방사선 장애에 대한 공포 따위를 알고 있을 턱이 없었으니, 어쩔 수

가이거-뮐러 계수기
(Geiger-Muller counter)
가이거(Hans Geiger, 1882-1945)가 고안한, 원자입자가 방출되었음을 입증할 수 있는 가이거 계수에 따른 방사능 측정기. 가이거검출기라고도 불리우며 오염 조사와 방사능 시편을 계수할 때 사용된다.

없었던 시대였다고 할 수 있다.

퀴리 부인이야말로 역사적으로 방사선에 의해서 희생당한 최초의 사람이었다.

5. 프랑스에 여성 과학자가 많은 이유

현재 프랑스에는 다른 나라와 비교하여 압도적으로 여성 과학자가 많다.

보통 어느 나라든지 과학은 남성의 일로 여겨지고 연구직 자리는 대부분 남성들에게 독점되고 있으며, 설령 여성 과학자가 있다 하더라도 지도자적 위치까지 올라가기가 힘들다. 일본의 대학에서도, 옥스퍼드대학이나 케임브리지대학, 시카고대학, 하버드대학 등에서도 그러한 경향을 찾을 수 있다.

퀴리 부인이 나타나기 전 프랑스의 과학계도 그러한 분위기였으며 여성을 위한 연구 자리는 거의 없었다.

노벨상을 타는 것으로 업적을 인정받아도 여성 과학자를 배제하려는 움직임은 노벨상의 어두운 부분으로 항상 화제가 되고 있다.

DNA의 이중나선 구조를 발견한 왓슨과 크릭이 노벨상을 타게 된 이면에는 여성 연구자 *프랭클린의 자료가 도용되었고, 그녀의 말이 봉쇄되었다. 펄서(중성자별)의 발견으로 노벨상을 받은 *휴이시는 실제의 발견자 *벨의 공적을 말살했다고 한다.

1906년 남편 피에르가 사망하자 마리가 소르본대학의 강사가 되었는데, 당시에는 이것 자체가 역사적인 사건이었다. 학교에서는 이미 방사선학의 제일인자로 학계에서 인정받고 있었던 퀴리 부인을 둘러싼 여론을 무시하기 어려웠을 것이다.

마리는 피에르가 생존했던 시절에 한 마지막 강의 다음부터 수업을 시작했다. 그 첫 번째 강의가 있고난 후의 강의 시간에는 학생이나 과학자 이외에 파리의 일반 시민들까지 청강을 위해 모였다고 한다.

진리 탐구의 가치를 정열적으로 토로하는 그녀의 강의는 감동적이었고, 방사능에 대한 자신의 발견을 비롯한 격조 높은 당대 최첨단의 강의 내용은 굉장한 호평을 받았다.

그러나 프랑스 과학아카데미 회원 선거에는 여성이라는 이유만으로 반대하는 사람이 있어 한 표 차로 선출되지 못했다.

마리의 업적만 가지고 보았다면 아마도 만장일치로 가결되었을 테지만, 이 당시 과학아카데미의 회원들이 가지고 있던 여성에 대한 편견은 아주 강렬하여 반수가 가입에 반대표를 던졌다.

1908년에 교수가 된 마리는 타고난 자유주의적인 사고와 정열로 프랑스 과학계의 모든 면에서 여성의 권리 획득을 위해 발언했고 노력했으며, 서서히 여성 과학자의 지위를 상승시켜 오늘날의 전통을 만들었다.

행동하는 그녀의 모습은 말로 표현할 수 없을 정도였다. 필요에 따라서는 장관이나 총장을 만나 직접 담판을 지으려 했다. 특히 여성 연구자 임용 문제에 대해서는 일정한 업적이 있을 경우 적극적으로 등용하도록 나서서 중개 역할을 했다. 그러한 그녀의 노력이 결실을 맺어 현재까지도 프랑스에는 유독 여성과학자가 많고, 그들의 연구가 매우 활발하게 진행되고 있다.

퀴리 부인이 젊은 연구자들에게 자주 했던 말이 있다.

"여러분의 희망을 하늘의 별에 묶어두세요."

순수한 마음으로 인류의 꿈을 실현시키기 위해서 과학 연구를 하고 싶다며 진리를 동경하는 사람들을 감동시킨 그녀다운 품위 있는 말이었다.

과학자가 남긴 한마디

여러분의 희망을 하늘의 별에 묶어두세요.

퀴리 박물관

예전의 라듐 연구소가 오늘날 퀴리 박물관이 되었다. 퀴리 부인의 실험실은 요즘의 고등학교 실험실 정도로 규모나 설비가 매우 빈약했다. 부부가 기록한 노트도 여기에 보존되어 있다. 하딩 대통령에게서 받았던 라듐을 넣었던 상자, 언제나 입고 다녔던 검정색 실험복 등이 전시되어 있다.

라듐 추출지

소르본대학 구내, 퀴리 부부가 라듐 추출에 성공했던 해부학 실험실이었던 장소에 '라듐 추출지'라는 기념비가 있다. 이곳을 보기 위해 방문하는 팬도 많이 있으며 감격의 눈물을 흘리면서 돌아간다고 한다. 건물 자체는 없어졌다.

퀴리 부부의 모습을 담은 각국의 우표들

퀴리 부인과 그의 남편 피에르의 모습을 담은 우표는 전세계의 여러 나라에서 만들어졌는데, 1984년 북한에서 발행한 우표도 있다.

1938년 모나코 발행

1974년 다호메이왕국
(아프리카 소재) 발행

1984년 북한 발행

마이클 패러데이

영국의 물리학자, 화학자

업적

· 전자기 유도 발견
· 패러데이 효과 발견
· 전기분해의 법칙 발견
· 반자성, 상자성 발견
· 염소가스의 액화 성공
· 벤젠의 발견 등

Michael Faraday (1791~1867)

외르스테드의 전류의 자기작용 발견을 발전시켜, 반대로 자기에서 전류가 발생할 것을 확신, 코일에 둥근 막대자석을 넣었다 뺏다 하는 방법으로 전류가 발생됨을 확인했고, 전자기 유도 현상을 발견했다. 전자기학 분야의 공헌이 지대하며 많은 기본 법칙을 발견해냈다. 초등학교도 다니지 않았지만 실험 조수로 시작하여 위대한 과학적 업적을 남겼다.

1791	런던 교외의 뉴잉턴 버츠에서 가난한 대장장이의 아들로 태어남.
1804	제본업소의 급사로 취직(13세).
1812	왕립연구소 교수인 *데이비의 크리스마스 강의를 청강함(21세).
1813	데이비의 실험 조수로 지원하여 채용됨. 데이비의 유럽 과학여행을 따라감. 여러 나라의 일류 과학자들을 만남.
1821	전자회전기 발명(30세).
1823	염소, 황화수소, 이산화탄소의 액화에 성공함.
1824	왕립학회 회원이 됨(33세).
1825	벤젠 발견, 왕립연구소 실험소 소장이 됨(34세).
1831	전자기 유도 발견(40세).
1833	전기분해의 법칙 발견, 전기화학당량을 제출함. 데이비의 사망 후 후임으로 왕립연구소 화학교수로 임명됨(42세).
1837	전자기 현상의 근접작용론 제창, 전기장과 자기장의 개념 발표(46세).
1838	진공방전 중 패러데이 암흑부 발견.
1845	패러데이 효과, 반자성 발견(54세).
1847	상자성 발견.
1857	왕립학회 회장으로 추천되었지만 사양함(66세).
1867	사망(76세).

1. 하늘은 스스로 돕는 자를 돕는다

데이비

[Davy, Humphry. 1778~1829]
영국의 화학자.
1801년 왕립연구소의 실험 조수가
되어, 최초의 연속 공개강의를 시도
하여 전류의 발견 이래 10년의 역사
와 그 화학작용의 중요성을 설명하
였다. 1820년 왕립학회 회장이 되
었다.

대장장이의 아들로 태어난 마이클 패러데이는 10명의 형제 중 장남
으로 너무 가난해서 초등학교도 다니지 못했다.

그래서 오늘날 중학생 정도의 나이였을 때 제본업을 하는 서점에
급사로 취직했다. 그는 그곳에서 제본하는 책 중 과학책에 흥미를 가
졌으며, 잠깐씩 생기는 짬을 이용하여 열심히 읽었다.

특히 패러데이에게 영향을 준 것은 마세트 부인의 《화학 이야기》였
다. 이 책은 1850년에 출간되어 16만 부가 팔린 베스트셀러였는데,
그는 이 책에 나온 대로 실험 도구를 샀고 스스로 여러가지 실험을
시도해 보았다.

패러데이는 나중에 유명해진 다음에 마세트 부인에게 경의의 표시
로 자신의 논문을 보냈다고 한다.

패러데이가 21살이었을 때 인생의 전기가 될 만한 일이 일어났다.

평소 패러데이의 성실함에 감동한 제본업소 주인이 과학에 대한 패
러데이의 열정을 높이 사서 당시 왕립연구소 화학 교수였던 데이비
의 공개강좌(통칭 크리스마스 강의)의 입장권을 사준 것이다. 패러
데이의 앞길은 이 강연을 계기로 열리게 되었다.

본격적인 과학 지식을 접하고 싶었던 패러데이는 강연 내용을 한
마디도 놓치지 않고 듣고 이를 노트에 기록했다. 그것은 필사적인 노
력이었다.

강연이 끝나자 그는 노트를 다시 한 번 정성스럽게 정리하였고 노
트 이곳저곳을 색색깔로 보기 좋게 꾸몄다. 그리고나서 왕립연구소
의 실험 조수가 되고 싶다는 내용의 편지와 함께 그 노트를 왕립학회
회장의 사무실로 보냈다.

그러나 답장은 없었다.

그러자 그는 다시 데이비 앞으로 같은 내용의 편지와 새로 깨끗하게 정리한 노트를 보냈다.

데이비는 청년 패러데이의 열의에 감동을 받아 직접 불러 이야기를 들으면서 당장은 조수 자리가 없지만 나중에 생각해 보겠노라고 말했다.

그러던 중 전임 조수가 상사인 교수와 다투고 갑자기 그만두게 되자 데이비는 재빨리 그를 고용했다. 급료는 제본소보다 적었지만 드디어 염원했던 과학과 관계된 직업을 가지게 된 것이다.

패러데이의 연구 인생은 이렇게 시작되었다.

그때 이 청년이 나중에 천재라고 불려질 정도의 위대한 과학자가 될 줄은 그 누구도 예상하지 못했을 것이다.

패러데이가 데이비에게 보낸 노트는 현재 남아 있지 않다. 데이비가 이름 없는 한 청중이 보낸 오류 많은 이 노트를 바로 버리고 말았기 때문이다. 패러데이의 노트 이야기는 상당히 유명하지만, 거기에 쓰여져 있는 내용은 그다지 특별한 것은 아니었던 것처럼 보인다.

어찌 됐든, "하늘은 스스로 돕는 자를 돕는다"는 속담이 그대로 전개되었다.

2. 위대한 세계적 과학 지성들과의 만남

사실 데이비는 패러데이에 대해서 '시험관을 씻는 정도의 허드렛일만 할 수 있겠지'라고 생각했던 것으로 보인다. 그래서 처음에는 실험실이나 실험 도구 청소 정도만 시켰다.

그런데 패러데이에게는 실험에 대한 타고난 감각이 있었다. 또한 최선을 다해 실험 내용을 이해하려고 노력했으며, 서서히 유능한 실험자로서 능력을 보이기 시작했다.

패러데이는 감춰진 보석이었다. 데이비의 강의에서 실시한 실험에도 중요한 역할을 수행했기 때문에 데이비는 그를 대단히 아꼈다. 그래서 프랑스와 이탈리아 등을 방문하는 1년 반 동안의 대륙 여행에도 패러데이를 데리고 갔다.

패러데이의 스승 데이비

과학자로서 대성하려면 최첨단의 지적 환경이 조성되어야 함이 무엇보다도 중요하다. 노벨상이 최첨단을 달리는 정보와 인재들이 모여 있는 특정 연구실에서 계속해서 나오는 것도 그러한 이유가 있기 때문이다.

패러데이가 데이비를 따라 간 유럽 대륙 여행에서 얻은 최대의 수확은, 일찍부터 외국에 있는 저명한 과학자들과 친분을 맺을 수 있는 기회를 가졌다는 것이다. 패러데이는 일류 과학자들의 연구 기질에 감동을 받았으며, 탐욕적으로 과학 지식이나 연구 방법을 몸에 익혔다.

그러나 몇 가지 안 되는 실험을 아무리 잘 수행한다고 해도, 학교 교육을 거의 받지 않았던 실험 조수가 유명한 과학자들과 함께 어울린다는 것은 보통의 경우라면 불가능한 일이었다.

그것은 오로지 유럽 최고의 과학자이자 다른 유력한 과학자들과 두터운 관계를 가졌던 데이비를 스승으로 모셨던 덕분이었다. 데이비라는 스승이 없었더라면 아마 패러데이의 성공도 없었을 것이다.

외르스테드

[Oersted, Hans Christian.
1777~1851]
덴마크의 물리학자·화학자.
독학으로 장학생 시험을 거쳐 코펜
하겐대학에서 약물학을 배웠다. 졸
업 후 약제사로 근무하면서 화학실
험을 하던 중, 볼타전기 발견에 자극
을 받고 연구에 전념, 염화알루미늄
제조에 성공했다. 전기화학에서 전
류의 물리적 연구로 방향을 바꾸어,
1820년 자유로이 움직일 수 있도록
한 자침이 전류에 의해 흔들리는 것
을 발견했다. (외르스테드의 법칙)

그러나 한편, 데이비를 모시고 떠난 패러데이의 유럽 여행이 그렇게 즐거운 것만은 아니었다.

데이비 부부는 유럽(영국) 사회에서 최상류 계층이었다. 데이비 자신은 영국 신사로서 이해와 관용을 가지고 패러데이를 대했지만, 부인은 하층 계급의 패러데이를 철저하게 경멸하여 마치 사환을 다루듯 청소, 세탁, 장보기 등 허드렛일을 시켰다.

데이비는 '그런 일까지 시키지 않아도 될 텐데'라고 생각했는지는 모르겠지만, 가만히 있었다.

그것은 데이비 부인이 같이 간 여행에서도 항상 강조되었으며, 패러데이는 어쩔 수 없는 계급의 벽을 항상 생각했을 것이다. 그 때문에 더욱 과학의 진리 탐구에 보다 철저한 결의를 다졌던 것이다. 계급과 관계 없는 유일한 자유세계(과학 진리 탐구의 세계)에 대한 생각을 굳게 가졌던 것이다.

패러데이를 업신여기는 부인의 태도는 그가 일류 과학자로서 성장한 후에도 여전했다고 한다. 여기서 영국 여성들이 가진 천성적인 계급의식이 얼마나 끈질긴 것인가를 알 수 있다. 그러나 그러한 태도가 간접적으로 천재였던 패러데이의 탄생을 도왔다는 사실은 한층 역설적이다.

3. 역학의 '에너지 보존의 법칙'을 전자기학에 적용

1820년 *외르스테드는 전류가 통하는 전선 가까이에서 자침이 전류의 영향에 의해 남북 방향에서 약간 어긋나는 사실을 실험을 통해 발견했다. 즉 자침의 남북으로 전선을 둔 다음 전기를 통하면 자침이 전류의 세기에 따라 남쪽 방향에서 약간 어긋나 멈춰서는 것이었다.

이 사실은 전 유럽에 전해졌고 많은 추시 실험이 시도되었다. 그때까지 서로 독립적이라고 생각했던 전기와 자기가 서로 관계된다는 사실을 보여주는 것이었다.

"전류에 의해서 자기장이 만들어진다면, 반대로 자기장으로 전류를 만들 수 있을 것이다."

외르스테드를 포함한 당시 과학자들이 이렇게 생각한 것은 자연스러운 일이다.

그래서 전선 주위에 자석을 넣어보는 것과 같은 여러가지 역실험이 이루어졌다. 그러나 어느 누구도 유도전류를 발생시킬 수 없었다. 패러데이 역시 마찬가지였다.

외르스테드 실험이 발견된 지 11년이 지난 1831년, 패러데이는 코일 속에 막대 자석을 출입시켜 유도 전류가 생기는 현상을 발견하였고, 이로써 전자기의 상호작용을 드디어 증명해냈다.

그렇다면 어째서 수도 없이 많은 과학자들의 시도가 실패하였는데 오직 패러데이만 성공할 수 있었을까?

그것은 '자기장을 움직인다'는 생각을 오직 패러데이만 했기 때문이었다. 물론 패러데이는 명확하게 에너지 보존의 법칙에 대한 이미지를 포착해내고 있었다.

전류의 실체는 도선 속을 움직이는 전자의 흐름이며, 물의 흐름과 마찬가지로 마찰을 동반하기 때문에 열이 발생하게 되어 어느 정도 지나면 정지하고 만다. 그러므로 마찰에 의한 '에너지' 감소분을 보충하는 일을 외부에서 해주면 정상적으로 전류가 흐를 수 있다.

그것이 '에너지가 증가하는 양은 외부에서 이루어진 일과 같다'는 역학적 에너지 보존의 법칙이다.

그것을 전류와 자기의 관계에 도입하려던 패러데이는 자기장에서 전류를 발생시키기 위해서는 일을 보낼 필요가 있다는 생각이 들었는데 바로 그것이 적중했다. 유도전류를 발생시키기 위해서는 자석을 움직여서 일을 보낼 필요가 있었던 것이다.

실험이 성공함으로써 패러데이는 전자기 유도의 법칙을 확립했으며 전자기학의 기초를 쌓았다.

4. 수학의 문외한

패러데이는 수학을 전혀 몰랐다.

그는 정규 학교교육을 받은 적이 없었다. 학교교육의 기본이 '읽기, 쓰기, 셈하기' 라는 말이 있듯이, 수학은 훈련에 의해 습득되는 것이며 혼자서 하는 자습으로 모든 것을 익히는 것은 불가능하다.

그렇지만 패러데이가 수학을 몰랐기 때문에 반대로 특정 현상을 이미지로 만드는 능력이 발달했을 것이라는 말이 있다.

즉 수식으로 표시하기 어려웠기 때문에 그림으로 나타낼 수밖에 없었던 것이다. 당연하지만 패러데이는 이러한 능력이 아주 숙달되어 있었다.

그는 전자기 현상과 같이 눈에 보이지 않는 것을 기하학적 모델로 설명하는 일에 뛰어났다. '보이지 않는 것은 이미지로 만든다' 고 하는 발군의 능력으로 역사에 남을 많은 업적을 세울 수 있었다.

'진리를 찾는 코를 가진 과학자'. 이것이 패러데이에게 붙여진 별명이다.

패러데이 시대에는 '수학이라는 도구' 를 사용한 이론의 정밀성은 그다지 요구되지 않았던 시기로, 직관적인 이미지의 힘으로 창조적인 일이 많이 이루어졌던 것도 사실이었다.

당시는 자연의 진리를 파악하기 위한 첫 번째 방법이 이미지를 이용하는 것이었으며 수식으로 다루는 것은(오늘날에는 중요하게 여겨지지만) 이차적인 것이었다. 패러데이의 성공에는 이러한 당시의 배경이 중요한 역할을 했다.

아인슈타인의 업적 등에도 기본적으로는 직관이 필요했다. 일반 상대성 이론 등은 수학을 잘 하지 못했던 아인슈타인 대신에 친구인 그로스만이 수식화 하는 데 중요한 역할을 했었다.

패러데이는 수학적으로는 정리되지 않은 이미지를 많이 남겼다. 이것들은 나중에 천재 수학자 맥스웰에 의해 세상에 빛을 보게 된다. 즉 패러데이가 남긴 이미지의 본질적인 중요성을 발견하고 아이디어를 이해한 후 그 이미지를 수식으로 만들어 전자기파에 관한 맥스웰 방정식을 유도해낸 것이다. 이로써 전자기학은 집대성되었고, 그것이 오늘날의 전자기파 기술의 전성시대로 연결된다.

5. 제2 바이올린 주자로 만족했던 일꾼

패러데이는 뉴턴 이후 최고의 과학자로 영국과 세계의 과학자 사회의 지도자가 되었다. 그러나 그는 자신의 업적에 상응하는 금전이나 지위를 구하지 않았다. 제공된 자리나 명예를 모두 거절하고, 한 사람의 과학자로서 진리 탐구의 길을 꾸준히 걸은 것으로 알려져 있다.

패러데이는 자신을 과학자 사회에 들어갈 수 있도록 출발점을 제공한 은인인 데이비의 연구에 많은 도움을 주었다.

시보그
[Seaborg, Glenn Theodore.
1912~1999]
미국의 화학자.
노벨 화학상 수상(1951).
캘리포니아대학 화학과를 졸업하고,
제2차 세계대전 중에 원자폭탄 제조
를 위한 '맨해튼 계획' 에 참가하여
사이크로트론의 발명자인 E.O.로렌
스 밑에서 인공방사성원소를 연구하
였고, 원자물리학자 E.M.맥밀런과
함께 원자핵반응에 의하여 원자번호
94인 플루토늄(Pu)을 만들어냈다.

왕립연구소에서 실험하는 패러데이

　데이비는 전기화학의 창시자로 알려지고 있으며, 볼타 전지를 개량
하여 데이비 전지를 이용한 전기분해법을 확립했다. 또한 칼륨, 칼
슘, 스트론튬, 나트륨, 바륨, 붕소, 마그네슘과 같은 실제 원소 7개
를 발견했다. 혼자서 이러한 원소를 발견한 과학자는 10개의 원소를
발견했던 미국의 화학자 *시보그를 제외하면 아무도 없다.

　데이비가 창시한 전기화학 방법은 조수였던 패러데이가 계승하여
유명한 전기분해의 법칙으로 확장되었고, 전기화학당량의 도입에
의해 집대성되었다.

　패러데이는 스승에 대해서 항상 겸손했다. 어느샌가 스승을 능가하
는 실험 기술을 가지게 되었지만, 중대한 발견을 해도 늘 스승을 앞
세웠으며 항상 오케스트라의 세2 바이올린 주자와 같은 역할에 만족
해 하였다. 자신을 출세시켰던 스승 데이비에 대한 은혜는 평생 잊은
적이 없었다고 한다.

　이렇듯 패러데이의 한걸음 물러서는 '겸손함' 은 일생 동안 계속되
었으며, 사회적 명예를 모두 사양했다.

　왕립학회 회장−뉴턴이 앉았던 자리−취임을 권고받았을 때도 사양
했고, 여왕으로부터 뉴턴이 받았던 기사의 작위도 거절하고 평생 평

민으로 살았다.

그는 상디만파의 소수 그룹에 속한 열렬한 기독교도였다. 1850년
대의 크리미아 전쟁이 일어나자 영국 정부는 액화염소의 발견자인
그에게 대량의 독가스 무기 개발 가능성을 묻고, 그 책임자로서 취임
해줄 것을 요구했다. 하지만 패러데이는 그것의 제조 가능성을 이야
기했을 뿐, 종교적 확신에서 취임을 강하게 거부했다는 미담이 전해
온다.

그러나 스승을 능가한 패러데이로 인해 데이비가 고통을 받은 적도
많았다. 패러데이가 아무리 제2인자가 되려고 해도, 사람의 질투심
은 무시할 수 없었다. 특히 1824년 패러데이가 왕립학회 회원으로
추천되었을 때 데이비가 반대한 것은 유명한 사건이다.

그러나 제자 패러데이가 과학 세계에서 명성이 높아지자 스승인 데
이비도 유명해졌다. 결국 패러데이의 실력을 인정했던 그는 만년에
다음과 같이 말했다.

"나는 과학적으로 많은 발견을 했다. 그러나 내 생애 최대의 발견
은 패러데이를 발견한 것이다."

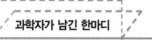

과학자가 남긴 한마디

내 생애 최대의 발견은 패러데이를 발견한 것이다.
(스승 데이비)

그 밖의 이야기들

크리스마스 강연

패러데이는 자신을 과학 세계로 입문하게 만들어준 '크리스마스 강연'을 크게 발전시켰다. 이 강연은 오늘날까지도 지속되어 통산 180회가 넘는 전통적인 행사로 자리잡았다. 유명한 과학 계몽서 《양초의 과학》은 그가 이 크리스마스 강연에서 행한 강연을 W.크룩스가 편집하고 서문을 붙여 간행한 것이다.

크리스마스 강연은 왕립연구소의 2층, 비교적 좁은 방에서 이루어진다. 강사는 학계에서 최고의 업적을 쌓은 사람으로, 교육에 정열적이며 강의 능력이 뛰어난 사람만 선택된다. 그 때문에 자격 시험이 있으며, 케임브리지대학이나 옥스퍼드대학의 교수들이 많다고 한다.

46년 동안 다락방에서 거주하다

패러데이는 실험 조수로 채용된 후부터 여왕이 제공한 집으로 이사할 때까지 46년 동안을 왕립연구소의 다락방에서 살았다. 현재 이 왕립연구소의 지하에는 패러데이 박물관이 있으며, 1층은 사무실, 2층은 크리스마스 강연을 하는 방이며 그 위층이 다락방이다. 이 다락방은 연구자에게만 공개되고 있다.

조용히 잠들다

뉴턴을 비롯하여 성공한 과학자들은 거의가 웨스터민스터 성당에 매장되었으며 비석이 세워졌다. 반면에 패러데이는 본인의 유언에 따라 하이게트 묘지(런던 북쪽 교외, 지하철 아치웨이역 부근)의 서쪽 묘역에 묻혔다. 그의 인품대로 드러나지 않고 조용히 잠들어 있지만, 그의 업적이나 인격에 감화된 방문객들이 많이 찾고 있다. 이곳의 동쪽 묘역에는 마르크스, 스피노자, 엘리엇이 잠들어 있다.

토마스 알버 에디슨

미국의 발명가, 기술자

업적 · 타자기, 축음기, 탄소 필라멘트를 이용한 백열전구,
알칼리 전지, 영사기 등 2000건 이상 발명

Thomas Alva Edison (1847~1931)

일생 동안 1300건이 넘는 특허를 받은 발명왕. 생애를 통한 발명 목표는 '인류 사회에 도움이 되는 공업 제품의 개발' 이었으며 사실 그대로 성과를 올렸다. 천재라고 신격화되는 것을 좋아하지 않았으며 끈질긴 노력을 중요하게 여겼다고 한다.

1847	오하이오 주 밀란에서 태어남. 아버지는 캐나다에서 망명하여 제재소를 운영, 어머니는 중학교 교사.
1855	초등학교를 3개월 다니다 퇴학, 어머니가 교육시킴.
1857	자택 지하실에 화학 실험실을 만듦(10세).
1859	기차에서 신문을 팔기 시작함, 화물칸 안에서 화학 실험을 계속함(12세).
1862	세계 최초로 기차 안에서 신문을 발행, 전신기술을 배우고 전신기사가 됨(15세).
1864	자동중계기 발명(17세).
1868	전기투표기록기로 최초의 특허(21세).
1869	주식상장 표시기의 발명을 4만 달러를 받고 팜, 기술고문회사 설립(22세).
1871	타자기 발명(24세).
1875	등사판 발명(28세).
1876	멘로파크에 응용과학연구소 설립(29세).
1877	축음기 발명(30세).
1879	탄소 필라멘트로 백열전구 발명(32세).
1882	발전소를 건설하고 직류송전사업 개시(35세).
1883	진공관으로 에디슨 효과 발견(36세).
1887	웨스트오렌지로 연구소를 옮김(40세).
1891	영화기술 발명(44세).
1900	알칼리 전지 발명(53세).
1915	해군기술고문 취임(68세).
1931	사망(84세).

1. ADHD 아이를 구한 어머니의 교육

토마스 알버 에디슨은 어렸을 때 오늘날 교육심리학에서 말하는 전형적인 ADHD 아동이었다.

호기심이 왕성했지만 이상한 행동이 많았고 집단 생활에 적응하지 못했다. 쉽게 동요했으며 정서불안으로 견디지를 못했다. 시험이 다가오면 당황했고 공부를 시키려고 해도 어찌할 수가 없었다.

학교교육 제도가 정비된 집단에서의 엄한 교육을 실시하는 한국이나 일본, 독일 등에서 이런 아이들은 문제아로서 찍히게 되며 대부분 탈락하고 만다.

에디슨이 태어난 1847년 전후의 미국은 독립한 지 70주년이 된 나라로 청교도 정신으로 무장했던 시대였으며 초등학교 교육도 아주 엄했다. 당연한 일이지만 소년 에디슨은 학교에서 완전히 문제아로 찍혔다.

유명한 일화이지만, 그는 주위의 어른들을 붙잡고 "왜?", "왜 그렇죠?"를 연발해서, 납득할 수 있는 답이 얻어질 때까지 계속해서 질문하는 버릇이 있었다. 어떤 사소한 것에도 의문을 가지고 "왜", "어째서"를 끊임없이 물으면서 따라다녔기 때문에, 주변의 어른들로부터도 '귀찮은 아이'로 철저하게 외면당했다.

에디슨은 주위의 어른들에게 질문도 끊임없이 했지만 의문나는 것을 바로 실험해보는 행동력도 대단했다.

이에 대한 몇 가지 일화가 있다.

불이 왜 붙는지 알고 싶었던 어린 에디슨은 헛간에서 불을 붙여보았다가 헛간을 모두 태우고 말았다.

또, 다리가 어떻게 사람의 체중을 지탱할 수 있는지를 실험해 보려고 자신이 본 모양 그대로 흉내내어 작은 개천에 다리를 만들고, 자신의 체중을 지탱할 수 있는지를 시도하기 위해 그 위에 올라탔다가 다리가 망가지면서 개천으로 떨어진 일도 있었다.

어느 날인가는 갑자기 에디슨이 보이지 않아 모든 사람들이 걱정이 되어서 찾았다. 그때 에디슨은 달걀을 따뜻하게 하면 부화가 된다는 사실을 알고, 밥도 먹지 않고 양계장에서 달걀을 품고 있었다.

초등학교 선생님은 이와 같이 독특한 행동을 일삼는 어린 에디슨을 꺼려하고 멀리했다. 어린이의 장점을 이해하지 못한 학교와 선생님의 태도에 에디슨의 어머니는 화가 났고, 결국 3개월도 지나지 않아서 학교를 그만두게 했다.

어머니는 집에서 에디슨을 가르쳤다. 그녀는 자신의 아이가 관찰력이 뛰어나고, 또 무엇인가를 만들고 있을 때는 대단한 집중력을 보인다는 점을 발견했다. 그러한 장점을 인식했으므로, 주위에서 "도대체 네 아들은 왜 그러니!" 라고 책망했을 때에도 항상 에디슨을 감싸주었다.

어머니는 중학교 교사 경력을 가진 교양 있는 사람으로 형식에 얽매이지 않고 아이의 재능을 이끌어내어 발전시켰다. 그녀는 에디슨에게 《로빈슨 크루소》, 《노틀담의 꼽추》, 《그림 동화집》 등의 좋은 책을 읽게 했다.

그 중에서 특히 에디슨의 흥미를 불러일으킨 책은 파커의 《자연실험철학》이었다.

이 책은 전기 분해나 열전도와 같은 아주 기본적인 실험을 다루고 있었으며 구체적으로 실험에 관한 삽화도 많았다. 또한 설명도 상당히 자세하게 되어 있었다.

예를 들어 열전도 실험의 경우에는 금속 막대 위에 양초를 나란히 세우고 금속 막대 한쪽 끝을 뜨겁게 하면 끝에서부터 양초가 툭툭 하면서 떨어지는 것과 같은 재미있는 장치를 한 것이 많았다. 에디슨은 이러한 실험을 처음부터 직접 해보려고 했다.

역사상 위대한 인물의 배경에는 항상 훌륭한 어머니가 있는데, 에디슨의 어머니도 에디슨을 이해하고 지원·격려해준 유일한 후원자였다.

오늘날에 와서는 ADHD 아동들이 정서불안으로 감정이 급변하지만, 대단히 뛰어난 특수 능력을 가진 경우가 많다는 것이 인정되고 있다. 본인이 좋아하는 일을 하는 데 아주 높은 집중력과 능력을 발휘하여 역사에 이름을 남길 만한 업적을 이룬 경우도 있다.

결국 성공이든 실패든 그 확률이 매우 높은 아이라고 할 수 있으며, 그러한 아이를 위한 교육은 보통 이상이어야 한다.

최근에는 ADHD 아동에 대한 교육심리학 연구가 활발히 진행되고 있고 학교나 사회에서의 이해와 지원이 많아지고 있지만, 그러한 인식이 없던 당시에는 단순히 '손을 놓을 수밖에 없는 아이'로 방치되었다.

이런 시대에는 아이의 능력을 그대로 인정하고 감싸주어 사회나 학교의 비난으로부터 아이를 지키는 역할을 했던 부모나 친척, 친구, 특히 어머니의 존재가 절대적으로 필요한 것이었다.

2. 화물차 안에서의 실험

어머니가 주신 한 권의 과학계몽서 《자연실험철학》에서 출발한 에디슨의 과학에 대한 관심은 집의 지하실 구석에 실험실을 꾸미게 했고, 그는 여기서 전기나 화학에 관계된 실험에 몰두하게 되었다.

규모가 큰 실험을 하기 위해서는 보다 많은 돈이 필요했다. 그래서 에디슨은 12살 때부터 돈을 벌기 위해 그랜드 트랭크 철도의 지선에서 신문팔이를 시작했다. 학교는 이미 예전에 그만두었으므로 아무런 제약 없이 일을 시작할 수 있었다.

15살이 되자 보다 많은 돈을 벌기 위해 기차 안에 들여놓은 인쇄기로 《그랜드 트랭크 헤럴드》(주간)를 인쇄해서 발행하였다. 이 신문은 세계 최초의 차내 신문이었다. 다만 철도회사가 신문을 발행하는 것이 아니었고 에디슨이 임의로 미니 신문을 만든 다음, 회사의 허가를 얻어 발행한 것이었다.

신문 판매 부수가 증가하자 자금을 모으게 된 에디슨은 자기 집이 있는 포트휴런과 디트로이트 사이를 매일 한 번씩 왕복하는 열차에 연결된 화물차의 빈 공간에 화학 실험실을 만들었다.

화물차 안에서 이루어진 실험은 《자연실험철학》에 나오는 화학반응 실험이 많았고, 독극물을 사용하기도 했으며 연소를 동반한 위험스러운 것도 많았다.

그러던 어느 날 운 나쁘게도 열차가 급커브를 돌 때 생긴 원심력으로 인해 실험 장치가 엎어지면서 불이 나고 말았다.

열차는 급정지했고 필사적인 노력으로 다행히 불은 끌 수 있었다.

그러나 열심히 노력하는 에디슨의 향학열은 높이 평가할 만하지만, 오래 전부터 달리는 열차에서 화학 실험 도구를 쌓아두고 실험하는 위험한 행위를 좋지 않게 보았던 승무원은 불같이 성을 내면서 에디슨의 귀중한 실험 도구를 모두 열차 밖으로 던져버렸다. 어린 에디슨은 눈물도 흘리지 못하고 망연자실한 채 바라만 보고 있었다고 한다.

달리는 열차 안에서 일과 실험을 한꺼번에 하려던 그의 착상은 독특했지만 사회적인 상식에 어긋나는 것이었다.

실험을 좋아했던 에디슨이었지만 그는 이 사건을 계기로 달리는 실험실을 포기했다.

그 후 철로 위를 걸어가던 역장의 두 살 난 아들을 달려오는 열차로부터 구해내고 그 답례로 전신기술을 배워 전직하게 되었다. 그리고 곧 이어 전신기사 대회에서 우승하여 미국 제일의 전신기사가 되었다.

그의 화학 실험은 이후 14년이 지나 멘로파크에 큰 연구소를 설립할 때까지는 중단되었다.

한편 열차 화재 당시 몹시 화가 난 승무원이 제재를 하면서 그를 때렸는데, 그 주먹이 에디슨의 오른쪽 귀에 맞아 그 충격으로 고막이 파열되어 난청이 되었다는 설이 있는데, 실제로는 중이염 등의 병이 원인이었을 것으로 보인다.

이유야 어떻든 간에 나중에 에디슨은 자신의 이름이 유명해지고 나서 중요한 모임에 나갈 때는 반드시 난청인 귀를 안 보이게 하고 반대쪽 귀를 사람들이 있는 쪽으로 해서 돌아서는 것을 원칙으로 했다고 한다.

3. 대나무 필라멘트를 사용한 전구 발명

에디슨은 전신기사로 근무했을 때 패러데이의 《전기학의 실험적 연구》를 접할 수 있었다. 이 책의 내용이 복잡한 수식을 사용하지 않고 설명된 것에 그는 큰 감명을 받았으며, 책에 나오는 실험을 모두 다 해보려고 마음먹었다. 이 책과의 만남은 발명가 에디슨에게 상당한 영향을 주었다.

에디슨이 가장 먼저 획득한 특허는 '전기투표 기록기'이다. 그렇지만 의회에는 '시간 끌기'라고 불려지던 특별한 투표 전술이 있었기 때문에, 투표가 빨리 이루어진다고 해서 반드시 좋은 것은 아니었다.

결국 최초의 특허는 실패로 끝났다. 이때부터 에디슨은 단순하게 합리적인 것만이 아니라 '무언가 도움이 되는' 발명을 해야 한다는 사실을 분명하게 인식하였다.

두 번째 특허는 '주식상장 표시기'로 남북전쟁 직후 투기의 붐을 타서 상당히 많이 팔렸다.

이때 번 돈을 가지고 1871년에 뉴저지 주의 뉴어크에 공장을 세웠고, 5년 동안 발명 생활로 더욱 많은 자금을 모았다. 1876년에는 뉴저지 주의 멘로파크에 넓은 부지를 확보해서 거대한 응용과학연구소를 세웠다.

이 연구소는 거의 모든 실험 장치, 공작기계, 제작용 자재, 도서 등을 갖춘 세계 최초의 공업연구센터(테크노센터)였다. 동시에 에디슨이 종합적인 아이디어를 내고 세밀한 부분은 분업으로 개발하는 세계 최초의 체계를 갖춘 발명 공장이기도 했다. 그는 이 연구소에 발명 특허료나 사업에서 모은 자금 모두를 아낌없이 재투자했다.

1887년 뉴저지 주 웨스트오렌지 연구소로 옮기기 전까지 에디슨이 생애에 이룩한 2000건을 넘는 발명 중 중요한 것은 거의 대부분 이 멘로파크 연구소에서 이루어졌다.

멘로파크 연구소에서의 최대 발명은 무엇보다도 1879년 에디슨이 32살이었을 때 발명한 탄소 필라멘트 백열전구일 것이다.

이 무렵에는 이미 탄소전극 사이에 방전을 이용한 아크등이 있었는데, 그것은 전기가 너무 많이 들었으며 안전하게 점화시키기 위한 조작이 어려웠고 수명도 짧았다.

에디슨은 아크등 대신에 경제성, 안정성, 편리한 조작성, 내구성을 갖춘 새로운 전등을 찾았던 것이다.

그는 처음에 방전하지 않고 물체 자체가 빛을 내면 보다 안전한 빛

대나무를 사용하여 만들었던 전구(교토박물관)

을 얻을 수 있을 것이라고 생각하여 필라멘트의 재질을 연구하는 데 몰두했다.

처음에 생각했던 것은 백금선이었다. 그러나 금속은 저항이 작아서 고온이 되지 않으면 빛이 잘 나지 않았다.

그 후 아크등의 탄소 전극에서 아이디어를 얻어 탄소 필라멘트를 생각했다. 우선 검댕이와 타르를 목면에 묻힌 다음 전류를 통과시켰다. 그렇지만 역시 빛이 잘 나지 않았다.

다시 목면 자체를 태워 숯을 만들고 전류를 통하게 하자 이번에는 훌륭하게 빛이 났다. 이 전등은 45시간 동안이나 빛을 냈다. 그 해 말에는 수십 개의 전구를 대로변에 나란히 점등시켜 가스등 업자들을 놀라게 했다. 그러나 내구성을 높이는 것이 가장 큰 문제였다.

드디어 모든 조건을 만족시키는 소재로서 에디슨이 발견한 것은 대

나무였다. 대나무를 생각하게 된 것은 내구성이 섬유의 강도에 의해 결정될 것이라는 아이디어가 떠올랐기 때문이다. 그러므로 목면보다도 훨씬 섬유질이 강한 대나무를 탄화시켜 실험하려고 했던 것이다.

그래서 보다 내구성이 높은 대나무를 구하려고 에디슨은 시행착오를 거듭했다.

그는 10만 달러의 자금을 들여 동남아시아, 일본, 그리고 대나무의 본고장인 중국 등 전 세계로부터 수십 종의 대나무를 입수했다. 그 중에서 가장 적당한 것이 일본 교토의 이와시미즈 야와타 궁 경내의 대나무 숲에서 얻은 대나무였던 것이다.

이 대오리를 끓이고 태워서 얻은 필라멘트로 수백 번의 실험을 한 결과, 이 전등은 1,000시간 이상 점화되었다. 이것이 세계 최초로 실용화된 전등이었으며, 이후 10년 이상 이 대나무는 에디슨 전구의 공식 필라멘트로 사용되었다.

현재 교토의 야와타 시에는 '에디슨 거리' 라고 이름 붙여진 거리가 있다. 그러나 야와타의 대나무가 에디슨의 눈에 들어 세계 최고의 전구용 필라멘트의 원료로서 에디슨 회사 최대의 발명을 지원했으며, 세계 조명 기술의 역사에 커다란 발자취를 남긴 사실을 아는 현지인은 그다지 많지 않다.

4. 부랑자로 오인된 사장

에디슨의 작업 방법은 '뭐든지 해보지 않으면 알 수 없다' 는 것이었다.

오늘날이라면 방침을 정확하게 세우고 그 계획에 따라 노력하는 것이 보통이며, 에디슨처럼 생각나는 대로 하는 방식은 효율성을 인정받을 수 없다.

그러나 당시 미국은 발명이 막 시작되던 시대로, 하나의 발명이 우연하게 다른 발명으로 연결되는 경우도 자주 있었다. 특히 뭐든지 일단 해보려는 것은 그 시대에 타고난 실천가인 에디슨의 결론이었다고 한다.

그러나 생산성을 무시하고 무조건 시도해보는 방법은 당연한 얘기지만 오랜 시간의 노동을 필요로 했다.

멘로파크나 웨스트오렌지의 연구소에서 에디슨은 거의 잠을 자지 않고 일했다고 한다. 실제 노동 시간이 하루 20시간이었던 적도 많았으며, 잠은 많아야 4시간 정도로 그것도 소파나 실험대 위에서의 새우잠이 보통이었다.

어느 직원의 이야기에 의하면 에디슨이 자는 경우를 본 적이 없다고 한다. 결국 아침 일찍이나 늦은 밤을 불문하고, 이 직원이 회사에 있던 시간에는 항상 일어나서 일을 하고 있었던 셈이다.

이와 같이 상당한 일벌레인 에디슨은 건강과 행색을 돌보지 않았다. 웨스트오렌지 연구소가 처음 문을 연 날 밤에 에디슨의 얼굴을 몰랐던 젊은 수위가 그를 부랑자로 오인하고 연구소로 들어오는 것을 막았다는 일화도 있다.

에디슨은 이 수위를 해고하지 않았고 오히려 '직무에 충실한 사람'으로 포상을 했다.

또한 에디슨은 꾸준히 '반드시 자기 스스로 확인하고 또 확인한다'는 자세를 견지했다. 단 하나의 목적을 이루기 위해 철저하게도 수백 번의 실험을 실시하였다. 그 과정에서 새로운 발견이나 관련된 과제

웨스트오렌지 연구소에서 화학 실험을 하는 에디슨(1888년)

영사기를 돌리는 에디슨(1905년)

가 많이 발견되었으며 종합적인 기술개발이 새롭게 이루어졌다.

예를 들면, 백열전구 개발을 통하여 많은 발명이 파생되었다.

송전을 위한 설비가 필요해짐에 따라 배전판과 적산전력계가 개발
되었고 케이블, 스위치, 소켓, 안전용 퓨즈도 부산물로서 탄생했다.
그것은 오늘날 전기공학의 기초가 된 것이다.

또한 진공관의 발명도 백열전구 프로젝트의 부산물이라는 사실은
유명하다.

백열전구의 내부는 진공이다. 여기에 필라멘트를 하나의 전극이라고 생각하고 또 하나의 전극을 보태면 이극 진공관이 된다. 두 개를 덧붙인 것이 삼극 진공관이다.

발명이나 특허는 5일에 한 건, 4년에 300건 정도의 속도로 양산되었다. 열흘에 하나 정도는 괜찮은 발명품이 나왔다. 그때까지의 발명가로서는 상상을 초월한 것으로, 그가 발명한 발명품의 실용성으로 인해 그는 점차 천재 발명가로서 명성을 얻었다.

에디슨은 만년에 민간 사업자에서 해군 기술 고문을 역임하게 되었는데 이때 자신의 과거를 회상하면서 다음과 같은 말을 남겼다.

"천재란 90퍼센트의 노력과 10퍼센트의 영감으로 만들어지는 것이다."

이 말에서는 두 가지 의도를 읽을 수 있다.

하나는 일반인이 가까이하기 어려운 천재 발명가로서 그를 신격화하는 것에 대한 경고다. 또 한 가지는 오늘날 미국에 필요한 것은 손을 더럽히면서 천한 일을 하는 것으로서, 비평만 즐겨하고 행동하지 않는 사람들이나 해석만 하면서 직관만으로 판단하는 사람들에 대한 비판이다.

그러나 세상의 보통 사람들로서는 '90퍼센트의 노력'도 실천하기 어렵다. 천재라고 부를 수 있는 사람들은 그 됨됨이가 대단한 노력가인 경우가 많다. 대단한 노력에는 배고픔과 피곤함이 따른다. 목표를 포기하는 것은 쉽지만 그것을 넘어서 집중력을 유지하고 한층 더 빠져들 수 있는 것이 바로 천재인 것이다. 천재라는 것은 '피곤함을 모르고 초인적인 노력이 가능한 사람'이기도 하다.

에디슨의 실천주의적 자세는 새로운 개발지를 기술로써 개척하지 않으면 안되었던 당시 미국 사회에서 절대적으로 필요한 것이었다. 그것은 현재의 미국 과학기술계 전체에 확산되어 있다. 세계에서 노벨상 수상자가 가장 많은 국가가 미국이며, 국제 특허 건수도 단연 최고인 까닭이 바로 여기에 있다.

기술 개발에는 헛수고가 따르는 법이다. 이 헛수고에서 새로운 신기술이 예상 외로 나타난다. 헛수고를 두려워하지 않고 실천하는 의지야말로 수많은 발명과 특허의 원천이라고 할 수 있다.

5. 직류 송전 사업의 실패

에디슨은 일생을 통하여 2,000건이 넘는 발명을 했는데, 그 대부분은 모두 30대의 10년 동안에 이루어진 것이었다.

44살이었을 때 웨스트오렌지 연구소에서 이루어진 영화기술의 발명과 53살에 발명한 알칼리 전지를 제외하면, 수는 많지만 중요한 발명이 거의 없었다.

이러한 상황을 상징하는 것이 백열전구 발명과 관련되어 시작한 송전 사업인데, 이 사업은 최종적으로 실패로 끝나고 말았다.

1882년 에디슨이 35살이었을 때 백열전구를 보급시키기 위해서 송전 사업을 시작했고, 뉴욕 중앙발전소를 건설했다. 200마력의 증기기관으로 움직이는 '두목 부인' 이라는 이름의 점보 발전기를 설치하고, 직류 송전을 개시했다. 처음에는 전구 400개 분량, 1년 후에는 1만 개 분량으로 확대하여 가스등을 대신하는 전등 시대를 실현시켰다.

그러나 에디슨이 했던 직류 송전에는 매우 커다란 결점이 있었다.

전기에는 직류와 교류가 있는데, 보내려는 전력은 어느 것이나 똑같았다. 그러면 송전중에 열에 의한 손실이 문제가 된다. 이 열 손실은 송전하는 전류의 제곱에 비례하여 증가한다. 그러므로 전압을 높일 수 없는 직류에서는(전력=전압×전류이므로) 전류가 크지 않으면 안되므로, 필연적으로 열 손실이 커지게 된다.

그러나 교류에서는 트랜스에 의해 전압을 상당히 높게 조절할 수 있어 전류를 작게 보내도 되기 때문에 결국 열 손실이 적어지게 된다.

열 손실이 커지자 배전 범위가 발전소 주변 정도밖에 될 수 없는 직류 송전 사업은 그 효율이 아주 나빴다. 미국 전역을 배전하기 위해서 결국 효율이 좋은 저전류의 고압 송전이 필요했다.

에디슨이 교류 송전을 알지 못했던 것은 아니다. 교류는 트랜스로 변압할 수 있으므로 열 손실이 적고, 따라서 송전에 적당하다는 것을 알고 있었다. 그럼에도 그는 직류 방식을 고집했다. 그것은 무슨 이유에서일까?

에디슨은 정규 대학교육을 받은 적이 없었다. 특히 고등수학의 하나인 삼각함수를 이용한 교류 이론을 이해하지 못했다. 여기에 자만심까지 높아서 자기 방식을 관철시키려고 했던 완고한 고집까지 있었다.

이에 비해 경쟁 상대였던 웨스팅하우스 회사에서는 독일인으로 교류 이론을 창시한 수학자 겸 기술자인 *스타인메츠를 고용하여 대규모의 교류 발전소를 건설했다.

교류와 직류의 기술적인 차이, 경제 효과의 차이가 분명했음에도 에디슨 전력 회사는 완고하게 마지막까지 교류화를 거부했다. 또한 이권을 둘러싸고 에디슨은 웨스팅하우스 회사와 법정싸움까지 하게 되었다.

사람들의 마음은 차츰 에디슨에게서 멀어져갔고, 사업도 직류가 불

스타인메츠
[Steinmetz, Charles Proteus. 1865~1923]
독일 출생의 미국 전기공학자.
프로이센 브레슬라우대학교와 취리히대학교에서 수학과 전기공학을 공부하였다.
1902년 이후에는 유니온대학교의 전기공학과 교수를 겸임, 미국 최고의 전기공학자가 되었다.

멘로파크 연구소의 기념비 앞에 앉아 있는 만년의 에디슨

리했기 때문에 빠르게 기울어갔다.

나중에는 일반적인 발명이 줄어들었고 송전 사업의 실패로 엄청난 손해가 있어서 에디슨의 회사 '에디슨 제너럴 일렉트릭'은 모건 회사의 지배를 받게 되었다. 회사 이름에서도 에디슨이라는 이름이 빠지게 되었고 결국 에디슨은 회사에서 쫓겨났다.

그러나 불멸의 업적과 기술 개발에 힘을 쏟았던 에디슨의 집념은 오늘날 매상고 1,000억 달러 이상인 세계 최고의 기업 GE(제너럴 일렉트릭 회사)로 이어지고 있다.

과학자가 남긴 한마디

천재란 90퍼센트의 노력과 10퍼센트의 영감으로 만들어지는 것이다.

에디슨주의의 폐해

실용적인 면만 추구하는 에디슨주의는 *프래그머티즘 사상과 합치하며, 공업사회로 발전중이던 당시 미국에 커다란 영향을 주었다. 그러나 그 결과, '발명' 이야말로 '과학' 이라는 오해가 생겨났다. 또한 학교의 과학교육에 도움이 되지 못하는 공리공론을 제외시킨 면도 있다. 오늘날 미국에서도 이 에디슨주의의 폐해는, 이론을 경시하고 있는 분위기에서 약간이나마 찾아볼 수 있다.

도쿄이과대학에서 에디슨을 볼 수 있다

에디슨이 사망한 다음, 친구였던 자동차왕 포드는 미시건 주에 에디슨 박물관을 세웠다. 여기에는 멘로파크 연구소에 있었던 이동식 실험대 등이 보존되어 있었는데, 최근에 폐쇄되었고 소장품 일부가 세계적으로 경매되었다. 그 일부를 도쿄이과대학에서 구입하여 도쿄 이다바시의 근대과학자료관에 직류발전기, 납관식 축음기 등 30점 정도를 공개 전시하고 있다. (역자 주:우리나라의 경우, 강릉에 소재한 참소리 박물관에서 에디슨의 납관식 축음기를 볼 수 있다.)

천재는 90퍼센트의 노력과 10퍼센트의 영감

이 말은 10권의 책 속에 모두 같은 말이 쓰여질 정도로 결정적인 격언은 아니다. 그 이유는 다음과 같다.

에디슨은 유명해진 다음부터 여러가지 경로로 강연을 했다. 어떤 강연에서는 '아주 열심히 최선의 노력을 하는 것이 가장 중요하다. 그 결과 영감이 번뜩이면서 위대한 발명을 할 수 있다' 고 말했다. 다른 곳에서는 좀더 과장하여 '99퍼센트의 노력과 1퍼센트의 직관' 이라고 했다. 이 말도 상당히 극단적이라는 느낌이 든다. 또 다른 곳에서는 보다 완곡하게 '90퍼센트..., 10퍼센트...' 라고 말을 바꾸었다. 이와 같이 여러 경우에 비슷한 말을 했으므로 어느 것이 정확한 말인지는 알 수 없다.

....

프래그머티즘 (pragmatism)
관념이나 사상을 행위(그리스어로 pragma)와의 관련에서 파악하는 입장. 실용주의.

앙트완 로랑 라부아지에

프랑스의 화학자

업적
- 연소 이론 확립
- 질량 보존의 법칙 발견
- 화학반응식 도입

Antoine Laurent Lavoisier (1743~1794)

근대 화학의 아버지라고 불린다. 혼자서 화학의 역사를 변화시켰다. 플로기스톤설을 부정하고 산소와의 결합에 의한 연소 이론을 확립했다. 또한 반응 전후 물질의 질량을 정밀하게 측정하여 질량 보존의 법칙을 발견하고 그 귀결로서 화학 반응식의 개념을 도입했다. 일련의 연구를 정리한 《화학의 원리》는 오늘날 화학 교과서의 기초가 되었다.

1743	파리에서 부유한 법률가(고등법원 검사)의 아들로 태어남.
1761	마자랭학원을 졸업하고 법과대학에 입학함(18세).
1764	법과대학을 우수한 성적으로 졸업, 재학 중에 천문학, 지질학, 화학을 공부. 법률가의 길 대신 화학을 전공하게 됨.
1768	프랑스 과학아카데미 회원이 됨. 세금관리인조합의 간부가 되어 경제적으로 자립함(25세).
1770	물이 흙으로 변한다는 설을 실험으로 부정함.
1771	조합장의 딸과 결혼(28세).
1772	다이아몬드 연소 실험으로 다이아몬드가 탄소임을 증명함(29세).
1775	정부의 화학감독관이 되었고, 병기창 안에 대규모 화학 실험실을 만듦(32세).
1776	*플로기스톤설을 실험으로 부정함.
1784	물을 분해하여 수소를 얻음.
1787	*베르톨레, *푸르크루아와 공동으로 《화학명명법》을 출간(44세).
1789	불후의 명저 《화학의 원리》 출간, 프랑스혁명이 일어남(46세).
1791	도량형 위원, 국가재무 위원이 됨.
1793	국가범죄인으로 혁명위원회에 체포됨.
1794	사형 판결, 당일 단두대에서 처형(51세).

1. '나머지'에 착안하여 '질량 보존의 법칙'을 발견함

앙트완 로랑 라부아지에의 많은 업적 중에서 가장 중요한 것은 화학 반응에서의 '질량 보존의 법칙'의 발견이다.

당시의 화학은 연금술적인 요소가 아주 강했으며 화학자들은 지극히 열성적이었다. 즉 어떤 것과 어떤 것을 반응시키면 '무엇이 만들어진다'는 것에만 주목을 하고 있었다.

또 아무것도 없는 상태에서 물질이 생기기도 하며, 물질이 갑자기 소멸하기도 하는 것이 당연하다고 생각했다.

그러나 라부아지에는 물질이 아무것도 없는 데서 생기거나 소멸할 리가 없다고 굳게 믿었고, 반응 생성 물질 이외의 나머지에 주목했다.

그는 아주 정밀한 대형 천칭을 개발했으며, 그것을 이용하여 눈에 보이는 생성물뿐만 아니라 눈에 보이지 않는 나머지의 무게도 정밀하게 측정했다. 구체적으로는 밀폐된 둥근 병 속에서 반응이 일어나게 하고, 반응 전과 반응 후의 무게를 정밀하게 측정하는 작업을 여러 번 반복했던 것이다.

당연하지만 눈에 보이지 않는 나머지를 포함했던 반응 생성물 전체의 무게는 원료 전체의 무게와 완전히 같다는 것을 알았다. 드디어 반응 전후에서 물질의 총량은 변하지 않는다는 것을 발견했던 것이다.

그리고 물질은 원소(*돌턴 이후에는 '원자')의 조합으로 만들어져 있고 화학 반응에서는 그 조합이 변하는 것일 뿐이며, 물질은 무에서 생성되거나 소멸되지 않는다는 결론에 도달했다.

이 생각이 바로 '질량 보존의 법칙'이다.

정밀한 대형 천칭을 이용해서 화학 반응을 정량적으로 다룰 수 있

플로기스톤설

독일의 화학자이자 의사인 베허 및 그의 제자인 슈탈에 의해 제창. 베허는 물과 세 종류의 흙을 원소라 하였고, 물질은 세 종류의 흙 성분 즉, 수은성의 흙, 유리질의 흙 및 기름성의 흙으로 되어 있다고 하였다. 그러므로 불 탈 수 있는 것은 모두 이 기름성의 흙을 가진 물질이며, 이것이 물질이 연소될 때 날아간다고 생각했다. 그의 후계자인 슈탈이 이 기름성의 흙을 플로기스톤이라고 개명하였다. 즉, 연소라는 것은 가연성 물질로부터 플로기스톤이 튀어나가고 나중에 재가 남는 현상이라 본 것이다.

베르톨레

[Berthollet, Claude-Louis. 1748~1822]
프랑스의 화학자.
그 당시 믿고 있던 '모든 산(酸)에는 산소가 있다'는 라부아지에의 학설에 반대하고, 염산·플루오르화수소산·붕산 등은 산소를 함유하지 않는다는 것을 입증하였다. 그러나 라부아지에의 반(反)플로기스톤설에는 찬성하여, 함께 새 학설에 입각한 《화학명명법》을 저술하였다(1785).

푸르크루아

[1755~1809]
프랑스의 화학자.
당시 사람들이 믿어 오던 플로기스톤설을 부인하고 라부아지에의 연소 이론을 지지하여 함께 《화학명명법》을 저술하였다(1785). 자르댕드루아 및 리세에서 화학교수를 역임. 미터법의 확립에 힘썼고, 1795년에 국립의학교·에콜폴리테크니크 설립에 참여, 화학교수가 되었으며, 화학의 체계화와 명명법을 고안했다.

돌턴
[Dalton, John. 1766~1844]
영국의 화학자·물리학자.
화학적 원자론의 창시자로 1792년
맨체스터의 뉴칼리지에서 수학과 자
연철학을 가르쳤으며, 기상관측에
관한 연구, 기체에 관한 연구에 몰두
하여 기체의 압축에 의한 발열, 혼합
기체의 압력, 기체의 확산혼합, 액체
에 대한 기체의 흡수 등에 관한 연구
를 발표하였다. 또한 뉴턴의 영향 하
에 원자론을 화학 분야에 도입하였
고, 각종 물질의 원자의 무게를 정하
는 방법을 고안하였다.

아르키메데스 [Archimedes.
BC 287?~BC 212]
고대 그리스 최대의 수학자·물리학
자.
천문학자 피디아스의 아들로 태어났
으며 젊어서부터 기술에 재능이 있
었다. 지렛대의 반비례 법칙을 발견
한 그는 시라쿠사왕 히에론 앞에서
'긴 지렛대와 지렛목만 있으면 지구
라도 움직여 보이겠다'고 장담하였
다.
기하학을 기술과 연결지은 학자로서
더 나아가 원주율이라든가, 우주의
크기를 나타내는 기수법 등, 수학을
널리 실제문제 해결에 연결지음으로
써 한층 더 그리스수학을 진선시킨
학자였다.

던 라부아지에의 실험 방법은, 이 실험의 성공 후에 전 세계의 화학학계에 급속도로 보급되었으며 오늘날 화학 체계를 형성하는 기초가되었다.

목욕탕에 반 정도 잠긴 자신의 몸이 가벼워진 부분과 넘쳐흐른 물의 무게가 같다는 것을 정확하게 측정하여 위대한 법칙인 '아르키메데스의 원리'를 발견했던 *아르키메데스처럼, 무게의 정밀한 측정은 자연의 진리를 찾는 기본적인 방법인 것이었다.

그러나 선구자적인 천재 라부아지에도, 오늘날 분자의 운동 상태사이에서 이동하는 에너지의 흐름으로서 설명되는 현상을 '열소'라고 하여 원소에 포함시켰다. 물질과학이 확립되어가는 과정중이었던 당시로서는 그렇게 할 수밖에 없었을 것이다.

2. 세금관리인으로 횡령한 돈으로 실험 도구를 구입

라부아지에의 아버지는 법률가로 고등법원 검사로 근무하고 있었다. 라부아지에도 처음에는 법학을 공부했지만 나중에 화학으로 바꾸었다.

라부아지에가 법과대학을 졸업한 후에 선택한 길은 '세금관리인'이 되는 것이었다. 25살이었을 때 그는, 어머니의 유산 일부인 50만 프랑을 '세금관리인조합'에 투자하여 조합의 간부가 되었다.

세금관리인조합은 세금을 걷기 위한 이른바 폭력조직으로 구성원들은 '징세 청부인'이라고 불렸다. 국가로부터 지시받은 세금의 서너배를 징수하여 납부하고 나머지를 수수료로 횡령하는 조직이었다.

징수하는 방법도 지극히 가혹했다. 돈을 내지 못하는 가난한 집에서는 먹을것마저 빼앗았고, 쫓아와 매달리는 어린이를 가차 없이 차버렸다.

이와 같은 가혹한 징수로 인해 세금관리인조합은 막대한 이익을 올렸다. 그 일부가 부르봉 왕조에게 헌납되었고, 외국과의 전쟁 경비나 왕실의 개인적인 소비, 궁전의 신축 등의 비용으로 사용되었다. 그렇기에 왕실이나 귀족들은 간접적으로 국민들의

파리 기술박물관에 전시되어 있는
라부아지에가 사용한 대형 정밀천칭

원성을 샀다. 국민들의 증오심은 직접적으로 세금 징수를 대행하는 민간 기관이었던 세금관리인조합으로 향해졌던 것이다.

라부아지에가 세금관리인조합에 참여한 이유는 다음과 같이 전해지고 있다.

당시의 과학 연구는 오늘날과 같이 제도화된 것이 아니라 개인 연구의 성격이 강했다. 따라서 실험 도구나 약품을 스스로 구입할 수밖에 없었고 많은 연구를 하려면 막대한 개인 자금이 필요했다.

25살로 과학아카데미 회원이 되었던 라부아지에가 과학계에서 이름을 떨치기 위해서는 여하튼 돈이 필요했다. 그 때문에 수단을 가리지 않고 세금관리인이 되었다는 것이다.

그렇지만 이 설에 대한 다른 이야기도 있다.

원래 라부아지에 집안은 부자였으므로 실험 도구를 구입할 자금은

충분했다는 것이다. 라부아지에는 단순히 돈벌이에 흥미가 있었으며 단지 그 여가를 이용하여 화학 실험을 했다는 주장이다.

어느 쪽이 옳은지 판정하기는 어려우나, 어쨌든 간에 세금관리인조합에 들어간 해에 얻은 10만 프랑의 수입은 실험 도구나 약품 구입으로 쓰여졌음이 틀림없는 사실이다. 연구 자금을 얻기 위한 수단치고는 매우 위험한 길을 선택했던 라부아지에의 첫걸음이 디뎌진 순간이었다.

'목적을 위해서는 수단을 가리지 않는다' 는 것이 라부아지에의 인생관이었다. 본래 수재형에 많이 보이는 냉혹한 성격이다.

그러나 이러한 합리성의 일면은 화학 혁명을 성공시켰고 학문을 발전시키는 데에도 결정적인 공헌을 했다. 믿지 못할 이론밖에 없었던 당시의 연금술적인 화학에 화학 반응식을 도입했고, 오늘날과 같은 근대 화학의 체계를 갖추게 된 것도 그의 철저한 합리성에서 얻어진 성과였다.

세금관리인 일도 '더러운 돈도 깨끗하게 사용하면 용서된다' 고 말할 수 있겠지만, 결국 이 선택이 스스로를 파멸의 길로 이끌었다.

3. 14살 연하의 재치 있는 아내

라부아지에는 외로운 화학자였다고 한다. 상당히 좋은 머리를 자랑했으며 남보다 발전 속도도 빨랐다. 어느 누구도 그를 쫓아갈 수 없었기 때문에 공동연구자가 생길 리 만무했다.

외로운 그를 도와준 것은 14살 연하의 재치 있는 아내였다. 라부아지에의 부인은 세금관리인조합이라는 악명 높은 조합에 새로

들어온 재기 넘치는 화학자에게 관심어린 눈길을 주었던 조합장의 딸이었다.

누구나 꺼려했던 조합장의 딸에게는 중매도 들어오지 않았지만, 그녀는 놀랄 만큼의 재능을 가진 미녀였다. 오늘날까지 전해오는 초상화를 봐도 그녀의 아름다움을 느낄 수 있다.

두 사람은 세금관리인조합이라는 운명의 공동체 속에서 사랑에 빠졌다. 처음부터 라부아지에를 좋게 보았던 조합장은 딸과의 연애를 허락했다. 노골적인 표현일진 몰라도 아마 '유유상종'이라는 인식이 젊은 두 사람 사이를 가깝게 했는지도 모른다.

부인은 공동연구자였으며, 동시에 조수도 없는 라부아지에의 조수 역을 빈틈없이 수행했다. 그녀는 역사에 남은 라부아지에의 추진력 있는 연구의 모든 것을 도왔다.

라부아지에는 직관력이 뛰어났고 통찰력이 대단했지만, 실험 후의 뒷정리나 도구를 준비하는 데에는 매우 형편없었다. 그러한 것들을 라부아지에의 지시에 따라 부인이 도와주었다.

또 라부아지에는 그림 솜씨가 형편없어 자신의 실험을 그림으로 표현하지 못했는데 이를 도와준 것도 바로 부인이었다.

그녀는 전문적인 개인교습을 받았던 화가로, 남편의 실험하는 모습을 사실처럼 잘 묘사했다. 오늘날의 사진처럼 라부아지에의 실험을 이해하고 재현할 수 있을 정도로 사실감 있는 그림을 남겼다.

이 그림을 토대로 라부아지에는 1789년에 《화학의 원리》를 출간했다. 이 책은 물리학 분야에서 뉴턴의 《프린키피아》에 견줄 만한 것이었으며, 역사적인 화학 교과서였다.

이 책에는 화학 반응식이 없을 뿐, 오늘날 우리들이 사용하는 교과서의 내용과 거의 같다. 즉 요즘 학교에서 공부하는 화학의 기초는

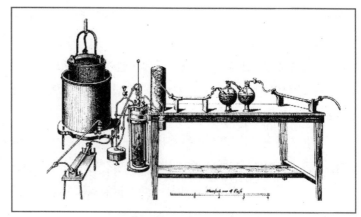

《화학의 원리》 속에 나오는 삽화

라부아지에 부인의 그림 협력에 의해 거의 혼자의 힘으로 만들었던 것이다.

　라부아지에의 성공의 이면에는 이와 같이 지극히 유능했던 부인이 있었음을 잊어서는 안 될 것이다.

4. 실패를 몰랐던 천재

　과학의 역사상 천재라는 사람들이 자기 생애의 모든 연구와 기술 발전에서 성공했고, 실수와 실패, 가치 없는 일을 전혀 하지 않았던 것은 아니다. 그들이 성공한 것은 다른 사람보다 많은 것을 시도했으며, 성공할 확률이 높았거나 아니면 성공한 것만이 아주 가치가 높았다고 할 수 있다.

　아인슈타인의 성공은 특수상대성 이론, 브라운 운동 이론, 광양자설, 일반상대성 이론까지만 들 수 있고, 이후에 그가 주장한 우주 방정식은 오류 투성이였다. 마지막의 통일장 이론 역시 완전히 실패했다.

뉴턴은 만유인력의 법칙, 미적분법, 운동의 세 가지 법칙 등에서는 성공을 했지만, 광학은 그의 이론에 대한 다른 의견이 많다. 또한 연금술적인 화학, 성서 연대기 연구에서는 성공하지 못했다.

에디슨 역시 빛나는 그의 발명 인생 중에는 오늘날 소개되지 못하는 아주 우스꽝스러운 발명도 많다.

그러나 라부아지에는 연소 이론, 비열 이론, 질량 보존의 법칙을 비롯한 거의 모든 실험에서 성공을 했다. 그것도 완벽한 성공이었다.

굳이 오류를 찾자면, 빛과 열을 원소에 포함시킨 정도가 유일한 예일 뿐이다.

이와 같이 '실패를 몰랐다' 는 점에서 라부아지에는 천재 중의 천재였다고 할 수 있다. 이러한 부류에 포함되는 사람은 독일의 수학자 가우스 정도로 매우 보기 드물다. 가우스는 처음부터 문제의 답을 알았다고 한다.

5. 단두대에서 처형

1789년 바스티유 감옥 습격 사건이 발단이 되어 프랑스혁명이 일어나자 라부아지에는 역사의 격랑을 만나게 되었다.

그는 국가범죄인으로 낙인 찍힌 세금관리인이었다.

그는 직접 세금을 거두지는 않았지만 조합의 간부였기 때문에 32살이었을 때부터 겸임했던 화약고의 감독관을 그만두게 되었다. 그리고 1793년 11월, 세계 최고의 화학자는 국가범죄인으로서 혁명위원회에 체포되었다.

그를 체포하는 데 열심이었던 사람은, 바로 라부아지에가 과학아카데미 입회를 반대했던 의사 마라였다. 라부아지에에게 원한을 가졌던 마라는 작은 죄로 체포된 그를 재판을 통하여 철저하게 단죄했고 사형까지 몰고 갔다.

1794년 5월 8일 오전, 음모로 짜여진 재판에 따라 라부아지에는 다른 세금관리인(장인인 조합장을 포함하여)과 함께 사형 판결을 받았다.

담뱃세를 거둘 때 물을 포함시켰다는 등 사전에 미리 구워삶은 시민들에게 애매한 증언을 하도록 하여, 무리한 증거를 꾸며대어 얻은 사형 판결이었다.

판결이 내려지기 전에 라부아지에는 어느 누구도 자신을 변호해주지 않는 가운데 유명한 자기 변론을 했다. 변호사의 지원도 없이 논리정연하게 자기 변호를 행한 피고는 이후에도 또 그 이전에도 없었기 때문에 더욱 유명하다.

라부아지에는 "나는 젊었을 때부터 공명심을 가지고, 국가의 환경을 깨끗이 하거나 농업의 개량에 최선을 다했다. 화약 감독관으로서 국가에 공헌했으며, 도량형을 개정하는 데도 최선을 다해 성과를 올렸다. 또한 시대는 본인과 같은 종합적인 능력이 있는 과학자가 필요할 것이다. 호평을 받은 《화학의 원리》도 내가 저술했다"며 자신을 변호했다.

많은 업적과 국가에 대한 공헌을 언급한 변호였지만, 재판장이었던 코피나르는 "공화국에는 과학자가 필요 없다"며 기각했다. 봉건국가 시대에 꽃을 피운 과학적 공헌은 공화제에서 평가받지 못했으며 감형은 불가능했던 것이었다. 라부아지에가 앞장서서 주장한 입헌군주론에도 반발했던 마라가 원한을 품고 그를 죽이려 했던 의도가 분명했다.

실제로 라부아지에의 변호는 사실이었다. 그만큼 프랑스 국토의 개발, 농업의 개량, 군사 기술의 발전 등에서 지도력을 발휘하여 표창을 받을 만한 업적을 이룬 사람은 없었다.

라부아지에의 초상화

그러나 변호는 완전히 무시되고 기각되었다.

이 재판이 열리기 전에 라부아지에 자신도 "세금관리인 재판은 한편으로는 공정한 면이 있다고 생각할지 모르지만, 사실은 나에 대한 원한 이외에는 아무것도 없다"고 말했다. 마치 죽음을 면치 못하리라는 것을 예감하고 말한 것처럼 보인다.

그런데 1793년 11월 라부아지에가 체포되어 판결이 내려지기까지 반 년 동안 과학계는 그를 위해 어떤 일을 했을까?

사실은 아무 일도 하지 않았다.

상당한 업적을 올렸던 위대한 화학자임에도 불구하고, 구명을 위해 필사의 노력을 다한 사람은 오직 부인뿐이었다. 이상한 일은 그의 업적을 가장 잘 알고 있었으며 변호할 만한 입장이었던 프랑스 과학아카데미조차도 그의 구명을 결의하지 않았으며 전혀 움직이지 않았던 것이다.

아마도 그의 위대한 업적에 대한 질투 때문이었을 것이다. 또한 라부아지에가 천재 특유의 타협을 모르는 거만한 태도를 가진 탓에 과학계에 친구도 없이 고독하게 있었던 것도 하나의 원인일 것이다. 더욱이 혁명이 진행되는 와중이라 과학자들도 자기 보신에만 신경을 썼을 뿐, 연루되는 것을 두려워했기 때문이라고도 한다.

결국 과학계의 외면으로 라부아지에는 혁명 세력의 집중 공격을 받아 사라지고 말았다.

운명의 1794년 5월 8일 오전에 사형 판결이 났고, 그 날 오후에 파리의 콩코드 광장에서 단두대형이 집행되었다. 과학자로서는 원기 왕성한 51살, 인생의 최전성기에 있었던 라부아지에는 그렇게 단두대의 이슬로 사라졌다.

이 사형 집행을 보고 있었던, 극소수이지만 라부아지에를 이해했던 라그랑주는 이 불세출의 천재의 죽음으로 프랑스와 세계의 과학계가 입은 손실을 한탄하면서 다음과 같이 말했다.

"그의 목을 자르는 데는 1초밖에 걸리지 않았지만 그의 목을 만들려면 100년이 걸릴 것이다."

역사에서 '~했더라면'과 같은 가정은 금물이다. 그러나 만일 라부아지에가 사형당하지 않고 다른 나라로 망명해서 50살 이후에도 연구를 계속했다면, 그가 이후에 어느 정도 업적을 이루었을 것인가는 예측하기 어렵다. 아마도 당시에 이미 손을 댔던 생물 분야에서의 연소(호흡)나 발효의 화학 분야는 틀림없이 그의 손에 의해서 집대성되었을 것이다.

과학자가 남긴 한마디

그의 목을 자르는 데는 1초밖에 걸리지 않았지만
그의 목을 만들려면 100년이 걸릴 것이다. (라그랑주)

국민의 눈물로 구입한 값비싼 실험 도구

세계적인 과학의 역사 소장품으로 잘 알려진 파리의 국립공예보존원 부속 기술박물관 안에는 '영예로운 방'이 있다. 국보급 전시물과 섞여 있는 라부아지에 코너에는 역사적인 '질량 보존의 법칙'을 결정했던 초대형의 정밀한 천칭 이외에 여러 종류의 천칭, 연소 실험 도구, 편지, 유품 등이 전시되어 있다. 이것들은 라부아지에가 사형당한 후, 그의 부인이 열심히 수집해 놓은 것으로 전부 크고 훌륭한 것이다. 그러나 현재의 돈으로 따지자면 하나에 1억원 이상이나 되는 고가의 실험 도구를 확보하기 위해, 그 배후에서 많은 국민들이 눈물을 흘렸을 것이라고 생각하면 마음이 착잡해진다.

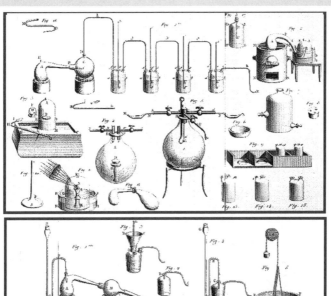

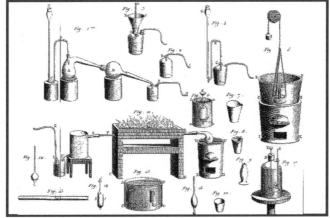

라부아지에가 사용했던 각종 실험 도구들

찰스 로버트 다윈

영국의 박물학자, 생물학자

업적 · 진화론의 창시

Charles Robert Darwin (1809~1882)

비글호를 타고 세계 일주 항해를 함. 남미, 남태평양 제도, 호주 등지를 관찰하면서 생물의 진화를 생각해냈다. 귀국 후 곧 자연선택을 기본 원리로 하는 진화론을 발표함. 생물종이 변화한다고 하는 주장은 기독교의 교의와 완전히 대립한다. 생물학뿐만 아니라 일반 사회에도 커다란 영향력을 끼쳤다.

1809	슈루스베리에서 태어남. 할아버지는 진화론의 선구자인 에라스무스 다윈,
	아버지는 의사, 어머니는 도예가 웨지우드의 딸.
1825	의학을 공부하기 위해 에든버러대학 입학(16세).
1828	신학을 공부하기 위해 케임브리지대학으로 전학(19세).
1831	케임브리지대학 졸업, 박물학자로서 비글호에 승선하여 세계 일주 항해 출발(22세).
1832	남아메리카 주변을 조사(1834년까지).
1835	갈라파고스 군도 등을 조사.
1836	호주 조사 후 태평양, 인도양, 희망봉을 경유하여 5년 동안 항해를 마치고 귀국함.
	조카인 웨지우드와 결혼.
1839	왕립학회 회원이 됨. 《비글호 항해기》 출간(30세).
1844	《종의 기원》의 초고가 완성되어 진화론 구상이 정해짐. 《화산섬에 관한 지질 관찰》 출간.
1858	*월리스와 공동으로 진화론 발표(49세).
1859	《종의 기원》 출간(50세).
1868	《가축 재배 식물의 변이》 출간.
1871	진화론을 인간에 적용시킨 《인간의 유래》 출간.
1872	《인간과 동물의 표정》 출간.
1880	《식물의 운동력》 출간.
1882	사망(73세).

1. 윌리스와의 경쟁으로 빛을 본 진화론

찰스 로버트 다윈은 처음에는 의학을 공부하기 위해서 에든버러대학에 갔지만 곧 중퇴하고, 신학을 공부하기 위해 케임브리지대학 크라이스트칼리지에 입학했다.

그러나 그의 흥미는 역시 박물학에 있었으므로 케임브리지대학 식물학 교수인 헨슬로에게 가르침을 받았다.

졸업하던 해인 1831년에는 해군 측량선 비글호의 조사원으로 헨슬로 교수의 추천으로 채용되어 5년 동안 세계 일주를 떠났다.

비글호는 영국의 데번 항을 출발하여 남미 대륙 연안을 따라 항해했고, 마젤란 해협을 통과하여 태평양으로 와서 갈라파고스 군도에 도달했다. 이후 남태평양 제도, 호주 등을 항해한 다음에 희망봉을 돌아 다시 영국으로 돌아왔다.

항해를 하던 약 5년 동안 다윈은 여러 생물을 관찰했으며 진화에 대한 생각을 키워갔다.

1836년 귀국한 후 다윈은 서서히 진화에 대한 생각을 정리했지만 너무 신중하고 내성적이었던 그는 모두 17권이나 되는 엄청난 양의 책을 쓸 계획을 세웠기 때문에, 시간이 지나도 진화론을 발표할 생각을 하지 못했다.

그런데 당시 *라마르크라는 유력한 학자가 처음으로 진화에 대한 학설을 주장하기 시작했다. 그밖에 다른 사람이 먼저 진화론을 발표할 것을 걱정한 친구의 충고에도 귀를 기울이지 않았던 다윈은 끝까지 자기 속도로 계속해서 집필을 하고 있었다.

그러던 중, 1858년 다윈이 49살이었을 때 중대한 사건이 일어났다.

윌리스
[Wallace, Alfred Russel.
1823~1913]
영국의 박물학자 · 진화론자.
주요 저서로 《말레이제도》(1869),
《다위니즘 Darwinism》(1889)이
있다.
1848년 레스터 출신인 곤충학자
H.W.베이트와 함께 남아메리카의
아마존 지방으로 답사여행을 한 뒤,
4년 만에 영국으로 돌아와서 기행문
을 썼다. 1854년에는 말레이제도에
서 동물표본을 만들기 위하여 8년간
머무르면서 진화론을 생각해냈다.

라마르크
[Chevalier de Lamarck
Jean-Baptiste-Pierre
Antoine de Monet.
1744~1829]
프랑스의 박물학자 · 진화론자.
의학과 식물학을 공부하고 《프랑스
식물지》(1778)를 출간하여 유명해졌
다. 프랑스혁명과 함께 개편된 파리
식물원의 무척추동물학 교수로 임명
되어(1793), 동물학 연구에 전념하
게 되었다. 또, 그는 화석과 지질학
등에도 관심을 갖기 시작하여, 서서
히 진화사상을 가지게 되었고 진화
에서 환경의 영향을 중시하고 습성
의 영향에 의한 용불용설을 제창하
였다. 그의 진화론은 당시 학계의 주
류를 이루고 있던 퀴비에의 천변지
이설로부터 비판을 받아 인정되지
않았으며, 만년에는 가난과 실명으
로 고통을 받았다.

다윈이 탔던 비글호

　다윈보다 14살이나 어리고 동인도 제도를 탐사한 무명의 박물학자 월리스로부터 논문의 초고가 도착했으며, 다윈의 의견을 물어보았던 것이다. 월리스는 다윈과 마찬가지로 말레이 반도와 동인도 제도의 탐사 항해를 한 바 있으며, 1854년부터 4년 동안에 걸친 탐사 결과를 이틀 만에 논문으로 정리했다고 한다.

　다윈은 월리스의 논문 초고를 보고 깜짝 놀랐다. 진화에 대한 이 논문의 결론은 *맬서스의 《인구론》을 이용하고 있는 것에서부터 자연 선택설까지 다윈의 생각과 완전히 일치했다. 다윈은 태어나서 처음으로 심각한 조바심을 느꼈다.

　다윈이 비글호의 탐사 항해로부터 22년이나 걸린 다음에, 거북이처럼 느린 속도로 정리하려던 것과 월리스가 4년 동안의 탐사와 이틀 동안의 정리로 얻은 결론이 완전히 똑같았던 것이다.

　다윈은 월리스의 번뜩이는 직관에 내심 위협을 느꼈을 것이다. 그러나 어디까지나 신사적으로 처신하여 서둘러 먼저 논문을 발표하는 행동은 하지 않았다.

　후배인 월리스의 논문의 가치를 인정했고, 자신도 사실은 완전히

만년의 다윈

똑같은 연구를 하고 있으므로 공동으로 논문을 발표하는 것이 어떻겠느냐는 편지를 보냈다. 그리고 같은 해 린네학회에서 다윈과 월리스의 공저로 진화론이 공표되어 자연선택설이 세상에 처음으로 소개되었다.

다윈이 취한 태도는 표면적으로는 치열한 업적 위주의 학계에서 후배의 업적을 정확하게 인정한 예외적인 미담으로 보였다. 그러나 사실 다윈은 갑자기 나타난 보다 우수하고 강력한 경쟁 상대인 월리스에 낭패했다. 그리고 이후부터는 출간에 의한 선취권 취득 경쟁에 휩싸이게 된다.

원고를 꼼꼼히 쓰던 다윈이었지만, 다음 해인 1859년에 진화론의 핵심만을 정리하여 《종의 기원》이라는 이름의 책을 충격적으로 출간했다. 이후에도 기회를 놓치지 않으려고 가능한 빨리 관련된 저작물을 연속적으로 출간했다.

다윈은 자신과 매우 비슷한 발상을 가지고 자료를 모았던 월리스에게 불안을 느꼈을 것이다. 자기가 먼저 발표하지 않으면 나중에 출간해 보았자 2인자밖에 되지 않을 거라고 생각했을 것이다. 마음이 급한 다윈은 쫓기듯이 책을 저술했다. 그것은 어느 누가 보아도, 영국 귀족의 이름을 빌린 다윈이 일개 시민에 불과한 월리스를 말살하고 진화론의 명성을 실질적으로 독점하려고 하는 것이었다.

세상은 책 출간으로 승리한 다윈에게 월계관을 주었고, 월리스는 완전히 무시되어 무명으로 사라졌다. 결국 진화론은 다윈 개인의 업적이 되어 역사에 남았다. 누가 보아도 우유부단했던 다윈이 발휘했던 이러한 의지에서 지독한 면모를 볼 수 있다.

한편으로 재기 넘치고 번뜩이는 스타일인 월리스에 비해, 다윈은 엄청난 자료를 직접 보고 정리한 노력가였다. 오랜 기간 동안 철저하게 자료를 정리하고 최선을 다했기에 최후의 결승점 100미터 앞의 경주에서 이길 수 있었던 것이다.

여하튼 월리스가 없었더라면 다윈의 저작 총 17권(실제로는 개별적으로 출간됨)은 결국 하나도 완성되지 못했을 것이며, 불후의 명저 《종의 기원》도 세상에 나오지 못했을 것이다. 그저 수집하는 것을 좋아하는 평범한 사람으로 인생을 마쳤을지도 모른다.

2. 맬서스의 《인구론》을 읽고 자연선택설을 확신

비글호 항해중에 다윈은 갈라파고스 군도를 탐험했다. 이곳은 에콰도르에서 1,000킬로미터 떨어진 곳으로 모두 14개의 섬으로 이루어진 군도인데 여러 생물의 새로운 종들이 모여살고 있었다.

갈라파고스 군도에서 조사하던 중 그는 이곳에서 3종의 핀치(참새

와 비슷한 새)가 조금씩 다르다는 점
을 발견했다.

예를 들면 A섬에 사는 A핀치는 곤
충을 먹기 때문에 부리가 가는데 반
하여, B섬에 사는 B핀치는 식물의 씨
를 먹기 때문에 부리가 굵었다.

다윈은 이러한 핀치들을 조사하면
서, 핀치가 아주 오래 전에 남미 대륙
에서 갈라파고스 군도로 왔고, 각 섬

자연선택설의 모티브를 제공한
갈라파고스 군도의 핀치

에 흩어져 살면서 점차 환경에 적응하기 위해 변했다고 생각했다.

이런 관찰이 계속 다윈이 머릿속에 남아 있었다. 이것은 나중에 진
화론의 근본 원리인 '자연선택' 이라는 생각으로 발전하였다.

이때 결정적인 영향을 주었던 책이 바로 맬서스의 《인구론》이었다.
29살에 이 책을 읽은 다윈은 그 속의 다음과 같은 구절에 충격을 받
았다.

"인구의 증가는 식량의 증가보다 빠르다. 따라서 인간의 수를 전
쟁, 질병 등으로 항상 감소시킬 필요가 있다."

다윈은 이때 스스로 '자연선택설' 에 대한 확신을 가졌다.

생물이 새끼를 많이 낳고 과잉 번식하게 되면 생존경쟁이 일어난
다. 환경에 적응한 유리한 변이는 보존되고, 불리한 변이가 일어난
생물은 멸종한다. 이 과정이야말로 자연선택이며 그 결과로서 적자
생존이 이루어지는 것이다.

또한 이러한 자연선택이 어떻게 강력하게 만들어지는가에 대한 것
도 《인구론》으로부터 이해했다.

당시 이 책은 베스트셀러였다. 마찬가지로 《인구론》을 읽었던 월

리스의 결론도 당연히 같은 것이었다.

3. 무소속의 한가한 백수

앞에 서술한 바와 같이 다윈은 대학을 졸업한 이후 비글호를 타고 5년 동안 탐사 항해를 떠났다. 여기까지는 박물학자의 길을 지향한 무난한 행보였다.

그런데 항해에서 돌아온 다음부터 다윈은 특별한 일을 하지 않았다. 정해진 직장 없이 집에서 지냈던 것이다. 대학이나 연구소에 취직하지 않고 의사이자 부자인 아버지에 얹혀사는, 그야말로 백수였다.

학회의 회원도 아니었고 대학 등에 소속된 전문적인 연구자도 아니었던 다윈은, 연구를 해서 발표할 필요도 없었으며 단지 부자로서 여유 있는 생활을 하는, 박물학에 취미를 가진 사람일 뿐이었다.

그는 비글호 항해에서 돌아온 27살의 나이에 조카인 에마 웨지우드와 결혼했다.

결혼한 지 3년이 지난 후에는 태어난 고향인 슈루스베리에서 런던 교외에 있는 다운에 넓은 부지와 커다란 저택(다운하우스라고 부른다)을 구입한 아버지와 함께 이사하여 73살로 사망할 때까지 이곳에서 살았다.

월리스와 공저로 진화론을 발표했을 때까지 다운하우스에서 살았던 16년 동안 다윈은 완전히 무명의 존재였다. 《비글호에서 박물학자의 항해(비글호 항해기)》, 《화산섬에 관한 지질 관찰》을 출간했던 것 이외에 49살까지 대외적으로 아무 일도 하지 않았다.

다윈의 다운하우스

　가로 세로 2km나 되는 넓은 집의 정원을 규칙적으로 일정 시간 동안 산책하면서, 비글호 항해 탐사에서 얻은 자료와 착상을 진화론으로 정리하기 위해 식물학이나 동물학에 관계된 문헌을 모아서 읽기도 했다. 그래서 이웃들은 다윈을 그저 부자이면서 취미로 연구를 하는 사람일 것이라고 생각했을 뿐이었다.

　진화론의 핵심 개념인 '자연선택(적자생존)' 의 근본 원리도, 당시 시점에서는 다윈 자신도 아직 막연하다고 생각했을 것이다. 그러던 것이 월리스 논문의 초고를 보자마자 그러한 구상이 빠르게 진행되었다고 한다. 월리스가 없었더라면 다윈은 정말로 부자이자 박물학에 취미를 가진 그저 그런 사람으로 끝났을지도 모른다.

4. 외과수술에서 졸도한 후 박물학으로 전향

　다윈의 진화론을 언급할 때 가장 먼저 언급되는 것이 그가 비글호를 타고 항해 탐사를 했다는 사실이지만, 사실 진화론 연구에는 대학 시절에 공부한 엄청난 박물학적 지식이 기초가 되었음을 생각해야 한다. 이 지식에 그가 재산가였음을 덧붙이면, 그가 40년 이상에 걸쳐 박물학, 자연철학, 진화론 연구를 할 수 있었음을 이해할 수 있다.

다윈의 아버지는 처음에 다윈을 법률가로 키우려고 했다. 그러나 다윈이 관심 없어 하자 자기와 같은 의사로 만들려고 에든버러대학 의학부에 넣었다.

그런데 다윈이 대학을 중퇴한 것은 의학의 모든 것이 싫었기 때문은 아니었다. 그 무렵 의학은 박물학적 경향이 있었으므로 그는 여러 영역을 열심히 공부했다.

하지만 피를 보는 것에 서툴렀던 다윈은 외과수술 실습 시간에 졸도를 했고, 이후 의사가 적성에 맞지 않다고 졸업을 포기했다.

그것은 다윈의 의지가 약했다기보다는 당시의 외과 수술 방법에 문제가 있었다고 할 수 있다. 이때의 외과 수술은 매우 잔인한 것이었다. 오늘날처럼 메스를 사용하여 조심스럽게 피부를 자르고 또 봉합하는 것이 아니었다. 동상, 종양이나 염증 등에서 환부를 도려내어 다른 곳으로의 전이를 막는 것이 수술의 기본이었다.

또한 사혈이라는 방법도 있었는데, 나쁜 피를 뽑아내면 병이 고쳐진다고 믿었으며 고혈압 치료를 위해 피를 빼냈다. 마취도 하지 않고 동맥을 자르는 수술이 이루어졌기 때문에 죽는 사람도 많았다.

더욱이 당시는 이발사가 외과 의사를 겸직하고 있는 경우도 많았다 (이발소 앞에 돌고 있는 표시등에서 빨간색은 동맥, 파란색은 정맥을 나타낸다). 의사의 지시 아래 또는 이발사가 독자적으로 수술을 시행했던 것이다.

한편 내과 역시 마술적인 접근으로 도대체 원리를 알 수 없는 것이었다.

의학에서 박물학적인 부분만 공부할 수는 없었으므로 다윈은 의학부를 그만두었다.

그러자 아버지는 그에게 성직자가 될 것을 종용했고, 케임브리지대학에 입학시켰다. 그러나 다윈은 신학이나 고전에 흥미가 없었다. 단지 당시 박물학의 메카였던 이 대학에서 박물학에 흥미를 가지게 되면서 앞으로 공부하여 박물학자로서 자립할 것을 결심했던 것이다. 사실 다윈의 학교 성적은 어렸을 때부터 그다지 좋지 않았다. 그로 인해 아버지로부터 '쓸모없는 아이, 가문의 명예를 훼손하는 아들'이라고 질책을 받기도 했다. 후에 다윈은 스스로도 "나는 선생님이나 아버지에게 보통이나 혹은 그보다 약간 낮은 정도의 능력밖에는 없다고 인식되었다"고 말했다.

5. 원인 불명의 병

다윈은 일생 동안 원인불명의 병으로 고통을 받았다.

주기적으로 미열이 나면서 전신이 극도로 나른해지는 병이었다. 병이 나면 누워 있는 것 이외에는 방법이 없었다. 그러나 이 시기만 지나면 거짓말처럼 건강한 몸으로 돌아왔다.

다윈은 병이 소강상태일 때 집중해서 일을 했지만, 주기적으로 나타나는 병 때문에 매우 신경질적인 성격을 가지게 되었다.

다윈이 늙어서까지 계속했던 넓은 정원에서의 산책은 이 기이한 병을 조금이라도 고쳐보고자 했던 노력의 일환이라고 한다. 사실 병을 악화시키지 않는 효과도 있었다.

원인불명의 병은 다윈의 연구 활동을 방해했다.

병의 원인에 대해서는 여러가지 주장이 있다. 우선 그가 허약체질인 점, 비글호 항해에서 뱃멀미로 고통을 받아서 몸이 쇠약해진 점, 어떤 섬에서 갑자기 공격하는 거북이에게 물려 기생충에 감염되었다는 설 등이 유력하다.

다만 비글호에 탔던 다른 연구자나 같은 항로를 계속 다녔던 선원들에게 다윈과 같은 병이 나타나지 않는 것으로 보아 이러한 이야기도 그다지 신빙성은 없어 보인다.

다윈은 결국 우울증까지 걸리게 되었다. 친척인 의사에게 진단도 받았지만, 당시의 전문 지식과 기술로는 손을 쓸 수 없었다. 갑자기 상태가 변하는 기이한 병의 치료는 불가능했다.

이 병의 진짜 원인이 무엇이었는지는 지금도 수수께끼이다.

과학자가 남긴 한마디

나는 선생님이나 아버지에게 보통이나 혹은 그보다
약간 낮은 정도의 능력밖에는 없다고 인식되었다.

다운하우스

다윈이 40년 동안 연구했던 넓은 저택(다운하우스)이 다윈 박물관이 되었다. 켄트 주 올핀턴, 런던에서 전차로 30분 거리인 브롬레이사우스에 있으며 그가 모은 엄청난 서적, 문헌, 비글호 항해에서 기록한 문건 등이 생전 그대로 보존되어 인기가 있다. 진화론이 탄생한 배경에는 엄청난 자료가 필요했음을 느낄 수 있다.

순수한 진화론은 일부

진화론만이 화제가 되고 있지만, 사실 다윈은 산호초가 생기는 과정, 화산섬의 지질 관찰, 식물의 운동력 등 여러 가지 분야를 연구했다. 처음에 이것들은 진화론을 포함하여 모두 17권이나 되는 대작으로 출간할 예정이었다. 만일 17권 속의 일부로 자연선택의 원리를 설명하는 진화론의 주요 부분이 파묻혔더라면 진화론이 사람들의 눈에 들어오지 않았을 가능성이 높다. 핵심만 모아 《종의 기원》으로 출간한 것이 바로 진화론이 알려지게 된 지름길이었다.

알기 쉬운 영어

다윈의 영어는 쉽고 명쾌했다. 명문장은 아니었지만 이해하기 쉬웠다. 《종의 기원》을 많은 사람들이 읽은 이유 중 하나도 바로 여기에 있다. 자기가 말하고자 하는 것을 확실하게 전달하기 위해 그의 성격대로 몇 번이고 퇴고하면서 썼을 것이다.

노구치 히데오

주로 미국에서 활약한 일본의 의학자, 세균학자

업적
· 뱀독 혈청요법 확립
· 매독 스피로헤타 연구

野口英世 (Noguchi Hideo 1876~1928)

1900년 24살이었을 때에 미국으로 건너감. 뛰어난 어학 실력과 부단한 노력으로 뱀독 연구 분야에서 두각을 나타냄. 이후 마비성 치매 환자의 뇌에서 스피로헤타를 발견하고 당시 세계 최고인 록펠러 연구소의 정연구원까지 승진함. 마지막에는 연구 중이었던 황열병에 감염되어 52살의 나이로 사망함.

1876	후쿠시마 현 오키나지마에서 농부의 아들로 태어남.
1878	화로에 떨어져 왼손에 화상을 입음(2세).
1889	이나와시로 고등소학교에 입학(13세).
1892	아이츠 와카마츠의 아이바병원에서 왼손 손가락을 분리하는 수술을 받음.
1893	아이바병원에 조수로 들어감(17세).
1896	상경, 의술개업 전기시험에 합격(20세).
1897	의술개업 후기시험에 합격, 쥰텐도병원 직원이 됨.
1898	기타사토의 전염병연구소 조수가 됨, 세이사쿠에서 히데오로 이름을 바꿈(22세).
1899	일본에 온 세균학자 플렉스너의 통역을 함.
1900	플렉스너의 권유로 미국으로 건너감(24세).
1901	펜실베니아대학 병리학 연구실 조교가 되어, 뱀독 연구를 시작함.
1903	덴마크로 유학, 혈청학, 면역학을 공부함.
1904	미국으로 돌아옴. 록펠러 의학연구소 취직.
1909	《뱀의 독》 출간, 미국에 반향을 일으킴(33세).
1911	메리 다지스와 결혼(35세).
1913	마비성 치매 환자의 뇌에서 매독 스피로헤타를 발견함.
1914	록펠러 연구소 정연구원으로 승진(38세).
1915	제국 학사원 은사상을 받기 위해 잠시 일본으로 돌아옴.
1919	에콰도르에서 황열병 연구, 병원균을 발견했다고 잘못 발표함.
1927	황열병 연구를 위해 아프리카의 아크라(현재 가나의 수도)로 건너감.
1928	아크라에서 황열병으로 사망(52세).

1. 방울뱀으로부터 미국인을 구한 영웅

노구치 히데오라면 일본에서는 황열병 연구로 알려져 있다. 그러나 노구치를 세계적으로 유명하게 한 것은 방울뱀을 비롯한 여러가지 뱀의 독에 관한 연구에 있다. 또한 그는 매독 스피로헤타의 연구로도 유명하다.

노구치는 일본에 왔던 펜실베니아대학 세균학 교수 *플렉스너를 통역했던 인연으로, 그의 강력한 권유로 미국으로 건너가 플렉스너 연구실의 조수로 채용되었다.

노구치는 여기서 뱀독에 관한 연구를 시작했다. 어째서 그는 연구 대상으로 뱀독을 선택했을까?

당시는 현미경을 이용한 병리학의 전성시대로, *코흐의 결핵균(1882년), 콜레라균(1883년), 기타사토의 페스트균(1894년), *시가 기요시의 이질병원균(1897년)의 발견이 이어졌고, 이러한 병들의 치료법도 확립되고 있었다.

그런 가운데 남겨져 있던 소수의 영역 중 하나가 뱀독에 관한 것이었다.

뱀독 연구는 위험했으며 단순하고 반복적인 실험 방법밖에 없었다. '의학 연구는 멋있는 일' 이라고 생각했던 미국 의학계에서 이 분야에 정면으로 손을 댄 미국인 연구자는 없었다.

그러나 어느 누구도 연구하려 들지 않았지만 실제로 이 연구는 아주 중요했다. 그 이유는 미국 대륙 개척의 최전선에서는 항상 방울뱀에게 물려 죽는 사람이 끊임없이 나왔기 때문이었다. 독을 채집하고 정제하여 혈청 요법을 확립하는 것이 간절하게 요구되던 시대였다.

노구치는 이 점에 주목했다. 미국인이 꺼리고 있지만, 그러나 실용

플렉스너
[Flexner, Simon. 1863~1946]
미국의 병리학자 · 세균학자.
독사를 연구하였고 실험적으로 췌장염과 지방조직 괴사 · 회백수염이 원숭이에게 전파되는 현상, 뇌척수막염과 치료혈청 등의 실험을 하였다. 특히 1900년 분리발견한 이질균의 일종은 플렉스너균이라 호칭되고 있다.

코흐
[Koch, Heinrich Hermann Robert. 1843~1910]
독일의 세균학자.
세균학의 근본 원칙을 확립하였고, 각종 전염병에는 각기 특정한 병원균이 있음은 물론 각종 병원균은 제각기 서로 식별할 수 있다고 주장하였다. 1882년 결핵균을, 1885년 콜레라균을 발견하였다. 같은 해 베를린대학 위생학 교수로 임명되어 결핵의 치료약 연구에 몰두하여 1890년에는 투베르쿨린을 창제하였다. 1905년 결핵균을 발견한 공로로 노벨 생리 · 의학상을 수상하였다.

시가 기요시
[志賀潔. 1870~1957]
일본의 세균학자 · 의사.
도쿄대학 의학부 졸업 후 전염병연구소에 들어가 세균학을 연구하다가 이질 환자의 분변 속에서 이질 병원균을 발견하였다. 1901년 독일로 유학하여 생물학, 면역학, 화학 요법 등을 연구하였고, 1905년 귀국하여 결핵 치료제와 한센병 연구에 종사하였다. 1915년 기타사토 박사와 함께 기타사토 연구소 창립에 힘썼다.

적인 면에서 아주 중요한 의미를 가진 뱀독 연구에 몸을 던지는 것이, 유명해져서 고향에 계신 은인의 은혜를 갚는 길이라고 생각했던 것이다.

사실은 위험하고 더러운 뱀독 연구였으므로, 백인이 아닌 노구치가 연구할 수 있었다고 생각할 수도 있을 것이다. 그러나 그 본질적인 중요성을 알아차리고 이 분야에서 성공하는 일이야말로 자신의 명성을 드높이는 지름길임을 발견한 것은 노구치다운 선택이었다.

그는 뱀독을 연구하는 데 당시 통상적으로 사용하던 방법인 마취를 이용하지 않았다. 마취를 하면 뱀독이 변질되어 좋은 연구를 할 수 없기 때문이었다.

그래서 그는 2m 이상이나 되는 살아 있는 방울뱀의 머리를 맨손으로 잡고 능숙한 솜씨로 입을 연 다음 독샘에서 나오는 독을 채집했다. 이러한 일을 태연하게 할 수 있는 사람은 노구치뿐이었다.

한번은 방울뱀의 독이 튀어 노구치의 왼쪽 눈에 들어간 적도 있었다. 심한 고통을 참으며 뛰어나가 흐르는 물에 눈을 씻어냈지만, 위아래 눈꺼풀이 퉁퉁 부어 눈을 뜰 수 없었으며 극심한 고통은 4시간이나 계속되었다. 고통이 약간 가라앉자 구토증과 두통이 왔다고 한다.

증상으로 볼 때 이때 들어간 독은 지극히 소량이었을 것이다. 시험관에 들어가고 있던 독의 일부가 눈에 들어간 것으로 생각된다. 그러나 독의 위력은 그렇게 무시무시했다.

이러한 노구치의 노력은 7년 여만에 드디어 결실을 맺어 방울뱀, 살모사, 코브라 등의 뱀독에 대해서 중독 작용의 메커니즘, 혈청의 제작 방법 등 해독에 필요한 혈청 치료법의 전모를 분명히 밝혀냈다. 그것들을 총괄하여 1,000페이지에 가까운 저서인 《뱀의 독》을 출간

(1909년)함에 따라, 노구치는 뱀독 연구의 일인자로서 세계 의학계에 이름을 알렸다.

노구치가 확립한 혈청 치료 방법을 통해 많은 미국인들이 목숨을 구할 수 있었고 미국에서 그의 평판은 아주 높아졌다. 당시 미국 신문에도 노구치의 업적이 크게 소개되었다.

2. 인간발전기

1904년 록펠러 의학연구소 소장이 된 플렉스너를 따라 연구소로 자리를 옮긴 노구치는 매독 병원체 스피로헤타 연구를 시작했다.

당시 미국은 완전한 기독교 사회로, 매독은 부도덕한 병으로서 방치되었으므로 제대로 된 연구가 이루어지지 않았다. 당연히 미국인 엘리트 의학자들이 손을 댈 이유도 없었다.

위험하고 더럽다는 이유로 미국인들이 손대지 않았던 뱀독 연구를 했던 것과 마찬가지로 노구치는 미국인 연구자들이 피하는 매독 연구에 몰두하기 시작했다.

매독 병원체인 스피로헤타는 이미 독일의 *샤우딘과 *호프만에 의해 발견되었는데, 노구치가 이룩한 업적은 마비성 치매 환자의 해부한 뇌에서 스피로헤타를 발견한 것이었다.

당시 몸에 마비 증상이 나타나는 원인불명의 치매병이 공포의 대상이었는데 그 원인이 혈류를 통하여 뇌까지 올라간 매독균인 스피로헤타라는 것을 명확하게 밝힌 것이었다.

노구치의 명성은 이 업적으로 다시 높아졌다.

이 연구를 전후해 노구치가 도전하고 있었던 일은 매독 스피로헤타

샤우딘
[Schaudinn, Fritz Richard. 1871~1906]
독일의 미생물학자.
베를린대학에서 동물학을 전공하고 1898년 이 대학의 강사로 있다가 함부르크의 열대병연구소의 원생동물부 부장(1906)이 되었다. 그는 당시 원생동물이라고 여겼던 매독의 병원체 매독 스피로헤타를 발견하였는데(1905), 나중에 매독 트레포네마라 부르게 되었다. 이밖에도 말라리아병원충, 기생성 섬모충 등에 관한 획기적인 연구결과를 계속 발표하였다.

호프만
[Hoffmann, Friedrich. 1660~1742]
독일의 의학자.
네덜란드와 영국에서 유학하고 할레대학의 의학교수로 물리·화학·해부학·외과학·임상의학 등을 강의하였다. 1709~1712년 프리드리히 1세의 전의(典醫)를 지냈고 물리요법을 지지하면서 각종의 약을 시험했다. 특히 그의 이름을 붙인 호프만 드롭스(Hoffmann's drops)나 진통제인 호프만 아노다인(Hoffmann's anodyne) 등은 유명하다.

록펠러 의학연구소의 노구치 히데오

의 순수배양이었다. 매독에 대한 혈청을 만들기 위해서는 대량의 스피로헤타균의 순수배양이 필요했다.

스피로헤타는 기생충과 병원균의 중간 정도인 병원체로 번식력이 아주 약했다. 그것은 매독에 감염되어 뇌까지 질병 상태(뇌매독)가 되려면 거의 30년이 걸린다는 사실에서 알 수 있다. 또한 배양할 때 다른 잡균과 쉽게 공존해 버리는 단점이 있어서 단독으로 배양하는 것은 상당히 어려운 작업이었다. 그러나 노구치는 토끼의 고환을 이용한 특수 배지를 고안하여 그것을 성공시켰다.

펜실베이니아대학에서의 뱀독 연구, 록펠러 연구소에서의 매독 연구로 이어지는 노구치의 맹렬한 일중독 증상은 같은 연구직에 있는 미국인들을 놀라게 했다.

그는 온종일 거의 24시간을 쉬지 않고 일했다. 그래서 그에게는 '24시간 일하는 사람(twenty-four man)' 또는 '인간발전기(human dynamo)' 라는 별명이 붙여졌다.

특히 병원체 배양이나 혈청 제작에 필요한 많은 수의 시험관 조작을 모두 혼자서 했다는 이야기는 유명하다.

조수에게 맡기면 잡균이 들어갈까봐 염려했던 노구치는 모두 자신의 눈으로 보면서 확실하게 하지 않으면 마음이 놓이지 않았다. 그래서 엄청난 수의 시험관을 전부 혼자서 조작했던 것이다. 많을 때에는 시험관의 갯수가 1,000개나 되었다.

노구치는 매일 밤 정열적으로 시험관 사이를 돌아다니면서 계속해서 시험관을 흔들었다.

"다른 사람보다 한 걸음이라도 앞서기 위해서는 잠을 잘 수 없다."

이 무렵 노구치가 무심결에 했던 말이다.

이렇게 일본에서는 오랫동안 위인으로서 존경받아온 노구치였지만 그에게는 그다지 알려지지 않은 면모가 있었다. 그것은 그가 술과 여자를 대단히 좋아했다는 점이다. 그의 월급은 대부분 밤거리에서 유흥비로 탕진되었다고 한다.

또한 그는 화를 잘 내는 성격으로 주변 사람들과 자주 다투었다. 급하고 승리밖에 모르는 노구치의 성격 때문에 그를 무척 싫어했던 미국인도 많았던 것으로 보인다.

그러나 그는 외부의 소리에 귀를 기울이지 않고 일벌레처럼 중독적으로 일을 해나갔다. 다만 그를 지탱한 것은 끊임없는 상승 욕구였다.

돈도 명예도 없는 자신이 어떤 일을 하면 성공할 수 있는가를 잘 생각했고, 그 수단으로 뱀독이나 매독과 같이 미국인이 꺼려했던 분야를 연구 주제로 삼아 돌진하면서, 분명한 목적을 세우고 집중적인 노력을 경주하여 끝까지 실천하는 정신력, 이것이 바로 성공을 향한 지름길이었던 것이다.

더욱이 노구치가 행한 매독 스피로헤타의 순수배양은 어느 누구도 추시 실험에서 성공하지 못했다. 그래서 노구치의 성공이 거짓이라는 설도 있다. 그렇지만 노구치는 자신이 애써 비밀스럽게 수행한 시험관 조작을 다른 연구자들이 모방하도록 놔두지 않았을 것이며, 다른 연구자들의 실험 과정에서 틀린 점이 보였다 하더라도 그가 지적해 주지는 않았을 것이라고 생각된다.

3. 귀국을 단념시킨 일본 의학계의 풍토

여러가지 업적을 쌓으며 록펠러 재단에 자신을 '우수한 일본인'이라고 칭했던 노구치는, 드디어 세계 의학자의 꿈인 록펠러 연구소의 정연구원으로 초빙되었다. 1914년 노구치가 38살이었을 때였다.

1911년에 노구치는 교토제국대학에서 의학박사 학위를 받았고, 이어 1914년에는 도쿄제국대학에서 이학박사 학위를 받았다. 이듬해인 1915년에는 일본의 학술 연구자에게 주어지는 최고의 영예인 제국학사원 은사상을 받았다.

세계를 무대로 노구치가 해외에서 높은 평가를 받았다는 사실은 일본 학계에서도 인정하지 않을 수 없었다. 결국 일본 학계에서는 그 명성과 업적을 인정하여 노구치에게 두 개의 학위와 은사상을 주었다.

1915년 9월 제국학사원 은사상 수여식에 참석하기 위해 귀국했던 노구치에게 도쿄제국대학 의학부의 교수 자리가 주어지는 것은 당연한 일이었다. 그러나 그것에 찬성하는 의견이 나오지 않았다.

미국에서는 크게 성공한 노구치였지만 당시 일본의 의학계에서는 그의 공적을 좀처럼 인정하려 하지 않았다.

폐쇄적인 학벌주의가 강했던 일본 의학계는 그의 성공에 대해 질투심을 드러냈고, 그가 대학 의학부를 졸업하지 않았기 때문에 의학에 필요한 학력이 없다는 점, 지방 농민 출신이라는 점 등 그의 업적과는 관계 없는 이유들을 들어서 제국대학의 교수 자리를 내주려 하지 않았던 것이다.

노구치 히데오가 여러 나라로부터 받은 훈장

노구치는 미국인과 차이가 없을 정도의 영어 실력으로 다수의 영문 저서와 260편이 넘는 영어 논문을 냈지만, 그러한 업적은 일본에서 인정되지 않았다.

업적보다도 학력과 학벌, 혈통을 중시하는 일본 의학계의 숨막힐 듯한 폐쇄성, 노구치가 잠시 근무했던 기타사토의 전염병연구소에서 느낀 이러한 풍토는 모두 사실이었다(제국대학에 대항하여 만들어진 전염병연구소조차도 그러한 분위기였다). 일본 의학계의 체질은 그가 도미한 지 15년이 지났어도 전혀 달라진 것이 없었고, 그는 꽉 막힌 일본 의학계의 풍토에 혐오감을 가졌다.

노구치는 노벨 생리 · 의학상 후보로 몇 번이나 올라갔지만 번번이 수상에 실패하고 말았다. 물론 그가 동양인이라는 이유도 있었지만, 고국인 일본으로부터 추천을 얻지 못했다는 데도 그 이유가 있었을 것이다. 매우 유감스러운 일이다.

4. 은혜에 보답하고자 의사를 지망

노구치는 1살이었을 때, 어머니가 밭일을 하러 나간 사이에 화로에 떨어져 화상으로 왼손의 손가락이 모두 붙어버렸다. 이 때문에 어린 시절 노구치는 늘 친구들로부터 놀림을 당했고 언제나 왼손을 감추고 다녔다.

하지만 그는 어렸을 때부터 매우 영리했다. 초등학교에서는 전교 1 등을 도맡아 했으며 선생님을 대신하여 공부가 부진한 아이를 가르쳐 줄 정도였다.

원래부터 영리한 아이였지만 노구치가 세계적인 학자로 성장하게 된 것은 고바야시와의 만남이 계기가 되었다.

고등소학교 선생님이었던 고바야시는 노구치의 재능을 제대로 알아보았고 유심히 지켜보면서 모든 학비를 지원해 주었다. 당시만 해도 고등소학교는 마을 유지나 부자집 자제들만 다닐 수 있는 곳이었다.

노구치는 고등소학교에서도 늘 1등을 했다.

이 시절 노구치는 자기 왼손에 관한 글을 쓴 적이 있었는데, 이 일이 계기가 되어 고바야시 선생님을 중심으로 급우와 선생님들이 수술 비용을 모아주었다.

고바야시의 소개로 미국 유학에서 돌아온 명의 와타나베 가나에가 수술을 맡았다. 어려운 수술이었지만, 수술 결과 부자연스러웠던 왼쪽 손이 완전하지는 않지만 각 손가락이 분리되어서 움직일 수 있을 정도로 되었다.

와타나베 의사의 수술로 노구치는 그동안 자신을 괴롭혀 온 열등감에서 벗어날 수 있었으며, 의학의 위대함을 직접 몸으로 느꼈다. 이것이 그를 의학의 길로 가게 한 결정적인 동기가 되었다.

오늘날 의대를 가려는 학생들의 동기는 대부분 즉물적이다.

학교 성적이 좋든가, 아니면 명예와 돈을 잡을 수 있는 최단거리에 의학의 길이 있다고 생각하는 타산적인 경향이 강하다. 그렇지만 당시는 아직 '의술은 인술', '적십자 정신' 이라는 윤리관에 매료되어 의학을 전공하려는 젊은 의학도들이 많았다. 와타나베 의사 역시 적십자 정신이라는 국제 감각을 지녔던 훌륭한 인격자였다고 한다.

진취적인 기풍을 접할 수 있던 고향 아이츠에서는 의사가 되는 것이 젊은이의 이상적인 진로라고 생각하는 분위기가 있었다. 그러한 주변의 인식이 어느 정도 노구치에게 영향을 주었을 것이다.

그런데 젊은 노구치의 이상이었던 '세상을 위한, 사람을 위한 의학' 이라는 목표는 이후에 그가 보여준 모습, 즉 출세욕에 빠져서 연구한 것처럼 보이는 미국에서의 뱀독이나 매독 연구와는 완전히 모순이 되는 것처럼 보일지도 모른다.

그러나 이것은 모순이 아니다.

누구나 마음 속에는 여러가지 생각이 있다.' 명예욕' 에 빠져서 수행한 연구라 하더라도 그 밑바닥에는 '세상을 위한 일' 이라는 마음이 깔려 있기 때문이다.

사실 노구치는 사망하기 10년 전부터 중남미나 아프리카의 풍토병 근절을 위해 현지로 들어갔고, 그곳 정부에 협력했다.

노구치가 '출세만 생각하여 엄청난 노력으로 이름을 높였다' 라는 인식은 그의 한쪽 면만을 보는 것이다. 우리는 그의 마음 속 깊은 곳

노구치 히데오의 어머니 시카

에 있었던 생각, 와타나베 의사나 고바야시 선생의 은혜에 보답하려는 마음, 그것이 동기가 되어 의학을 지망하게 된 고결한 정신도 놓치지 말아야 한다.

1915년에 일본에 일시 귀국했을 때 노구치는 제일 먼저 고바야시 선생을 방문했다.

위대한 인물의 배후에는 반드시 훌륭한 어머니가 있었다는 것이 역사적인 교훈인데, 노구치의 경우도 일생을 통해서 그를 격려했던 어머니가 있었다.

노구치의 어머니 시카에 대해서는 잘 알려져 있지 않지만, 사실은 언급할 만한 가치가 있는 인물이다.

*뱌코타이 자결로 유명한 아이츠 와카마츠 성이 몰락했던 1868년, 승세를 탄 관군이 이웃한 오키나지마(노구치의 출생지)를 불태우려고 왔을 때 필사적으로 관군에게 부탁하여 마을이 전소되는 것을 막은 사람이 겨우 16살밖에 되지 않았던 시카였다.

노구치의 강한 의지와 행동력은 이러한 어머니의 피를 이어받은 것이었다.

시카는 아들 세이사쿠(노구치가 아이였을 때의 이름)에게 귀가 따갑도록 말했다.

"자라서 위대한 인물이 되거라."

"은혜를 입으면 반드시 갚아라."

노구치는 은혜를 갚기 위하여 의사가 되었다. 그것도 미국으로 건너가서 위대한 인물이 되었던 것이다.

한편 노구치가 당시의 보통 일본인들과 달리 국제적인 감각을 가졌던 이유는 그가 청소년기를 보냈던 후쿠시마 현이 국제적인 장소였기 때문이다. 특히 아이츠 와카마츠 시에는 당시 미국 이민단이 귀국했던 시기여서 재일외국인이 많이 머무르고 있었다. 노구치는 이미 간접적으로 어린 시절부터 미국에 친밀감을 가졌다고 해도 과언이 아니다.

5. 황열병의 비극

뱀독과 매독 연구에 이어 노구치는 황열병 연구에 몰두했다.

황열병은 치사율이 아주 높은 열병으로 중남미, 아프리카 지역을 공포의 도가니로 몰아넣었다.

모기를 매개로 감염되며 감기와 비슷한 증상이 나타나고, 나중에 간에 부담을 주어 심한 황달이 생기며, 마지막에는 검은 피를 토하다가 며칠이 지난 다음에는 70~80퍼센트가 죽는 병이다.

1918년 중남미의 에콰도르로 향했던 노구치는 다음 해인 1919년 황열병의 병원균을 발견했다고 발표했다.

이 업적으로 노구치는 프랑스로부터 레종 도뇌르 훈장, 미국 내과학회로부터 코벨 메달을 받는 등 최고의 절정기에 이르렀다. 황열병을 퇴치하기 위한 '노구치 백신' 까지 대량으로 생산되었다.

그런데 다른 연구자가 황열병으로 사망한 환자로부터 체액을 배양하는 추시 실험을 하였는데 노구치가 발표했던 균은 발견되지 않았다.

더욱이 배양한 체액을 여과한 후 남은 액을 몰모트에 주사하자 황열병이 100퍼센트 발생했다.

황열병의 원인이 노구치의 주장대로 세균이었다면 남은 액에 세균이 남아있을 리가 없었고 몰모트의 발병은 일어날 수 없었다.

이로써 노구치의 황열병 병원균 발견이 오류임이 밝혀졌다.

이미 세계적으로 명성이 높았던 노구치의 발표였으므로, 그가 소속했던 록펠러 연구소는 이 오류로 인해 명예가 실추되고 궁지에 몰렸다.

록펠러 연구소로부터의 압력도 있었지만 떨어진 명예를 회복하기 위해 노구치는 스스로 굳게 마음을 먹고 1927년 아프리카의 아크라로 날아갔다. 자기 학설에는 오류가 없으며 추시 실험자의 결과와 차이가 나는 것은 아프리카의 황열병이 중남미의 황열병과 다르기 때문이라는 것을 증명하기 위해서였다.

사실 추시 실험자는 중남미의 황열병이 아니라 아프리카의 황열병 환자를 이용해서 실험한 것이었다. 그러나 노구치는 추시 실험에서 균이 발견되지 않았던 것이 이와 같은 지역적 차이에 원인이 있다고 주장했다.

주위로부터 '목숨을 건 위험한 일' 이라는 반대도 있었지만 노구치는 아프리가로 떠났다. 자신의 의지와 인생관을 따라서 강행했던 것이었다.

그러나 '인간발전기' 라고 불릴 정도로 피로를 몰랐던 강인한 체력을 가진 그도, 낯선 아프리카 땅에서는 힘들어했다. 공장을 개조하여 만든 열악한 연구 시설에서 잠도 자지 않는 강행군으로 전혀 다른 사람처럼 야위어만 갔다.

노구치는 아프리카로 건너간 지 2년 후인 1928년, 짓궂게도 연구중이었던 황열병에 감염되어 아크라의 작은 연구소에서 사망했다. 52살의 안타까운 나이였다.

황열병은 감기와 비슷한 병으로 건강한 몸에서는 발병하지 않는다. 현지에서도 몸이 건강하면 자기도 모르는 사이에 면역이 되어 병에 걸리지 않는 사람이 많다고 한다. 결과에 대한 불투명한 전망에서 오는 심리적 절망감과 가혹한 기후 아래서의 격무로 노구치는 몸과 마음이 모두 망가졌을 것이다.

노구치가 사망하자 평소 그를 별로 탐탁치 않게 여겼던 동료인 미국인 연구자들 사이에는 "노구치가 자신의 오류를 비관해서 아프리카로 가 자살했다"는 소문이 유행했다. 하지만 노구치의 성격으로 보아 그는 역시 황열병 연구의 오명을 씻기 위해서 갔을 것이다.

그러나 노구치의 황열병 연구는 분명한 실패였다.

노구치가 마지막 연구 대상으로 고민했던 황열병의 병원체는 당시 그의 기술이나 도구로는 확인할 수 없는 것이었다.

사실 황열병의 원인은 바이러스였으며 광학현미경으로 볼 수 있는 세균의 10분의 1 정도의 크기밖에 되지 않는다. 이 크기라면 전자현미경이어야만 볼 수 있다.

전자현미경은 1932년에 독일의 *크놀과 *루스카에 의해 노구치가 죽은 지 4년이 지난 다음에 발명되었다. 이후 전자현미경이 개량되고 발전하여 바이러스 연구에 사용할 수 있을 정도가 된 것은 10년이 지난 다음의 일이었다.

와일씨병의 증상은 황열병과 아주 비슷하다.

노구치는 광학현미경에 의한 연구가 전성기였던 시대의 마지막 인물이었다. 그는 분명하게 뱀독이나 매독 연구로 위대한 업적을 올렸지만, 광학현미경을 이용한 연구 방법은 아주 작은 와일씨 병균에는

크놀
[Knoll, Max. 1897~1969]
독일의 과학자.
루스카와 공동으로 전자현미경을 개발 연구했다.

루스카
[Ruska, Ernst August Friedrich. 1906~1988]
독일의 물리학자.
노벨 물리학상 수상(1986).
1920년대의 베를린공과대학 시절부터 전자현미경 연구에 착수했으며, 1953년 금세기의 가장 중요한 발명 중의 하나라는 전자현미경을 최초로 개발하여 이전의 광학렌즈로는 극복할 수 없었던 마이크로 세계의 벽을 허물었다.

적용되지 않는 것이었다.

황열병의 진짜 병원체가, 파스퇴르의 광견병 병원체나 담배모자이크병과 같은 여과성 병원체(오늘날에는 바이러스라고 알려져 있지만)임을 노구치가 알아차리지 못한 것이 아닐까.

거의 완성 단계에 있던 세균학과 새롭게 시작된 바이러스학이라는, 이어지는 두 개의 중요한 의학 연구의 영역에서 혜성같이 돌진했던 사람, 그가 바로 노구치였다.

과학자가 남긴 한마디

인내는 쓰다. 그러나 그 열매는 달다.

해외의 연고지

노구치는 만년에 멕시코, 남미, 아프리카를 방문해서 현지에서 병을 치료하는 데 공헌하여 여러 나라 여러 도시로부터 표창을 받았다. 오늘날에도 브라질의 리우데자네이로 시에는 '노구치 길'이 있고, 감피나스 시에는 '노구치 광장'이 있다. 노구치의 묘는 뉴욕 시 북쪽, 지하철 4호선 종점에 위치한 우드론 묘지에 있다.

기념관과 생가

《뱀의 독》원본을 포함한 노구치의 업적이 도쿄 신주쿠의 노구치 히데오 기념관에 전시되어 있다. 한 살 때 떨어졌다는 화로도 남아 있다. 생가 자체는 빈농이라고는 생각되지 않을 정도로 크다. 노구치의 실제 가문은 할아버지 대까지 부농이었는데, 아버지 대에 와서 몰락했다고 한다.

노구치 어록

"인내는 쓰다. 그러나 그 열매는 달다."

"천재는 노력이다. 노력하는 것이 천재인 것이다. 노력이다. 공부다. 무엇보다도 서너 배, 다섯 배로 공부하는 사람, 그가 바로 천재다."

"인간은 어느 누구도 완전할 수 없다. 또한 완전하다고 생각하지도 않는다. 인생에서 역경이 없는 것은 허구에서만 가능하다."

어머니 시카

마을의 위기를 혼자의 힘으로 구했던 일화에서 알려진 바와 같이 노구치의 어머니 시카는 실제로 상당한 행동력을 갖춘 사람이었다. 게으름뱅이 남편, 병약한 할아버지, 두 명의 아이를 거두었고 밤낮으로 일을 했으며 어린 노구치에 대한 아이들의 괴롭힘을 막기 위해서 초등학교에 찾아가 괴롭히는 아이와 직접 담판을 했다. 노구치가 고등소학교에 진학하기를 희망하자, 고바야시 선생을 찾아가 상담했고 학비 지원까지 이끌어낸 것도 어머니 시카였다. 노구치가 의사를 목표로 정했을 때도 그러한 사실을 고바야시 선생에게 상담하도록 했다. 세계적인 학자가 될 수 있는 길을 실제로 닦아놓은 것은 고바야시 선생이나 와타나베 의사가 아니라, 바로 어머니 시카인지도 모른다.

제임스 프레스콧 줄

영국의 실험물리학자

업적
· 줄의 법칙 발견
· 열의 일당량 산출
· 에너지보존의 법칙의 기초를 세움
· 줄-톰슨 효과 발견

James Prescott Joule (1818~1889)

전류로 인해 발생하는 열현상에 주목하여 줄의 법칙을 발견함. 이후 발생하는 열량에 대한 일당량의 비(열의 일당량)를 구하는 실험에 몰두했고, 1칼로리가 4.15(현재는 4.19)줄의 일에 해당함을 확정함. 일정한 관계로 열과 일이 상호 전환함을 확인하여 에너지보존의 법칙을 확립했다.

1818	샐퍼드의 부유한 맥주 공장 주인의 차남으로 태어남.
1838	공장을 개조하여 실험실을 만듦(20세).
1840	도체에 발생하는 열량에 대하여 줄의 법칙을 발견함(22세).
1843	〈자기 전기의 열효과 및 열의 기계적 값에 대하여〉 발표(25세). 제1차 열의 일당량 결정 실험 (전자기 엔진에 의한 발열) 개시(~1845년까지).
1845	제2차 열의 일당량 결정 실험(물의 교반에 의한 최초의 형태) 개시(~1847년).
1847	열의 일당량을 결정하여 발표, 톰슨(나중에 캘빈이 됨, 당시 23세)이 그 가치를 인정함(29세).
1848	제3차 열의 일당량 결정 실험(물의 교반에 의한 정밀형) 개시(~1850년까지).
1850	왕립학회 회원으로 선출됨.
1854	줄─톰슨 효과 발표(36세).
1866	코플리 메달 수상(48세).
1872	영국 과학진흥협회 초대 회장(54세).
1878	마지막 열의 일당량 결정 실험(60세).
1884	《과학논문집》(전 2권) 출간(~1887년까지).
1887	영국 과학진흥협회 제2대 회장(69세).
1889	사망(71세).

1. 맥주 공장 주인 둘째 아들의 취미

제임스 프레스콧 줄은 맨체스터 근처의 직물 공업도시 샐퍼드의 부유한 맥주 공장 주인의 차남으로 태어났다.

줄은 대인공포증이 있어 학교에 가기를 거부했다. 신체 장애로 인해 열등감이 있었다고 한다. 무슨 장애였는지는 분명하게 밝힌 문헌을 찾을 수 없어 수수께끼지만, 줄 자신은 상당히 신경을 쓴 것으로 생각된다.

결국 학교에 다니지는 않았지만, 넉넉한 재산을 가진 부모 덕에 가정교사를 두고 기초적인 학력을 쌓을 수 있었다.

몇 시부터 몇 시까지는 라틴어, 몇 시부터 몇 시까지는 화학 같은 식으로 매일 시간표를 만들어 공부했고 교과마다 가정교사가 왔다. 다만 학교처럼 엄격한 교육 방법이 아니어서 줄은 비교적 자유롭게 공부할 수 있었다.

줄이 10대 후반이 되었을 때 이색적인 가정교사가 오게 되었는데, 그가 바로 원자론의 창시자인 돌턴이었다. 돌턴은 줄의 아버지와 친분이 있었는데, 아버지의 부탁으로 줄의 공부를 도와주게 된 것이다. 돌턴이 65살이었을 때의 일이다.

원자론으로 유명한 노학자가 가끔 어린 소년의 공부를 도와주러 집에 들렀다가 소년의 재능에 반하게 되어 자연과학의 정신을 이야기하고, 또 그 이야기가 소년을 감동시켜 과학자가 될 것을 결심하게 했으리란 상상은 어렵지 않게 할 수 있다. 특히 과학의 역사에 이름을 남긴 이 두 사람, 노인과 소년의 만남은 운명적이었다. 줄과 돌턴의 만남이나 정신적인 면에서 영향을 준 과정에 대한 해명에 보다 많은 연구가 필요할 것이다.

20살이 되자 줄은 맥주 공장에 자신만을 위해 양조와 전혀 관계 없는 커다란 실험실을 만들었다. 아버지는 공장의 경영을 본래 형제에게 맡길 셈이었는데, 줄은 모든 것을 형에게 맡겼고, 자신은 취미로 과학 실험을 하는 데에만 빠지게 되었다.

그는 일찍부터 이 실험실에서 전동기에서 발생하는 열량을 측정했고 그것을 논문으로 발표했다. 조숙한 실험물리학자의 탄생이었다.

형이 공장 경영을 책임지고 동생은 그 주변에서 취미 생활(과학 실험)을 했다는 사실에서 이들 형제의 사이가 매우 좋았다고 할 수 있다. 그들의 돈독한 관계는 이후에도 계속 유지되었다.

줄은 독학으로 학자가 된 스타존의 영향을 받아 실험에 흥미를 가지게 되었다고 한다. 스타존은 전자석을 발명한 사람으로 구둣방에서 가죽 꿰매는 일을 하다가 군대에 갔는데, 그곳에서 재능을 인정받아 장교들로부터 교육을 받고 제대 후에 전기 실험학자가 된 인물이다. 이런 스타존을 보고 줄이 용기를 가졌던 것 같다.

1840년 22살이었을 때 줄은 이 실험실에서 '줄의 법칙'을 발견했다. 도선 속에서 발생하는 열량은 전류의 제곱값과 도선의 저항과의 곱에 비례한다는 사실을 이끌어냈던 것이다. 이 때 발생하는 열을' 줄 열'이라고 한다. 실험실을 만든 지 불과 2년만에 얻은 쾌거였다.

여기서 한 가지 지적할 것이 있다. 맥주 공장과 과학은 아무런 관계가 없을 거라고 생각하지만 그렇지 않다는 것이다.

발효는 생물학, 장치는 화학공학과 기계공학, 온도는 물리학과 밀접한 관계가 있다. 줄 가족의 맥주 공장이 주변의 많은 양조장 가운데서 살아남기 위해서는 최고의 기술을 도입해서 근대화시켜야 하는 과학적 관점이 필요했던 것이다.

2. 확실하게 유명해지는 길

줄에게는 취미 활동이라고 할 수 있지만, 그는 학회에 가입할 필요가 있다고 생각하여 영국 물리학회(자연철학회)의 회원이 되었다.

그러나 청강만 하는 단순한 회원에 머물지 않고, 연구를 진행하고 어떤 결과가 나타나면 발표까지 할 수 있는 일류 회원이 되었다. 또한 그는 학회를 통하여 나름대로 성공하려는 명예욕도 가지고 있었다.

연구만 하고 발표를 하지 않으면 학회 가입의 의미가 없다는 것은 옛날이나 지금이나 모두 같은 모양이다.

그래서 그는 무엇을 하면 유명해질까, 최첨단을 달리는 중요한 문제가 무엇인가 하는 등의 주제 선정에 많은 시간을 쏟아부었다.

당시 학회에서 가장 관심이 많았던 주제는 '열의 일당량'을 구하는 연구였다.

그것은 열과 일의 양적 대응관계를 분명하게 밝히는 연구로 1칼로리의 열이 어느 정도의 일에 상당하는가(일당량)를 구하는 것이었다. 열역학이나 에너지에 관한 중요한 연구로 물리학의 가장 중요한 법칙인 에너지보존의 법칙을 완성하는 데는 이 수치가 절대적으로 필요했다.

당시 뉴턴에 의한 '역학적 에너지보존의 법칙'은 이미 완성되었지만, 일까지 포함한 종합적인 '에너지보존의 법칙'은 아직 미완성이었기 때문이다.

볼츠만, 이른, 세건을 비롯한 많은 과학자들이 이 값을 얻어내려고 노력했다.

다만 그때 그들의 수준은, 일류 학자가 되기 위해 상승지향의 목표를 세우고 있던 이류 수준의 과학자들이었다. 일류로서의 명성을 얻고 있었던 과학자들은 이 값을 결정하는 실험이 얼마나 어려운지를 잘 알고 있었기 때문에 이미 그 연구에서 손을 뗀 상태였다.

오늘날도 그렇지만 흩어지기 쉬운 열을 측정하여 정량화하는 작업은 아주 어렵고, 또 그러한 실험에는 한평생이라는 시간이 걸릴 수도 있었다. 치열하게 업적을 경쟁하는 과학자 중에는 공포감을 느꼈던 사람들이 많았다. 당량 결정 실험 하나에 과학자의 생명을 걸어야 했던 것이다.

그렇지만 그것을 결정하면 유명해지는 것은 보증된 사실이었다. 많은 사람들이 이러한 당량 결정 실험에 도전했지만 그 결과는 모두 실패였다. 믿을 만한 값이 그때까지 나오지 않았다.

분명한 목표를 알았더라도 그것을 실천하려면 당사자의 결단이 필요하다. 이 결단은 단순한 것처럼 보이지만 사실은 매우 어렵다.

줄은 자신의 길이 여기에 있다고 판단했으며 실험을 추진할 결단을 내렸다. 차분히 일하는 것을 좋아했으며 공작 솜씨도 뛰어났고 시간과 돈도 충분히 있었으므로, 그러한 자신에게 이 주제만큼 적절한 것은 없다고 생각하자 오랜 시간 고민할 필요가 없었다.

그냥 해보자고 결단을 내렸던 사람은 줄 이외에도 많은 사람이 있었을 것이라고 생각되지만 그들은 역사에 이름을 남기지 못했다.

한다는 결심도 어렵지만 '시도해서 성공한다' 는 것은 더욱 어렵다. 성공하기 위해서는 뛰어난 집중력, 지속력, 수행 능력만 요구되는 것이 아니라 운도 따라야 하기 때문이다.

3. 한 가지에 집중했던 온도의 마술사

밀리컨

[Millikan, Robert Andrews. 1868~1953]
미국의 물리학자.
유명한 기름방울실험법을 고안하여 전자의 기본전하량을 측정하고 (1909), 모든 전자에 공통된 보편적 소전하의 존재를 실증했다(1910). 그리고 이에 관련하여 기체 중의 브라운 운동을 실험했다. 이어 광전효과에 관한 정량적 연구에서는 A.아인슈타인의 관계식을 실증하여 플랑크상수의 값을 구했다(1916).
이와 같은 기본전하량 및 광전효과에 관한 연구로 1923년 노벨 물리학상을 받았다.

줄은 열의 일당량을 결정하는 실험을 1843년부터 1850년까지 집중적으로 했으며, 1878년에는 마지막 실험을 행했다. 실제로 걸린 시간은 36년이었다.

한 가지에 집중하여 성공한 사례로는 줄의 실험 이외에 전자의 기본 전하량을 측정한 *밀리컨이나, 빛의 속도를 측정한 마이켈슨 정도일 것이다.

줄은 열의 일당량을 결정하기 위해 여러가지 실험을 했는데, 이 중 떨어지는 추의 운동에 의해 수차를 회전시켜 물의 온도가 상승하는 것을 측정한 실험이 가장 유명하다. 이것은 오늘날 물리 교과서에도 실려 있다.

실제로 이 실험으로 역사에 남는 J값(일당량의 값)이 결정되었다.

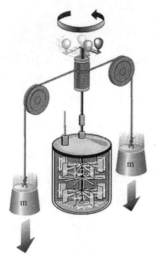

줄의 실험 장치

열의 일당량을 구하려면 일 W와 발열량 Q를 정확하게 구할 필요가 있다. W는 역학적인 계산으로 비교적 쉽고 정확하게 구할 수 있다. 문제는 Q에 있다.

질량 m, 비열 c, 온도 변화를 t라고 한다면, 발열량은 Q=mct의 식이 된다. 줄의 물의 교반 실험에서는 m은 6,000g 정도로 원래의 유효 숫자가 컸으며, c는 물이므로 1이기 때문에 옛날에는 생략했

르뇨

[Henri-Victor Regnault.
1810~1878]

프랑스의 물리학자 · 화학자.
주로 열학에 관한 실험연구에 종사
했는데 정밀한 측정은 당시에 가장
권위 있는 것으로 알려졌다.
액체의 팽창률 측정(튈롱프티의 방
법 개량), 증기압 측정, 물의 기화열
확정, 기체의 밀도 측정 등이 있으
며, 특히 기체의 온도에 따른 부피변
화의 정밀한 측정(1840)에서는 실
재기체가 보일의 법칙과 명확한 오
차가 있다는 것을 지적하고, 이를 기
체의 분자간에 나타나는 힘이라고
설명했다.

런던 과학박물관에 전시되어 있는 줄의 실험 장치

었다.

그러면 Q의 정밀도를 좌우하는 것은 오직 t의 값이 된다. 결국 온도를 얼마나 정확하게 측정하는가가 핵심이다.

t의 값을 소수점 이하 몇 단위까지 얻을 수 있는가로 Q의 정밀도가 결정되며, 일당량의 정확성도 결정된다.

그렇기에 줄은 눈금을 확대해서 쉽게 볼 수 있도록 아주 크고 긴 온도계를 개발했다. 직접 제작이 불가능했으므로 친한 과학기기 제조상에 부탁하여 당시 유명한 열역학자 *르뇨가 만든 교정용 표준온도계 3개를 고쳐서, 길이 1m나 되는 커다란 온도계를 특별 주문했다. 이 온도계의 최소 눈금은 화씨로 1/20도였다. 또한 돋보기로 1/10, 즉 화씨 1/200도(섭씨 1/360도)까지 읽을 수 있었다.

또 줄은 뉴턴의 냉각 법칙에 의해 온도차가 큰 만큼 열의 이동이 크다는 것을 알고 있었다. 즉 열 손실을 줄이면서 온도 측정의 정확성을 높이기 위해서는 필연적으로 미소온도 변화를 상대로 한 실험을 하지 않을 수 없었던 것이다.

더욱이 줄은 구리로 만든 물을 담는 용기 아래쪽으로 열이 전달되는 것을 막기 위해 아래에 나무토막을 깔았다. 또 측정자의 체온이 장치에 닿지 않도록 나무 칸막이를 세웠고, 모든 것을 고려하여 실험은 공기의 온도가 안정된 심야에 이루어지는 경우가 많았다.

열의 손실을 막고자 생각할 수 있는 모든 방법을 고안해냈는데, 이 장치와 실험 방법은 오늘날의 관점에서 보아도 훌륭한 것이었다. 마치 온도의 마술사 같았다.

드디어 1847년 줄은 그때까지와는 비교할 수 없을 정도의 정밀한 J값을 산출했고 그 결과를 학회에서 발표하게 되었다.

4. 학회 발표장의 분위기를 바꾼 톰슨의 찬사

당시 자신의 연구 성과를 학회에서 발표하려면 먼저 논문을 학회지 등과 같은 인쇄물에 게재할(또는 게재 허가를 받을) 필요가 있었다. 그런 다음에 학회에서 발표를 하고 토론을 거친 후에 정식 논문으로 다시 발표하도록 되어 있었다.

당시로서는 당연했지만, 이름이 알려지지 않았던 줄이 쓴 J값 결정 논문은 모든 학회지로부터 게재를 거부당했다. 곤란했던 줄은 신문사에 부탁하여(아마 뇌물을 쓴 것 같지만) 다행히 맨체스터의 신문에 실리게 되었다.

학회 발표의 기회를 얻은 줄은 심혈을 다하여 실험 결과를 보고했다.

그러나 처음에는 아무런 반응도 없었다. 회의장은 조용했고 무언의 침묵이 이어졌다.

아주 정밀한 작은 온도, 즉 화씨 1/200도(섭씨 1/360)까지 측정했다는 놀랄 만한 그의 발표 내용 자체를 당시 물리학자들이 의심한 나머지 상대조차 하지 않았던 것이다.

그들은 아마추어에 불과한 젊은이가 무의미한 수치를 주장하는 것

톰슨
[Thomson William. 1824~1907]
영국의 물리학자.
글래스고대학과 케임브리지대학에서
공부하고, 글래스고대학 교수를 거쳐
총장이 되었다. 물리학의 여러 분야
와 그 응용부문, 공업기술 등 다방면
에 걸쳐 연구를 했으며, 661종에 이
르는 논문·저서·발명품을 남겼다.
열학 분야에서 J.P.줄의 일당량에 관
한 연구에 주목하여(1847), 열과 일
의 동등성(열역학 제1법칙)을 강조하
였다(1915).
S.카르노의 열기관 이론을 바탕으로
절대온도눈금(켈빈온도)을 도입하였
고(1848), 열역학을 확립한 공헌자
로서 저서 《열의 동역학적 이론》
이 있다.

이라고 보았다. 통상의 온도계밖에 몰랐던 그들로서는 이와 같이 정밀한 온도 측정은 불가능한 일이라고 생각했다.

이 발표장에 23살의 젊은 글래스고대학 교수인 *톰슨(후에 켈빈 으로 이름을 바꿈)이 있었다.

그는 이 실험에 대해 대단한 흥미를 가졌다. 침묵중인 발표장에서 갑자기 일어난 톰슨은 줄의 실험 장치에 대해서 자세히 질문했다. 그리고 온도 측정의 정밀도가 사실임을 확인시켜 주었다.

그리고나서 줄의 실험을 평가하면서 열을 측정하는 일은 원래부터 어려우며, 열 손실에 의한 오차를 막기 위해 온도차를 적게 하여 실험한 결과 정밀도를 높일 수 있다는 줄의 실험 방식이 옳다는 점, 줄의 방법으로 산출한 J값이 결정적이라는 것을 논리 있게 정리하여 서술하면서 최대의 찬사를 아끼지 않았다.

명문인 글래스고대학의 교수라는 권위 있는 자의 발언으로 조용했던 발표장의 분위기는 순간적으로 변했다.

줄의 완전한 승리였다. 줄의 실험이 역사에 이름을 남긴 것은 완벽한 천재였던 톰슨이 당시 그의 실험을 인정해 준 덕분이었다. 이 발표장에 톰슨이 있었던 것도 우연이었다.

이후 줄은 1848년부터 1850년까지 보다 정밀하게 J값을 결정하는 실험을 했다. 이때 실험 결과는 다음과 같이 나왔다.

첫 번째 실험은 6개의 날개가 달린 수차의 용기에 27.8kg의 수은을 넣고 회전시킨 결과 1.34℃로 상승했다. J값은 776.30(피트본드)였다. 두 번째 실험은 2.9kg의 날개 달린 원에 의한 회전 마찰로 수은 13.2kg을 사용해서 2.392℃의 온도 상승으로 J=776.98(피트본드)를 얻었다. 세 번째의 유명한 물 교반 실험은 8개의 날개를 가진 수차의 용기(직경 20cm, 높이 20cm)에 6ℓ의 물을 넣고 J=772.69(피트본드)

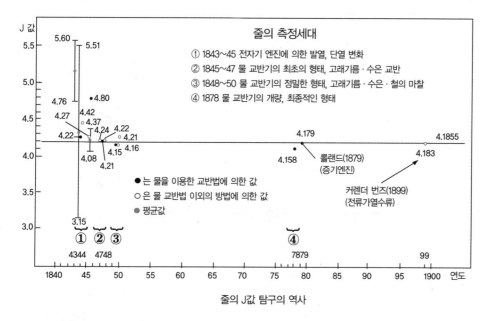

J 값

줄의 측정세대

① 1843~45 전자기 엔진에 의한 발열, 단열 변화
② 1845~47 물 교반기의 최초의 형태, 고래기름 · 수은 교반
③ 1848~50 물 교반기의 정밀한 형태, 고래기름 · 수은 · 철의 마찰
④ 1878 물 교반기의 개량, 최종적인 형태

5.60   5.51

4.76   • 4.80
4.27   4.42
       ○ 4.37
4.22   4.24   4.22   4.179   4.1855
       4.08 4.15 4.16   4.183
             4.21   4.158 롤랜드(1879)
                           (증기엔진)
3.15   커렌더 번즈(1899)
                                    (전류가열수류)

● 는 물을 이용한 교반법에 의한 값
○ 은 물 교반법 이외의 방법에 의한 값
● 평균값

① ② ③   ④

4344 4748   7879   99

1840 45 50 55 60 65 70 75 80 85 90 95 1900 연도

줄의 J값 탐구의 역사

를 얻었다.

그는 측정치의 차이가 적었던 세 번째 실험 결과를 가장 좋은 것으로 했다. 이 값은 오늘날의 줄 단위로 환산하면 1칼로리가 4.15J이 된다(정확한 값은 4.129). 이것으로 J값이 역사상 처음으로 실험적으로 확정되었다. 당시 실험 도구의 일반적인 정밀도로 고려한다면, 이 값은 정말로 놀랄 만한 값이었다.

1850년 당시 세계 최고의 물리학 잡지 《철학회보*Philosopjical Transactions*》에 줄의 정식 논문이 게재되면서 줄의 업적은 확정되었고 역사에 이름을 남기게 되었다.

나중에도 톰슨은 이전과 마찬가지로 여러 방면으로 도움을 주었다. 톰슨이 없었다면 줄은 어느 누구에게도 주목받지 못한 채 무명으로 역사에서 사라졌을지도 모른다.

줄은 톰슨보다 6살이 많았지만, 극적인 만남을 계기로 의기투합하였고, 열역학에 대한 공동연구를 통하여 1854년에는 '줄-톰슨 효과'를 발견했다. 이것은 기체가 단열 팽창할 때 급격하게 온도가 떨어지는 것으로 오늘날 극저온 물리학의 기초가 되는 현상이다.

톰슨은 19세기 최고의 물리학자로 많은 업적을 남겼는데, 그가 젊은 시절에 줄의 연구를 지원하게 된 것은 그 업적 중 최고였다고 할 수 있다.

5. 신혼여행지의 폭포 웅덩이에 꽂은 온도계

줄은 신혼여행에서 웃지 못할 일화를 남겼다.

그는 결혼식 직후에 맨체스터 근교의 유원지로 신혼여행을 떠났다. 그곳에는 아름답고 커다란 폭포가 있었으며 경치가 매우 뛰어났다.

그러나 새신랑인 줄의 손에는 믿지 못할 만한 물건이 들려 있었다. 그가 자랑하는 1m 정도의 커다란 온도계였다.

내성적인 성격으로 바깥 출입을 삼갔던 줄로서는 신혼여행이 바로 바깥 세계를 접할 수 있는 기회가 되었다. 그는 미친 듯이 자연 그대로인 여러가지 물체의 온도를 측정하기 시작했다.

아름다운 폭포가 눈앞에 나타났을 때에도 그는 곧바로 수풀을 헤치고 나가 목표로 향했다. 그리고 당시 한창 생각하고 있었던 "물의 섞임으로 인해 온도가 상승되지 않을까?"를 확인하기 위하여 폭포 위쪽의 물과 아래쪽 웅덩이 물의 온도를 측정했던 것이다. 물론 신부를 내버려둔 채 한 일이었다.

폭포의 물은 열용량이 크고 흐르는 물이었으므로 당연한 사실이지만 유의미한 차이는 나타나지 않았다. 이러한 발상은 온도 측정 마니아의 기행이라고 할 수 있지만, 사실은 나중에 물에 의한 교반 실험에서 J값을 역사상 처음으로 측정하여 그의 이름을 영원히 남기게 되는 실험의 출발점이 된 것이었다.

마찰 효과에 의해 직접적으로 온도가 상승한다는 것을 그는 이미 직관으로 이해하고 있었다.

그렇다고 해도 1m 길이의 온도계를 가지고 신혼여행을 갔다는 것은 이해하기 어려운 줄다운 행동이었다. 신부가 옆에 있는데도 폭포에 온도계를 꽂으려 했던 행동도 상상하기 어렵다.

그 후에 부인이 온도 측정에 남편을 빼앗기는 것을 염려했는지의 여부는 일화가 남아 있지 않아 알 수 없으나, 줄이 달콤하지 않은 과학이나 진리와 결혼했던 것임은 틀림없는 사실이다.

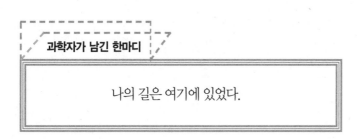

과학자가 남긴 한마디

나의 길은 여기에 있었다.

오늘날에는 불필요해진 열의 일당량

줄이 정열을 바쳐 결정한 열의 일당량이 오늘날에는 필요 없는 수치가 되고 말았다. 열의 본성이 에너지인 것을 알면, 굳이 칼로리로 나타낼 필요가 없기 때문이다. 오늘날 열은 줄 단위로 표시한다.

단위에서도 줄을 사용하는 것이 줄이 이룬 성과라고 할 수 있다. 그렇지만 열의 일당량 결정을 통해서 에너지보존의 법칙이 확립되었다는 것이야말로 줄의 공헌 중 가장 중요한 것이다.

줄의 실험장치를 직접 볼 수 있는 런던 과학 박물관

런던 과학박물관 4층 열역학의 역사 코너에, 열의 일당량을 결정한 물 교반 실험 장치가 전시되어 있다. 교과서에서 자주 볼 수 있는 유명한 장치를 직접 보게 되면 누구든지 감동을 느낄 것이다.

그레고르 요한 멘델

오스트리아의 생물학자, 성직자

업적 · 유전의 법칙 발견

Gregor Johann Mendel (1822~1884)

근대 유전학의 창시자. 유전학의 개념을 생물학에 최초로 도입하고 실험 결과를 수학적으로 통계 처리하는 방법을 처음으로 사용했다. 완두의 교배실험을 실시하여 형질 유전에 법칙성이 있음을 발견, 이 법칙을 설명한 유명한 논문은 본인이 사망한 후, 발표한 지 3년이 지난 다음에 겨우 세상의 주목을 받았다.

1822	하인첸도르프의 과수원집 아들로 태어남.
1841	오르뮈츠전문대학 입학.
1843	오르뮈츠전문대학 졸업, 견습 수도사로서 브륀의 아우구스티누스회 성 토마스 수도원에 들어감(21세).
1847	정식 사제가 됨(25세).
1851	수도원 원장의 후원으로 빈대학에서 국내 유학. 수학, 물리학, 생물학 등을 공부함(~1853년까지 3년간, 29~31세).
1854	브륀 국립종합학교 과학 교사가 됨.
1857	정교사가 되기 위해 자격시험을 보았으나 실패하고 수도원으로 복귀, 8년에 걸쳐 완두콩 교배실험을 시작함(35세).
1865	실험 결과를 정리하여, 브륀 자연학회 연회에서 2회에 걸쳐 발표함. (첫번째는 2유전자형, 두번째는 4유전자형에 대해서).
1866	브륀 자연학회지에 〈식물잡종의 연구〉 논문 발표(2유전자형에 대해서, 통상 이것을 멘델의 논문이라고 한다.)
1868	성 토마스 수도원 원장으로 임명됨
1869	제2 논문 발표(4 유전자형에 대해서).
1874	수도원 징세법에 대한 반대 투쟁을 함.
1884	브륀에서 사망(62세).

1. 다윈 진화론의 증명

그레고르 요한 멘델이 확립한 유전학의 위대한 업적을 이해하려면 먼저 역사적인 배경을 알 필요가 있다.

당시 자연선택을 기본 원리로 하는 다윈의 진화론은 세상에 잘 알려져 있던 상태였다. 그것에 대해서 획득형질의 유전을 주장하는 신비주의적인 라마르크의 진화론도 강하게 맞서고 있었다.

다윈의 진화론의 요점을 말한다면, 개체가 가지는 형질의 본질은 자손에 이르러도 변하지 않는다, 다만 자연선택에 의해 뛰어난 형질을 가진 개체의 비율이 증가해서 결국 지배적으로 된다는 것이다.

여기서 형질이란 사람으로 말하면 눈의 색깔, 머리카락의 색깔 등이고, 기린으로 말하면 목의 길이 등을 말하는 것이다.

그러나 다윈의 진화론에는 하나의 결점이 있었다.

다윈은 자연에 의한 변종의 교배는 어느 시대에나 있어왔으며, 자연선택은 이러한 변종의 가장 좋은 것을 획득시키고 열등한 것은 파멸시키는 기능이라고 생각했다. 그러나 자연선택에서 살아남는 과정은 속도가 대단히 느리며 교배가 아무렇게나 이루어지기 때문에, 변종의 성질은 혼합되어서 중간적인 것이 되어 선택될 만한 대상이 될 수 없다는 문제점이 나타난다.

그런데 멘델은 8년간의 실험 결과에 따라, 어떤 세대에서도 우열의 형질은 분명하게 나오고 있으며, 자연선택에 의해 형질이 혼합되어서 중간적인 것이 나오는 것이 아님을 증명했다.

1859년에 《종의 기원》으로 진화론을 발표한 다윈은 멘델이 1866년에 발표한 유명한 논문 〈식물잡종의 연구〉를 알지 못했다. 진화론의 실험적인 근거가 이미 존재했고, 여러 세대에서 형질이 유전자(당시

〈식물잡종의 연구〉 별쇄본 표지

는 이렇게 부르지 않았지만)로 설명되는 것을 알지 못한 채 가설만의 진화론을 서술했고, 1882년에 세상을 떠났다.

진화론 문제는 추시 실험이 불가능하다. 그 중에서 다윈의 진화론을 증명하기 위해서는 어떻게 하면 좋을까? 유전자의 고정(정확하게는 뛰어난 형질은 변이하지 않고 확실하게 다음 세대에 전해지는 것)이 발견되면 좋았을 것이다.

유전자를 실증함으로써 진화론의 증거를 들 수 있다면, 진화론을 증명한 사람으로서 일약 영웅이 된다.

학문을 좋아했으며, 성직자로서 일생을 마치고 싶지 않았던 청년 멘델이 수도사로서 수행을 하면서 이러한 야망을 가졌다는 것은 이상한 일이 아니었다.

다윈은 오스트리아의 시골구석에 있는 멘델을 전혀 알 수 없었지만, 멘델은 《종의 기원》의 열렬한 애독자였다. 그 책에 자기의 의견을 빽빽이 써놓았을 정도로 깊은 생각에 빠져 있었다. 여기에서도 상승지향의 젊은 학자의 주제 선정 능력과 노력을 볼 수 있다.

2. 8년간의 끝없는 교배실험

멘델은 재빨리 다윈의 진화론을 실증하는 도구로 완두를 선택했다. 그러나 절대로 완두가 아니면 안 될 필연성은 전혀 없었다. 멘델의 가설에 잘 들어맞는 것으로 가끔 거론된 것이 완두일 뿐이었다.

완두는 유럽에서 널리 재배되었으며, 그 종자나 몸체에서는 비교적 우성과 열성의 형질이 분명하게 나타난다. 이러한 점 때문에 멘델이 완두를 선택했다고 생각할 수 있지만 그렇지도 않았다.

한 가지 분명하게 말할 수 있는 것은 멘델은 완두 자체를 생물학적으로 자세하게 연구하려는 생각은 하지 않았던 것이 분명하다. 그는 자신이 지닌 뛰어난 수학적 능력을 생물학에 응용해서 다윈의 진화론을 증명하려 했을 뿐이었다.

사실 멘델이 가장 뛰어난 능력을 보인 분야는 수학이었다. 그 중에서도 확률과 통계 분야의 실력은 매우 우수했다. 결국 다른 생물학자와 달리 수학을 기반으로 바탕이 전혀 다른 생물학 분야에 뛰어들어 크게 성공한 것이었다.

당시의 생물학자들은 대개 형태학이나 분류학을 위주로 현상을 기술하는 일을 했다. 그 배후에 있는 자연의 섭리를 해명하는 것 등은 완전히 관심 밖의 일이었다.

원래부터 완두를 몇 세대에 걸쳐 교잡시킨다는 지극히 수학적인 연구, 즉 오늘날에 말하는 분자생물학적인 실험은 당시 생물학자의 발상에서는 결코 나올 수 없는 것이었다.

멘델은 오늘날의 유전자를 입자로 생각했다. 우성을 표시하는 것을 A, 열성을 표시하는 것을 a로 표현했으며, 이 두 개의 입자의 짝을 생각했다(AA, Aa, aa). 이것은 A든가 a중 하나가 생식세포가 되고, 수정에 의해 재결합하여 다시 짝이 만들어진다(AA, Aa, aa).

이것을 이미지로 생각해보면 빨간 구슬과 하얀 구슬을 조합시키는 문제라고 할 수 있으며, 매우 이해하기 쉽다. 멘델은 이 이미지에 기초해서, 우성과 열성의 형질이 전달되는 방식에는 반드시 규칙성이 있을 것이라고 생각했다. 그래서 그러한 증거를 통계로 나타내려고 했던 것이다.

그는 8년 동안 225회에 이르는 단순한 교배실험으로 12,980개의 잡종을 얻었고, 그것을 통계 처리하는 엄청난 작업을 계속했다. 한도 끝도 없는 계산이 계속되었다.

기이하게도 이 8년이라는 기약 없는 기간은 퀴리 부부가 8톤의 피치블렌드에서 라듐 추출에 성공하는 데 걸린 시간과 똑같다. 목표를 달성하기 위해 집념을 가지고 초인적인 노력을 한 주인공이 멘델이었으며 퀴리 부부였다.

또한 자연 현상을 해석하는 데 수학적 기법을 이용하여 성공한 예로는, 멘델 이외에 맥스웰이 밝힌 패러데이 전자기현상, 갈릴레이의 포물선운동, 뉴턴이나 가우스의 행성운동 등을 들 수 있다.

3. 7개의 형질을 선택한 신의 손

멘델은 완두 교배실험에서 7개의 형질에 대해서 세대마다 나타나는 모습을 통계적으로 조사했다. 여기에서 말하는 7개의 형질이란 성숙된 종자의 모양(역자 주 : 둥글거나 주름진 것), 떡잎의 색깔, 완두 종자의 색깔(황색이거나 녹색), 성숙한 깍지의 모양(부풀거나 압축된 모양), 덜 성숙한 완두피의 색깔(녹색이거나 황색), 꽃의 위치(축 둘레 또는 꼭대기), 줄기의 길이(짧거나[23cm~46cm] 긴 것 [183cm~213cm]) 등이다.

이 7개의 형질을 선택한 근거에 대해서는 여러가지 설이 있다. 왜냐하면 멘델은 수많은 형질 중에 어째서 7개만 선택했는가에 대해서 분명하게 밝히지 않았기 때문이다.

분명하게 7개만 선택한 이유를 물어보더라도 그 근거가 부족하므로 대답하기 어려울 것이다.

완두의 경우 중요한 형질만도 7,000개 이상이다. 그 중에서 멘델이 선택한 7개의 형질은 중간적인 성질이 나오기 어렵고 분명하게 우열이

> **우열의 법칙**
> 대립 형질 사이에는 우성·열성의 관계가 있으며 이질적인 조합(Aa)에서는 우성의 형질이 표현형으로 나타난다.
>
> **분리의 법칙**
> 이질적인 조합(Aa)의 개체끼리 교배시키면, 다음 세대에서는 형질이 분리가 일어난다. 열성인 형질도 나타나게 된다(aa의 경우).
>
> **독립의 법칙**
> 두 개 이상의 형질에 관한 유전 양식에 대해서, 만일 그러한 형질을 결정하는 인자 사이에 염색체상 연쇄가 없다면, 그러한 형질은 서로 독립적으로 조합된 결과로 나타난다.

멘델의 유전의 3법칙

나오는 것으로, 교배실험을 위해서는 적지 않은 수의 형질이었다.

그는 여러 번 예비 실험을 했고 최종적으로 이 7가지의 형질을 선택했겠지만, 그 과정에서 그의 직관에 의해 선택된 것이 아니었다고는 단언할 수 없다. 오히려 우연히 들어맞았다는 측면이 많기 때문이다. 그러나 그것 때문에 멘델의 실험을 비과학적인 초보자의 실험이라고 부정할 수는 없다.

여하튼 뒤죽박죽인 자연 현상 속에서 진리를 추출해내는 것, 그것은 마치 천재이며 동시에 신의 손을 가진 사람의 작업이었다고 할 수 있다.

과학적인 진리(법칙)는 잡다한 현상의 배후에 감춰져 있다. 그것을 정확하게 붙잡아내는 심미안이야말로 청년 학자 멘델에게 역사상 불후의 업적을 가능하게 만든 재능이었다. 생물학자에게는 없던 수학적 능력을 갖춘 천재적인 직관이었다.

4. 좁은 땅에서 얻어낸 위대한 발견

멘델이 완두콩을 재배했던
성 토마스 수도원의 좁은 정원

멘델이 속해 있던 브륀(현 체코의 브루노)의 성 토마스 수도원은 과학 연구를 장려했다. 과학에 관심을 가졌지만 집이 가난했던 멘델로서는 과학을 하기 위해서는 수도원에 들어가는 것이 지름길이었다.

그가 잘했던 것은 박물학, 수학, 물리학이었다. 그는 교원 검정을 거쳐 교사가 되었지만 일시적이었고 그 후 다시 수도원으로 돌아왔다.

그의 과학적 재능을 인정한 수도원에서는 빈대학으로 국내 유학을 지원해 주었는데, 멘델은 수도원에 진 빚을 갚기 위해서 결국 사제가 되었다. 그는 수도원에서 벗어날 수 없는 운명이었으며 그 테두리 안에서 일을 했다.

사실 '유전의 법칙' 이라는 세기의 위대한 발견을 완성한 완두의 교배실험은 몇 헥타르나 되는 넓은 토지에서 이루어진 것이 아니었다. 그것은 멘델이 근무하고 있던 브륀의 성 토마스 수도원의 아주 좁은 정원의 한구석에서 이루어졌다.

그곳은 일반적인 성당 건축물에서 쉽게 볼 수 있는 성당 안뜰에 있는 땅으로, 역사적으로 위대한 위업이 이루어진 곳이라는 생각이 들지 않을 정도로 좁다. 면적이라고 해봐야 90평(가로 20m, 세로 15m) 정도의 땅이었다.

그는 여기에서 8년 동안 35살에서 43살까지, 아무리 보아도 수도사의 일이라고 할 수 없는 완두 교배실험을 반복했다.

당시 수도원장이었던 낫프가 이해해 주었기 때문에 실험을 계속할 수 있었지만, 나중에 그가 46살에 수도원장이 되면서부터는 실험에 몰두할 수 있는 여유가 없어졌다.

수도원장 취임은, 수도원으로부터 학비를 지원받아 빈대학으로 유학까지 갔던 엘리트 수도사인 멘델에게 이미 예정되었던 길이었다. 동료 수도사들이나 멘델 자신도 이 운명을 알고 있었지만, 아마 그는 수도원장으로 취임하는 것을 무척이나 꺼렸을지 모른다.

완두 교배실험에 몰두한 8년은 앞으로 두 번 다시 얻을 수 없는 기회였기 때문에 그는 자신이 좋아하는 과학 활동을 접어야 할 운명을 느끼면서 더욱 실험에 집중했다. 과학자로서의 마지막 생애를 살았던 순간이었다.

그 생애에 두 번 다시 찾아오지 않을 한순간의 기회에 최선을 다한 것이었다. 멘델의 초인적 노력과 천재적인 직관은 좁은 땅에서 인류의 보물인 분자 유전학을 탄생시켰던 것이다.

5. 멘델을 무시했던 학계의 반응

멘델의 역사적 논문인 〈식물잡종의 연구〉는 1866년에 발표되었지만, 34년이 지난 1900년 네덜란드의 *드 브리스, 독일의 *코렌스, 오스트리아의 *체르마크 세 사람에 의해 다시 발견되었다. 멘델이 사

드 브리스
[de Vries, Hugo. 1848~1935]
네덜란드의 식물학자 · 유전학자. 식물의 잡종에 관한 연구를 하였다. 그는 멘델 법칙의 재발견(1900)과 돌연변이설(1901)을 제창했고, 그 후의 유전학과 진화론에 영향을 끼쳤다. '원형질 분리'는 그가 만든 학술어이다.

코렌스
[Correns, Carl Erich. 1864~1933]
독일의 식물학자 · 유전학자. 1997년 식물의 교잡으로 F_1의 형질이 어미 식물의 몸에 즉시 나타나는 크세니아 현상을 발견, 1900년 4월 네덜란드의 H.드 브리스, 오스트리아의 E.체르마크와 동시에 멘델 법칙을 재발견하였다. 1907년에 석죽과 식물에서 자웅의 결정이 화분에 의한다는 것을 발견, 1909년에는 분꽃의 반점식물에서는 수정할 때 화분으로부터 난세포로 색소가 유전되지 않는 것을 보고 색소체에 있어서의 비멘델성 유전을 주장하였다.

체르마크
[Tschermak von Seysenegg, Erich. 1871~1962]
오스트리아의 식물학자. 빈 출생. 젊은 시절부터 원예품종의 개량에 관심을 가져, 프라이부르크의 농장에서 일하였다. 1896년 학위를 받은 후에는 완두를 재료로 하여 유전을 연구하였으며, H.드 브리스, C.E.코렌스와 더불어 멘델 법칙 확립에 공헌하였다.

망한 지 16년이 지난 다음의 일이었다.

세 사람은 다윈의 진화론을 증명하는 유전의 법칙성을 증명하는 선취권 다툼을 했고, 멘델과 거의 같은 발상을 하고 비슷한 실험을 계획했다. 이에 선행 연구를 조사하던 세 사람은 개별적으로 무명의 지방학회지 《브륀 자연학회지》에 실렸던 멘델의 논문을 읽게 되었다.

어느 학회 석상에서 우연히 자리를 같이한 세 사람의 젊은 생물학자는 이 무명의 논문을 착안한 사실에 서로 놀랐고 그 중요성을 재차 확인하였다. 여기서 멘델의 역사적 논문이 다시 발견되었던 것이다.

특히 같은 나라의 선배였으나 완전히 무명이었던 멘델의 이름을 발견했던 체르마크는 가장 크게 놀랐다.

그런데 멘델은 사실 1866년과 1869년에 한 편씩 두 개의 논문을 썼다(먼저는 2유전자형, 나중은 4유전자형을 다루고 있다). 유전의 원리는 앞의 논문에서 명확하게 기술했고 내용도 극적이었으므로, 역사상 멘델의 논문이라고 하면 통상 먼저의 논문을 지칭한다. 드 브리스 등이 다시 발견한 것도 이 논문이었다.

멘델이 직업적인 과학자가 아니고 신부였으며 훈련을 받은 전문 생물학자가 아니라는 사실도 관심을 끌었다.

그들은 멘델이 8년이라는 긴 시간 동안 끈질기게 시행한 완두 교배 실험으로 당시로서는 생각하기 어려운 12,980개라는 경이적인 양의 잡종 표본을 채집했고, 그들이 이해하기에도 어려운 통계 처리를 통해 훌륭하게 유전의 법칙을 유도했다는 점에서, 역사에 파묻힌 거인의 업적을 깊이 느꼈을 것임에 틀림없다.

그들은 자신들이 하려고 했던 일이 이미 30여 년 전에 멘델이라는 한 사람에 의해서 완성되었다는 것을 알고, 새롭게 실험 설계를 시작했다.

드 브리스 등이 활동할 무렵에는, 생물학에 이용된 수리 통계법이 겨우 이해되고 있었으며, 세포학이 발전하여 세포 내 구조 등도 급속하게 밝혀지기 시작하였으므로, 멘델의 논문을 평가할 수 있는 환경이 정비되었다고 할 수 있다.

그러나 멘델이 이 논문을 썼던 당시의 학회에서는 발표를 해도 어느 한 사람 질문하지 않았으며 그대로 무시당했다.

학계의 어느 누구도 상대하지 않기에 멘델은 조금이나마 교류가 있었던 당시의 생물학계의 중진인 *네겔리에게 마지막으로 희망을 담은 논문을 보냈다. 그러나 이 논문을 한 번 읽은 네겔리는 멘델의 수학적 표현을 싫어했고 또 이해도 하지 못한 채로 이 논문을 무가치하다며 반송하고 말았다.

"언젠가 나의 시대가 올 것이다."

멘델을 무시했던 당시 학계의 반응을 이해하지 못하는 것은 아니다. 왜냐하면 생물학자가 수학에 서툴고 수학자 역시 생물학을 잘 알지 못했던 그 상황이라면, 그의 이론을 이해하기가 어려웠을 것이었기 때문이다.

이후 멘델은 곤충의 품종개량이나 태양 흑점의 연구로 방향을 전환했다. 나중에는 수도원 원장으로서 징세 압력을 가하는 정부에 반기를 들기도 했지만, 완두 교배실험과 같은 오랜 기간에 걸친 본격적인 연구는 두 번 다시 할 수 없었다.

네겔리

[Karl Wilhelm von Nageli. 1817~1891]

스위스의 식물학자.

식물학의 여러 분야에 걸쳐 연구 성과를 올렸으며, 특히 세포학 분야에서 많은 업적을 쌓았다. 동식물의 세포를 연구하는 과정에서, 생명의 기본단위는 세포가 아니라 세포보다 더 작은 결정 비슷한 단위로 되어 있다고 주장하여 이 단위를 미셀이라고 명명하였다. 미셀이 모여서 이디어플라스마를 형성하여 유전단위로서 활동한다는 설을 내세웠다. 이 설을 근거로 1884년 《기계론적·생리학적 진화론》을 발표하여 생물진화에 대한 학설을 제창하였다.

┌╌╌╌╌╌╌╌╌╌╌╌╌╌╌╌
╎ **과학자가 남긴 한마디** ╎
└╌╌╌╌╌╌╌╌╌╌╌╌╌╌╌

> 언젠가 나의 시대가 올 것이다.

성 토마스 수도원

멘델이 소속되어 있던 브륀의 성 토마스 수도원 안에 있는 정원은 유전의 법칙을 탄생시킨 역사적 명소로서, 수도원과 함께 오늘날까지 보존되어 있다. 수도원은 '멘델 박물관'이 되었고, 멘델의 자료나 유전 법칙을 설명하는 전시물이 있어 세계의 생물학자, 유전학자, 과학사가들이 방문하는 성지가 되고 있다.

제임스 와트

영국의 기술자

업적
- 증기기관의 개량
- 일률 단위(마력)의 도입
- 복사용 잉크 발명
- 스팀 난방기 발명 등

James Watt (1736~1819)

대형이고 비효율적이었던 그때까지의 증기기관을 개량하여, 작지만 고성능인 와트 기관을 개발함. 탄광에서 양수용 정도로만 사용했던 증기기관을, 시내의 방적 공장의 중요한 동력원으로 바꾸어놓아 산업혁명의 기초를 닦았다. 기술 개발뿐 아니라 와트 기관 등을 생산하는 공장의 경영자로서도 능력을 발휘했다.

1736	스코틀랜드의 도시 그린억에서 조선업자의 아들로 태어남.
1754	아버지의 실직으로 취직을 위해 런던으로 감.
1757	글래스고대학 부설 공장에서 과학 장치 제조 기술자로 채용됨(21세).
1764	*뉴커먼 대기압 기관의 개량에 몰두함(28세).
1765	증기기관에서 실린더와 콘덴서(복수기)를 분리할 것을 착상함.
1767	스코틀랜드의 운하 측량기사가 됨(~1774년까지).
1769	뉴커먼 기관을 개량한 와트 기관을 발명하여 특허를 얻음(33세).
1775	버밍엄 근교 소호에서 볼턴과 함께 증기기관 제조 공장을 건설함(39세).
1780	행성식 기어 장치와 거버너(governor) 장치에 의한 증기의 자동제어기구를 개발함.
1781	운동을 변환하는 행성식 기어 장치로 특허를 얻음.
1782	피스톤이 왕복하는 힘을 이용하는 복동 증기기관의 특허 취득.
1784	자동속도조절기에 있는 원심조절기의 특허 취득.
1800	볼턴과 공동사업을 끝냄. 경영일선에서 은퇴함(64세).
1819	사망(83세).

1. 증기기관의 개량자

제임스 와트는 종종 증기기관을 발명한 사람처럼 말해지지만 진정한 의미에서의 발명자는 아니다.

증기기관의 발달사를 보면, 그 아이디어는 프랑스의 *파팽이나 영국의 *세이버리에서 시작되었고 처음으로 실용화한 사람은 뉴커먼이었다.

와트는 뉴커먼의 기관을 개량하여 고성능 소형 증기기관으로 만들었다. 그렇다면 고성능 소형 증기기관의 발명자라고 할 수 있지만, 증기기관의 개량자임은 틀림없는 사실이다.

그러면 어째서 와트는 발명자도 아닌데 증기기관의 아버지라고 불리우는 것일까?

그러한 해석은 과학과 공학의 차이에서 나온 것이다. 과학, 즉 물리학이나 화학 등에서는 최초로 발견한 것이 가장 중요하게 평가된다. 반면에 공학에서는 반드시 최초로 발명한 것이 가장 중요하게 평가되는 것은 아니다.

예를 들면, 세계 최초의 초음속 여객기 콩코드는 생산된 수가 불과 16기에 불과하다. 아무리 빨리 날아간다 하더라도 큰 소음을 내며 점보제트기의 7배의 연료를 소비하고 단지 100명 정도만 운반할 수 있다는 사실이 비효율적이기 때문이다.

결국 공학에서는 뛰어난 아이디어를 처음으로 실용화했다고 해도, 고장이 많다든가 경제성이 나쁘다든가 사용이 중단되었다면 제대로 평가받지 못한다.

뉴커먼이 처음으로 실용화한 증기기관은 바로 그 전형이었다.

뉴커먼 기관은 1705년에 특허를 받았지만, 1712년 개량하여 실용

뉴커먼
[Newcomen, Thomas. 1663~1729]
영국의 기술자·증기기관의 발명자. T.세이버리와 함께 그가 발명한 증기력 양수기관을 개량하였다. 1712년 웨스트미들랜드주의 더들리 성에 처음으로 실용화된 기관을 설치하였다. 이 기관은 그 후 광산이나 탄광의 배수문제 해결을 위한 양수기로 사용되었다. 그가 죽은 후 약간의 개량이 이루어진 뉴커먼기관은 작업당 석탄의 소비량은 많았으나, 60여년간이나 양수용으로 보급되어 영국의 석탄 산업 발달에 커다란 역할을 하였을 뿐만 아니라, 증기기관 발달에도 큰 공헌을 하였다.

파팽
[Papin, Denis. 1647~1712]
프랑스의 물리학자·기술자. R.보일과 함께 공기 펌프를 개량하였으며, 유명한 대기압 피스톤 기관은 호이겐스의 화약기관 개선의 연구과정에서 발명된 것이다. 화약을 수증기로 바꾸어 수증기의 압력과 그 응축에 의한 대기압의 작용을 이용하여 피스톤을 움직이게 하는 실용적 동력 기관으로서, 후에 뉴커먼의 증기기관 발명의 기초가 되었다.

세이버리
[Savery, Thomas. 1650~1715]
영국의 공학자·발명가. 군사공학자로서 외륜선 발명에 이어 1693년 증기를 이용한 양수 펌프를 발명, 1698년에 특허권을 얻었다. 이 펌프의 구조는 간단한 것으로 물을 빨아올리기 위한 기압과 물을 밀어내기 위한 증기압을 동시에 이용한 것이었다. 이 세이버리 기관은 불완전하고 출력도 제한된 것이었으므로 1712년부터 뉴커먼 기관으로 대체되었지만 동력 기술사상 중요한 의의를 가진다.

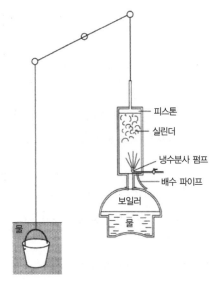

피스톤
실린더
냉수분사 펌프
배수 파이프
보일러
물
물

뉴커먼 기관의 개념도

화 이후 웨일즈 등의 광산 지대에서 50년이 넘도록 지하수를 뽑아내는 용도로만 쓰였다. 광산의 숙명은 물과의 싸움이다. 양수 능력이 약하면 물 속에 파묻혀 버려지는 광산이 많다. 그렇기 때문에 강력한 배수 수단이 절실히 필요한 것이다.

처음에 뉴커먼 기관은 그 구세주였다. 실린더 안의 수증기를 냉각시켜서 응축시키고 실린더 내부를 감압하는 것으로 피스톤을 대기압을 이용해 밀어내는 뉴커먼 기관은 원시적이지만 강력해서 유일하게 사용된 양수기관이었다.

그러나 최대의 결점은 뜨거워진 실린더를 일일이 식혀야 하는 구조였다. 그렇기에 한번 냉각시킨 실린더를 다시 가열하기 위하여 대량의 석탄이 소비되었다. 그 석탄의 비용이 채굴한 석탄이나 광석을 판 금액의 40퍼센트를 넘는 적도 있었다.

이와 같이 경제성이 나쁜 것은 문제 외로 하더라도, 당연한 이야기겠지만 이 뉴커먼 기관은 광산 지대에서 움직일 수 없는 고정된 동력 기관으로 '어쩔 도리가 없다' 라는 것이 대부분 기술자들의 일치된 의견이었다.

열기관은 수력 기관과 다르게 시내에서 사용할 수 있었지만, 연비가 나쁘고 너무 커서 사용하기 어려웠다. 별 수 없이 채굴하는 석탄을 그대로 이용할 수 있는 탄광에서만 사용했던 것이다. 이 뉴커먼 기관을 훌륭하게 개량한 것이 와트였다.

2. 산책중에 떠오른 아이디어

와트가 뉴커먼 기관의 개량에 몰두하게 된 계기는 의외의 경우였다.

그 무렵 와트는 글래스고대학 부속 공장에서 직공으로 일하고 있었다. 이 공장은 연구용 실험 기구나 기계를 제작하거나 수리하는 곳으로, 오늘날에도 대학이나 연구소에 설치되어 있다.

어느 날 그에게 평소부터 친교가 있던 물리학(열역학 전문) 전공의 앤더슨 교수가 찾아왔다. 대학이 모형 업자에게 주문하여 제작한 뉴커먼 기관의 실물 모형을 고쳐 달라고 하기 위해서였다. 아무래도 업자가 원리를 다르게 제작했는지 처음에는 조금씩 움직였지만 곧 멈추고 만다는 것이었다.

이 앤더슨 교수의 방문이 와트와 증기기관 발명을 연결하게 된 계기가 되었다.

교수가 가지고 온 모형은 거대한 뉴커먼 증기기관을 정밀하게 축소하여 만든 것으로, 알코올버너로 움직이도록 되어 있었는데 증기는 발생되었지만 진짜 기관처럼 움직이지 않았다.

와트는 이 실물 모형의 작동 불량을 개선하기 위해 스스로 뉴커먼 기관을 정밀하게 축소한 모형을 만들고 시험해 보았지만 역시 움직이지 않았다.

모형을 만드는 방법에 문제가 있는 것이 아니었다. 검사 결과에 대한 앤더슨 교수와의 토론 중에 아무래도 열역학의 원리 그 자체에 관한 근본적인 문제가 있음을 알게 되었다.

물리학의 본질과 기술자의 기술력과의 만남을 통해서 실물과 모형 사이에는 무엇인가 열역학적 운동 이외의 차이가 있다는 사실을 느꼈던 것이다.

소형의 열기관은 실린더의 단위 면적당 열손실이 크므로, 그만큼 운동 에너지로 전환되는 양이 줄어들어 열효율이 떨어진다. 따라서 뉴커먼 기관을 단순하게 소형화 하면 열효율이 너무 떨어지므로 움직이지 않게 된다.

"열효율이 떨어지지 않으면서도 작게 만들려면 완전히 다른 방법을 생각하지 않으면 안 된다."

와트는 매일 밤낮으로 이러한 생각에 몰두했다.

열은 온도차가 있으면 온도가 높은 쪽에서 낮은 쪽으로 이동한다. 뉴커먼 기관에서는 수증기 응축 전의 실린더 온도가 보일러 온도와 차이가 없지만, 냉각 응축한 다음에는 차이가 생겨 열이 사라지고 만다. 이 점을 어떻게 해결하면 되지 않겠는가?

그다지 좋은 아이디어는 떠오르지 않았지만 실마리를 찾고 있던 와트는 1765년 어느 날 오후 글래스고 시의 켈빈로브 공원을 산책하고 있었다. 산책 중에 우연히 공원 안에 있는 연못의 물이 배수구로 쏟아지는 장면을 목격하고는 새로운 아이디어가 갑자기 떠올랐다.

"수증기 냉각을 실린더 외부에서 하면 될 것이다."

그는 실린더 안의 수증기를 직접 냉각하는 것이 아니라 실린더로부터 관을 통해 뽑아내어 실린더 바깥에서 수증기를 냉각시키고, 간접적으로 실린더 안을 진공으로 만드는 방법을 생각해낸 것이다.

그것은 대성공이었다.

많은 시범 모형을 만들어 실험한 결과 실린더 외부에 콘덴서(복수기)를 연결하고, 실린더 내부의 수증기를 그곳으로 이끌어낸 다음, 수냉식으로 감압하였다. 압력을 낮춘 수증기를 콘덴서에서 외부로 나가도록 하자 모형은 훌륭하게 움직였다.

실린더를 직접 냉각시킬 필요가 없으므로 계속해서 실린더 자체는 고온인 채로 있었다.

이로써 소형이지만 뉴커먼 기관과 같은 마력(5~10마력)을 내는 소형의 고성능 와트 기관이 완성되었다.

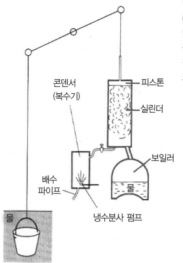

콘덴서 (복수기)

피스톤

실린더

보일러

배수 파이프

냉수분사 펌프

물

물

와트 기관의 개념도

행성식 기어
(sun and planet gear)
맞물린 한 쌍의 톱니바퀴에서 한쪽을 고정시키고 다른 톱니바퀴는 고정된 톱니바퀴의 돌레를 행성처럼 도는 기구.

더욱이 와트는 새로 발명한 와트 기관에서 나오는 직선 운동을 회전 운동으로 변환시키는 수단을 고안해냈다. 오늘날에도 널리 사용되고 있는 '크랭크'가 바로 그것이다.

그러나 크랭크는 와트의 이야기를 귀동냥한, 독립했던 제자가 먼저 특허를 내고 말았다. 고육지책이었지만 거의 같은 움직임을 하는 *행성식 기어로 와트는 특허를 얻었고 운동을 변환시키는 데 이용했다(크랭크 기구의 특허 신청이 반려되자 곧바로 변경했다).

이렇게 자동속도조절기구 등이 갖추어진 잘 고안된 와트의 증기기관은 곧 새로운 동력원으로 시내의 방적공장에서 사용하게 되었다.

그때까지 약 100년 동안 방적공장이 동력원으로 사용했던 것은 1000년 이상이나 공인된 동력인 수차였다. 그렇기에 방적공장은 수차를 사용할 수 있는 산악지방의 개천을 따라 세워질 수밖에 없었으

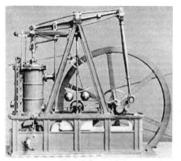

므로 부지의 확보, 시내나 항구까지의 운송, 노동력 확보 등의 문제점이 많았다. 그러나 와트 기관의 등장으로 방적공장은 시내에도 건설될 수 있었다.

와트의 증기기관은 얼마 지나지 않아 뉴커먼 기관이나 수차를 몰

와트의 증기기관

아냈다. 1800년까지 영국 전역에는 500대 이상의 와트 기관이 설치되었다.

탄광의 양수 기구에 지나지 않았던 증기기관은 와트의 손에 의해 만능의 동력원으로 각광받았고, 산업혁명 추진의 원동력이 되었던 것이다.

3. 주전자를 밀폐시켜 폭발시킨 소년

와트는 스코틀랜드의 조선 도시인 그린억에서 배 만드는 대목수의 아들로 태어났다. 어렸을 적부터 탐구심이 왕성했으며 무엇이든지 스스로 확인하지 않으면 성에 차지 않는 성격이었다.

유명한 에피소드로 다음과 같은 것이 있다.

와트는 수증기 힘의 크기(끓는 물은 대기압에 가깝다)를 어렸을 적부터 알았다고 한다. 물을 데우면 끓는 물이 된다. 그 수증기의 힘은 당시 무거운 도기로 만든 주전자의 뚜껑을 가볍게 들어올릴 정도였다.

그는 이 힘의 크기를 자세히 알고 싶었다. 그렇게 생각했던 소년 와

트는 구멍을 막고 뚜껑을 끈으로 묶어서 밀폐한 주전자를 부엌의 곤로 위에 올려놓는 아주 위험한 실험을 했다. 현대식으로 말하자면 텔레비전 프로그램에서 "아이들은 절대로 따라 해서는 안됩니다"라고 할 만한 실험을 한 것이었다.

물이 끓기 시작하자 주전자의 틈에서는 나갈 곳이 막힌 강렬한 수증기가 분출되면서 서서히 괴상한 소리를 내기 시작했다. 관찰하던 중 주전자는 갑자기 커다란 소리를 내면서 산산조각이 났고 방안은 증기로 가득찼다. 폭탄이 터지는 듯한 굉음에 무슨 일인가를 확인하려고 옆방에서 나온 어머니는 방안에 산산조각나 어질러진 도기의 파편과 가득 찬 수증기 속에서 멍하니 서 있는 와트의 모습을 발견했다.

"애야, 무슨 일이니?"

"수증기의 힘이 어느 정도인지 실험해 보았어요."

아들의 대단한 호기심을 이해했던 어머니는 꾸짖지 않았다. 그녀도 위대한 인물의 배경으로 반드시 필요했던 위대한 어머니 중 한 사람이었다. 그 때 두 번 다시 이런 일을 하지 말라며 소년 와트를 꾸짖었다면, 장래의 증기기관 완성자는 세상에 나타나지 않았을지도 모른다.

그때 와트의 어머니는 순식간에 부서진 파편에 와트가 다치지 않았는지를 확인했을 뿐이었다.

4. 지시한 대로 일하지 않는 기계공

와트는 18살이었을 무렵에 아버지의 실직으로 런던으로 왔다. 도

블랙

[Black, Joseph. 1728~1799]
프랑스 태생 영국의 화학자.
1754년 석회 등 알칼리성 물질에
관한 연구를 시작으로, 그 당시까지
밝혀지지 않았던 알칼리 중의 가성
알칼리와 온화알칼리를 구분하고,
그 관계를 밝혔다. 블랙은 공기 속
에 포함된 이산화탄소를 '고정공
기'라 명명하고, 공기중에 있는
다른 기체임을 확실히 인식시켰
다.

랜킨

[Rankine, William John
Macquorn. 1820~1872]
영국의 물리학자·공학자.
1855년 글래스고대학 교수로 취임
하여 토목공학을 강의했다. 재료역
학·열역학·탄성학·파동이론 등을
연구하고, 논문을 발표하여 공학의
진보, 특히 열역학의 건설과 보급에
크게 공헌하였다.

시의 공장에 고용살이로 들어가 기술을 익혀서 고향에서 가까운 글래스고에 돌아와 기계 기술자가 되기 위한 것이었다.

여기서 와트는 1년이라는 짧은 계약 기간(보통은 3년 정도 일을 해야만 고급 기술자가 된다)에도 개의치 않고 글래스고대학 부속 공장의 직공이 되었다. 그곳에서 앤더슨과 만났고, 이윽고 증기기관의 완성자가 되었다는 것은 앞에서 서술했다.

대학의 부속 공장은 시내의 공장에 비해서 급료가 낮았고 기계공으로서의 직급도 낮았다. 여기에서 일하는 기계공은 교수가 지시한 실험 도구나 기계를 그린 도면 그대로 지시에 따라서 제작하는 일을 했다. 결국 시킨 대로 충실하게 실행하기만 하면 되었다.

그러던 중 원래부터 탐구심이 넘쳤던 와트는 기계공이면서도 열심히 공부하여, 앤더슨 이외에 열역학으로 유명한 *블랙 등의 교수들과도 자주 토론을 했다.

보통의 기계공은 교수가 지시한 그대로 기구를 만든다. 그러나 와트는 그 원리를 납득해야만 비로소 제작에 들어갔고, 그렇게 해서 만든 제품은 최고였다. 그는 자신의 경험에서 원리적으로 납득되지 않았던 도구는 지시한 그대로 만들지 않았다.

이와 같은 상황을 접한 교수들은 처음에는 완고해서 용납할 수 없는 기계공이라고 화를 냈지만, 곧 이어 와트의 실력과 식견을 인정했고 그의 의견을 받아들여 장치를 개량했다. 이러한 기계공은 오늘날에도 만나보기 어려울 것이다.

어느 틈엔가 와트는 일을 부탁할 만한 유능한 실험 조수로 평가되었고 대학 내에서 중요한 위치를 차지하게 되었다.

당시 글래스고대학은 영국 북부의 신흥대학으로서 명문을 지향하고 있었다. 이 대학은 켈빈의 물리학, *랜킨의 공학에서 와트로 이어졌으며 곧 영국에서 유명해졌다. 블랙은 켈빈보다 먼저 온 교수였다. 《국부론》을 쓴 *애덤 스미스라는 위대한 인물도 이 대학 교수였다.

높은 수준의 학문적인 환경 속에서, 와트는 발언권을 가진 독특한 기계공이었으며, 저명한 교수들과의 교류를 통해서 빠르게 성장할 수 있었다.

이러한 사례는, 일개 실험 조수로서 채용되었음에도 노력과 재능을 인정받아 영국의 일류과학자로 성장하여 스승인 데이비를 능가했던 패러데이와 아주 많이 닮았다.

와트는 1767년에 친숙해진 글래스고대학 부속 공장을 퇴직하고 운하측량기사를 거쳐서, 1775년 버밍엄의 공장주인 볼턴과 함께 볼턴-와트 회사를 설립했다. 여기서 1800년까지 와트 기관의 대량 생산에 관여했으며 이후 경영의 일선에서 은퇴했다.

5. 천재 기술자 트레비시크의 추격

증기기관의 개량과 보급으로 이름이 높았던 와트였지만 드디어 그를 능가하는 뛰어난 젊은이가 나타났다. 웨일즈의 광산기계 기사의 아들 *트레비시크였다.

그의 아버지는 직업상 양수용으로 사용한 와트 기관의 특징과 한계를 잘 알고 있었다. 그것을 아들에게 전해주었고 트레비시크는 와트와 똑같이 그것을 개량하려는 생각을 했던 것이었다.

와트가 본질적으로 두려움을 느꼈던 것은 고압증기를 사용하여 증기기관을 만들려는 트레비시크의 착상이었다.

와트가 사용했던 것은 통상의 대기압과 같은 1기압의 증기로, 당시

애덤 스미스
[Smith, Adam. 1723~1790]
영국의 경제학자·철학자.
고전 경제학의 창시자로 1740~1746년 옥스퍼드대학의 밸리올 칼리지에서 공부한 후 1751년 글래스고대학 교수가 되었다. 근대인의 이기심을 경제행위의 동기로 보고, 이에 따른 경제행위는 '보이지 않는 손(invisible hand)'에 의해 결과적으로는 공공복지에 기여하게 된다고 생각하였다.

볼턴
[Boulton, Matthew. 1728~1809]
영국의 기계기술자·사업가.
1759년 버밍엄 북쪽에 있는 소호에 최신 설비를 갖춘 공장을 지어, 1762년부터 각종 금속제품을 제조하였다. 그는 J.와트와 1775년에 볼턴-와트회사를 설립하였으며, 와트의 증기기관의 개량과 증기기관의 특허를 25년간 연장하는 데 힘썼고, 산업혁명을 추진하는 역할을 수행하였다.

트레비시크
[Trevithick, Richard. 1771~1833]
영국의 기계기술자·발명가.
광산이 집안에서 태어나 볼턴-와트회사에서 증기기관의 운전·조립을 담당한 후 독립하여 기계공장을 설립하였다. 1800년에 빔 연접봉형의 고압증기기관을 처음으로 제작하여 권양기(winch)가 필요한 콘월의 광산에 설치하였다. 1801년 도로용의 증기차를 설계하여 시운전에 성공하였고, 1802년 다심 빔형의 실험양수기관을 만들었으며, 1804년 주철레일을 달리는 증기기관차의 시운전에 성공하였다.

수준은 보일러나 실린더 및 바킹의 강도가 그것에 견딜 정도였다. 그러나 실제로 1년에 1,000건을 넘는 보일러 폭발사고가 있었다고 한다.

따라서 와트는 실린더나 기관 자체를 대형화하여 높은 마력의 주문에 대응해야만 했다.

그가 고압 증기의 사용을 전혀 생각하지 못했던 것은 아니었다. 그렇지만 그의 기관은 1기압용으로 강도에서 한계가 있었으므로, 고압의 증기를 사용하는 것은 완전히 다른 체계로 처음부터 고치지 않으면 안 되었다. 와트는 수세에 몰렸다.

결국 와트는 뉴커먼의 1기압이라는 대기압 기관의 범위를 벗어날 수 없었다.

그러나 시대가 요구한 것은 더욱 성능이 좋고 고출력에 소형으로 운반이 가능한 증기기관이었다.

트레비시크는 아주 처음부터 고압 증기를 사용하는 증기기관을 생각했다. 그는 한 번 발생시킨 증기를 다시 한 번 되돌려서 가열하는 것으로, 요즘의 복합관 원리로 3~4 기압의 고압 증기를 얻는 데 성공했다.

그가 사용했던 보일러나 파이프 계통은 이러한 압력에 견딜 수 있었으며 와트식에 비해서 상당히 튼튼하고 두껍게 만들어진 것이었다. 그때 이미 야금이나 제강 기술이 발전했기 때문이었다.

그리고 같은 마력의 와트 기관에 비하여 트레비시크 증기기관은 실린더나 기관 전체의 크기가 5분의 1 정도로 놀랄 만큼 작아졌다.

트레비시크는 소형이며 고마력의 고압 증기기관을 차에 탑재하였고, 1801년 '디크의 불뿜는 용'이라는 애칭으로 불려진 크랭크 기구를 이용한 것으로는 역사상 최초의 증기자동차의 시운전에 성공하였고, 이어 1804년에는 최초의 SL(역자 주:소형 기관차를 뜻함)를 달리게 하는 데 성공했다. 다만 구동력은 기어를 통해 바퀴에 전달되었으며, 침목은 석재였다. 레일은 탈선을 막기 위해 완전한 L자형 단면으로 되어 있었고, 그 바닥면을 나란한 차륜이 달리는 구조였다. 시속은 8km 정도였다고 한다.

SL은 그 후 여러 사람에 의해 개량되었고, 1825년에 스티븐슨의 로커모션호가 실용 제1호가 되었다.

와트는 트레비시크가 이러한 업적을 올리기 전부터 그의 재능을 눈여겨보았다. 그리고 동시에 그의 재능을 질시하여 여러가지 방해를 했다.

우선 자신의 특허를 침해했다는 소송을 제기하고 볼턴-와트 회사의 감시인이 트레비시크 주변을 미행하도록 했다. '죽이겠다' 는 협박 편지도 여러 통 보냈으며, 불량배에게 트레비시크를 직접 폭행하도록 지시한 적도 있다.

결국 트레비시크는 정신병을 얻었고 1814년 추방당하듯이 영국에서 쫓겨나 남미로 건너갔다.

처음에는 페루나 니카라과에서 광산 기계의 기술자로 일했는데 그 지역이 스페인과의 전쟁에 휩싸이면서 파산하고 말았다.

증기기관차로 유명한 *조지 스티븐슨의 장남으로 교량기사였던 *로버트 스티븐슨이 남미로 철도기술 원조를 갔었는데, 1827년에 니카라과의 이스마스를 방문했을 무렵에 거지나 다름없는 트레비시크를 만났다. 스티븐슨은 그를 동정하여 귀국할 여비를 주었고 트레비시크는 겨우 영국으로 다시 돌아올 수 있었다. 그러나 이후에도 이렇다 할 업적을 세우지 못한 채 1833년에 61살로 빈궁한 생활 속에서 사망했다.

1829년 스티븐슨이 유명한 레인빌 경쟁에서 대승리를 거두면서 영

조지 스티븐슨
[Stephenson, George. 1781~1848]
영국의 증기기관차 발명가. 킬링워스탄광에서 탄광주를 설득, 증기기관차를 제작하여 1814년 7월 탄광에서 시운전에 성공하였다. 1823년 뉴캐슬에 세계 최초의 기관차 공장을 설립하고, 1824년 스톡턴~달링턴 간의 세계 최초의 여객용 철도가 부설되어, 1825년 그의 공장에서 제작한 개량형 기관차 로커모션호를 달리게 함으로써 철도수송의 시대가 개막되었다.

로버트 스티븐슨
[Stephenson, Robert. 1803~1859]
영국의 철도·교량 기술자. 증기기관차의 발명가 G.스티븐슨의 아들로 태어났다. 가장 뛰어난 업적은 교량설계로, 뉴캐슬 근교의 타인 강에 가설한 다리, 버윅 근교의 빅토리아교는 그의 초기의 유명한 작품이다. 스웨덴·덴마크·벨기에·스위스·이집트 등지에서도 철도교를 건설하였고, 또 아버지가 은퇴한 후로는 철도사업의 일선 지도자가 되었다.

국의 철도시대가 도래했다. 그렇지만 원래의 증기기관차의 발명자인 트레비시크는 사회적으로 성공하지 못한 채 3년 후에 조용히 세상을 떠났다.

와트가 트레비시크를 박해한 것과 같이 경쟁자를 철저하게 말살하는 음험한 성격은 한 시대에서 실력을 쟁취했던 사람들에게 가끔씩 볼 수 있는 성격이다. 그들은 후배에게 매끄럽게 길을 양보하지 않았다.

그런데 뉴커먼, 와트, 트레비시크로 이어진 흐름에서 볼 때마다 생각나는 것은 옛날 기술은 나중에 생긴 신기술에 의해서 점진적으로 발전하는 것이 아니었다는 점이다. 구기술은 그대로 망가지고 그것을 파괴하는 신기술이 계속되는 시대로 이어졌다. 그것은 가혹하지만 기술의 역사에서의 일관된 진실이었다.

근대 문명은 기술에 의해 발전했으며 다음의 기술을 가진 나라에 의해 더욱 발전하고 있다. 이탈리아, 영국, 독일, 미국, 일본의 순서대로 세계의 기술 중심은 번영을 해왔다.

바로 전 시대에 기술이 번영한 나라에서 기술을 도입하고, 개발도상국의 장점인 값싼 노동력을 이용해 기술 경쟁을 승리로 이끌면서 도입했던 나라를 따라잡는다. 또한 그 나라도 언젠가는 천정부지로 올라가는 인건비로 다음의 기술중심국에게 따라잡히는 치열한 교대가 일어난다.

트레비시크의 고압 증기기관에 밀려서 와트의 시대는 마침내 종말을 고했다.

그후로 와트는 어느 누구도 원망하지 않으며 인생을 달관하여 기술문명의 숙명을 받아들였을 것이다. 늙어서는 기술과 관계 없는 문학활동이나 취미생활을 하면서, 와트 자신이 본래부터 가졌던 따뜻한

품성을 되찾아 풍요로운 만년을 보내다가 사망했다고 한다.

과학자가 남긴 한마디

완전히 다른 방법을 생각하지 않으면 안 된다.

런던 과학박물관에 전시된 증기기관

런던 과학박물관 1층에는 거대한 뉴커먼 기관이 전시되어 있고 그 옆에는 소형이면서 콤팩트한 개량형 와트 기관이 나란히 전시되어 있다. 와트 기관이 순식간에 시장을 지배했다는 사실을 쉽게 이해할 수 있다. 또한 옛날 그대로 움직이는 상태가 보존된 와트 기관도 있다. 그 경쾌하고 웅대한 움직임에 많은 관람객들이 감동을 받는다. 작동 상태를 보면 와트 기관이 오늘날에도 통용될 정도로 높은 완성도를 가졌음을 알 수 있다. 트레비시크 기관의 표본이나 와트의 작업장을 재현한 전시도 있다.

마력의 정의

마력을 정의한 것은 와트다. 그는 증기기관의 성능을 표시하기 위해 동력을 측정하여 말의 일률로 표시하도록 했다. 특별한 측정기를 만들고, 말 한 마리가 매초 550피트폰드의 일을 하는 것을 측정하여 그것을 1마력이라고 하고, 같은 측정기로 여러가지 기계의 동력을 측정하여 그것을 마력으로 표시했다. 또한 현재의 단위로 말하면 1 마력은 0.57kW이다.

그렇다면 왜 소가 아니고 말이었을까? 당시 증기기관을 대신한 동력원이 말이었기 때문이다. 와트의 영업 전략은 탁월했다고 할 수 있다.

루이 파스퇴르

프랑스의 화학자, 미생물학자

업적
· 미생물의 자연발생설을 부정
· 광견병 백신 발명
· 유산균에 의한 유산 발효, 효모에 의한 알코올 발효를 증명
· 광학이성체 발견 등

Louis Pasteur (1822~1895)

백조목(S자형) 플라스크를 사용하여 미생물의 자연발생설을 부정함. 발효의 원인을 그때까지의 신비주의적인 해석이 아니라 과학적인 인과관계로 설명하는 데 성공함. 여기서부터 병의 원인을 병원균에서 찾았고 세균학이 발달하면서 근대 의학으로 연결되었다. 광견병 백신을 처음으로 만들었으며, 항원항체 반응을 이용한 백신 요법으로 크게 성과를 올렸다.

1822	스위스 국경 쥐라 산악지방의 돌르에서 가죽 무두질 업자의 아들로 태어남.
1838	파리로 이주함(16세).
1843	에콜노르말 입학(21세).
1845	에콜노르말 졸업(23세).
1848	〈분자 구조의 비대칭 연구〉로 영국 왕립학회에서 수여한 럼퍼드 메달을 받음. 디종대학 물리학과 교수(26세).
1849	스트라스부르대학 이학부 교수(27세).
1854	릴대학, 릴과학대학 교수(겸임, 32세).
1856	포도주 부패 방지를 위한 가열살균법 개발.
1857	에콜노르말 부주사에 취임함(35세). 이후 대학 교수직을 그만둠.
1860	백조목 플라스크 실험에 의해 미생물의 자연발생설을 부정함.
1863	포도주 발효에 대한 연구를 통해 포도주 부패균을 발견함.
1865	누에의 전염병 연구를 통해 병에 걸린 누에의 소각법을 개발함.
1868	뇌출혈로 쓰러짐, 반신불수가 됨(46세).
1877	탄저균, 닭 콜레라의 병원균 발견.
1880	예방접종법 개발.
1881	프랑스 과학아카데미 회원이 됨(59세).
1885	광견병 백신 접종에 성공.
1888	국립 파스퇴르 연구소 소장(66세).
1895	사망(73세).

1. 백 번의 설명보다 한 번의 명확한 실험

파리와 같은 고등생물의 자연발생은 17세기 이탈리아의 *레디의 실험에 의해 이미 부정되었다.

그는 고기를 넣은 그릇을 천으로 덮어두면 구더기가 발생하지 않는 것을 실험으로 보여주었고, 구더기의 발생은 파리가 알을 낳아야 한다는 사실을 증명했다.

그러나 이후 '미생물' 의 자연발생 여부는 계속해서 논쟁이 되었다. 이 논쟁에 종지부를 찍은 것이 루이 파스퇴르의 백조목(S자형) 플라스크 실험이다. 1860년의 일이었다.

파스퇴르가 행한 실험은 그림과 같은 것이었다.

첫 번째 것은 백조의 목처럼 구부린 S자 플라스크에 고기즙을 넣은 것이고, 두 번째 것은 S자 모양의 목이 짧은 플라스크이며, 세 번째 것은 보통의 플라스크였다.

세 번째에서는 즉시 고기즙이 부패해서 미생물이 발생했지만, 두 번째 것은 일주일 정도 지나서 부패했으며 첫 번째 것은 2주일이 지나도 부패하지 않았지만, S자 관의 옆으로 물을 집어넣자 부패했다. 마지막으로 여러 개를 준비하여 첫 번째 백조목(S자형) 플라스크 중 하나에서 S자형 관을 자르자 곧 부패가 되면서 미생물이 발생했다.

이러한 일련의 비교 실험에서 미생물 발생의 원인이 공기 중에 떠돌아다니는 '미생물 포자' 이며, 그것이 고기즙에 떨어져서 부패가 일어났다는 인과관계가 분명해졌다. 파스퇴르가 가정했던 '미생물 포자' 는 오늘날에는 부패 박테리아였음이 밝혀졌다.

그런데 미생물의 자연발생을 부정하고 넓은 의미로 생물의 자연발생설을 완전히 잠재운 이 S자형 플라스크 실험이 단순히 시연하기 위

레디
[Redi, Francesco. 1626~1697] 이탈리아의 의사·박물학자·시인. 피렌체대학과 피사대학에서 철학과 의학을 전공하고 잠시 피사에서 병원을 개업하였으나, 1668년 피렌체로 옮겨 토스카나 대공의 시의로 일하면서 피사대학의 교수를 겸임하였다.
1668년 출간된 《곤충에 관한 실험》에서 고기를 천 등으로 씌워 놓고 파리가 알을 낳지 못하게 해두면, 그 고기가 아무리 썩어도 구더기가 발생하지 않는다는 결론을 얻고 자연발생설을 부정하였다.

틴달
[Tyndall, John. 1820~1893]
아일랜드의 물리학·화학자.
1853년 런던왕립학교 자연과학 교수
로 재직하며 패러데이와 친구이자
동료로서 평생 동안 우정을 나눴다.
능숙한 강연자로 때로는 마치 공연
을 앞둔 배우처럼 강연을 연습하였
다고 한다. 기체를 통한 열의 복사
등에 관해 연구를 하여 후에 슈테
판-볼츠만 법칙을 찾아내는 데 크게
기여하였다.

① 2주일이 지나도 고기즙이
부패하지 않았다.

② 1주일 정도에서 고기즙이
부패했다.

③ 금방 고기즙이 부패했다.

백조목 모양의 플라스크 실험(개념도)

한 것이었음은 그다지 잘 알려
지지 않고 있다.

사실 파스퇴르는 그 이전에
여러 번 예비실험을 행했다.
자연발생설을 완전히 부정하
기 위한 결과를 이미 얻었던
것이었다.

파스퇴르는 우선, 고기즙에
먼지를 첨가하면 곰팡이나 박
테리아가 기둥 모양으로 번식
한다는 *틴달의 실험을 스스
로 해봄으로써 확인한 것이다.
이것은 살아있는 생물의 집이
공기 중의 먼지 중에 있다는
생각을 기본으로 한 것으로 틴
달이 실험했던 것이다.

다음에는 고기즙에 먼지가
접촉하지 않도록 고안한 다음
실험을 했다.

고기즙을 넣은 플라스크의 목을 가열하여 좁고 길게 늘여 구부렸
다. 그러자 고기즙과 공기는 차단되지 않지만, 공기 중의 먼지는 좁
고 구부러진 플라스크 머리가 중간에서 차단하기 때문에 고기즙까지
도달할 수 없었다.

결과는 예상한 바대로 고기즙이 부패되지 않았다.

그런데 이 좁고 구부러진 플라스크 머리의 목 부분을 절단하자 금

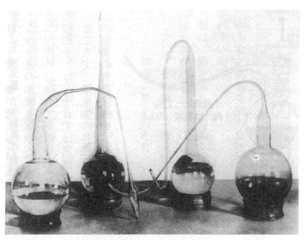

파스퇴르가 실제 사용했던 플라스크

뒤마

[Dumas, Jean-Baptiste Andr.
1800~1884]
프랑스의 화학자.
1832년 에콜 폴리테크니크에 프랑
스 최초의 학생 실험실을 설치하였
으며 1841년 소르본대학 교수가 되
었다. 주요 업적으로는 1818년 해면
의 재 속에서 요오드를 발견하고 이
것을 갑상선종의 치료약으로 쓸 수
있다는 것을 알아냈으며, 1826년에
원자량 결정을 위하여 요오드·수은
등의 증기밀도측정법을 고안하였고,
1833년에는 질소의 정량분석법을
개척하였다. 또한 1820년부터 시작
하여 약 30개 원소의 원자량을 결정
했다.
뛰어난 글솜씨로 많은 논저를 냈으
며, 대작인 《화학교과서》(전8권,
1828~1848)가 있다.

방 부패가 일어나기 시작했다.

이와 같은 실험을 몇 번이고 반복해서 미리 확신을 가진 결과를 얻
었고 그 근거를 확인해 두었으므로, 여러 사람을 설득하기 위해 시
연 효과가 있는 백조목 플라스크 실험을 했던 것이다.

파스퇴르의 시연 실험은 훌륭한 것이었다. 그는 주도면밀하게 준비
된 하나 하나의 실험과 그것에 대한 설명을 프랑스 과학계의 중심인
물이며 더욱이 에콜노르말 시절의 은사였던 *뒤마와 그 조사위원 앞
에서 완벽하게 수행하여 자연발생설을 완전히 부정했고, 모든 이들
을 이해시켰던 것이다.

은사인 뒤마는 제자의 훌륭한 시범에 최대의 찬사를 보냈다.

이후에도 파스퇴르는 과학계 또는 일반인들을 설득하는 기법으
로서 '백 번의 설명보다는 명확한 한 번의 시연 실험'을 계속했다
고 한다.

이후 유럽의 대학에서는 실험 조수를 붙인 '빅 렉처(big lecture)'가
대학교육의 정석이 되었다.

2. 생물학이 아닌 화학에서 본 견해

그런데 이 백조목 실험은 오늘날의 견지에서 보면 우스꽝스러울 정도로 간단한 실험이다. 이와 같은 실험을 당시 정말로 어느 한 사람도 생각하지 못했던 것일까?

오늘날의 입장에서 보면 아주 단순한 실험이라는 생각이 들 것이다. 그러나 1860년 당시의 학문 수준을 고려하면 그렇게 간단히 실행할 수 있는 분명한 실험은 아니었다.

무엇보다도 당시의 의학이나 생물학은 놀랄 정도로 마술적이었다. 과학자나 일반인을 불문하고 모두가 신비주의에 빠져 있었다.

장구벌레가 물 속에서 저절로 생겼고, 보리 짚에서 쥐가 발생했다고 발표하는 과학자도 있었고 사람도 식물로 합성할 수 있다는 주장을 하는 이도 있었다.

'자연발생설'은 당시 과학계에 만연하고 있었으며 하나의 '권위'였다. 여기에 다른 주장을 하는 연구자에게는 실제로 제재가 가해지기도 했던 것이다. 파스퇴르의 백조목 실험은 이러한 의미에서 상당히 '위험'한 실험이기도 했다.

그렇다면 파스퇴르는 어떻게 자연발생설에 대해서 자신을 가지고 부정할 수 있었을까?

그것은 그가 본래 생물학자가 아니었고 물질의 반응을 잘 알고 있는 화학자였으며, 물리에도 강한 논리적인 사람이었기 때문이었다.

화학에서는 결과가 있다면 반드시 원인이 있다. 무엇이든 자연에서 저절로 발생하는 것은 절대로 없다. 화학 반응식이라면, 좌변(원인, 원료)이 있으면 반드시 우변(결과, 생성물)이 있는 것이다.

파스퇴르는 백조목 실험을 하기 전인 1856년 릴대학 교수였을 때,

그 지역 산업체의 요청으로 포도주의 부패(산이 되는 것) 문제를 연구하게 되었다.

포도주가 부패하는 원인을 찾아내고 대책을 강구하는 연구였지만, 그는 젖산효모의 존재를 발견했고 그 균을 원인으로 부패가 일어나는 인과관계를 확인했다.

또 그 대책으로서 부패를 일으키는 유산효모가 열에 약한 점을 이용해서 그것만 죽이는 저온살균법을 개발했으며, 그 지역의 기업을 구해냈다. 이 저온살균법은 약 50℃에서 1분간 가열하는 것으로 '파스퇴르법'이라 명명되어 오늘날에도 사용된다.

젖산효모균을 연구하기 전에는, 당이 알코올로 변질하는 과정에서 무엇이 관계되고 있는지를 찾았고 훌륭하게도 효모균(알코올 생성 효모)을 발견했다. 그 응용으로 포도주의 부패 원인도 그것을 일으키는 균이 작용한 것임을 추론하여 젖산효모까지 발견했던 것이다.

그는 이와 같이 실제의 화학(발효학) 연구에서 어떤 일이든지 반드시 인과관계가 있다는 보편적인 자연관을 확립했으므로, 미생물의 발생에도 반드시 원인이 있다고 생각하는 것이 가능했다.

그러므로 고기즙 부패의 원인이 공기 중의 부패 박테리아에 있음을 밝혀내고, 멀리 고대부터 믿어 온 생물의 자연발생설을 완전히 타파할 수 있었다.

3. 원인도 모르고 만든 광견병 백신

파스퇴르는 역사상 광견병 백신의 발명자로 유명하다.

광견병은 광견병 바이러스에 의해서 사람이나 가축에게 걸리는 전

제너
[Jenner, Edward.
1749~1823]
영국의 의학자 · 우두접종법의 발견
자.
주요 저서로 《우두의 원인과 효과에
관한 연구》(1798)가 있다.

염병으로 중추신경이 마비되며 거의 100퍼센트 죽는 공포의 병이
다. 이것은 광견병에 걸린 개 등에 물리면 걸린다.

당시는 개에게 물리면, 몸의 실체가 변하고 결국 생명체가 변질된
다고 알려져 있었다. 이것은 생물의 자연발생설의 변형이며 전형적
인 신비주의적 병리설이다.

파스퇴르가 대단한 것은, 19세기 후반에는 아직 광견병의 원인인
바이러스를 발견할 수 없었는데 그는 원인이 무엇인지도 모른 채, 즉
병원체가 무엇인지 확인되지 않았던 상황에서 광견병 백신을 만들었
다는 것이다(바이러스를 볼 수 있었던 것은, 1932년 독일의 크놀과
루스카에 의해 전자현미경이 발명되면서부터였다).

이미 아는 바와 같이 백신이란 생물체의 항원항체 반응(면역 반응)
을 이용해서 병을 예방하거나 치료하는 것이다.

예를 들면, 앞에서 독성을 약하게 하거나 또는 불활성화시킨 세균
이나 바이러스를 항원으로 접종하면 그 세균이나 바이러스에 대한
특정 항체가 몸 안에 만들어져서, 실제 병원체가 침입했을 때 물리칠
수 있다.

백신 면역 요법에 있어서는, 파스퇴르보다 반세기 먼저 *제너의 종
두가 있다. 파스퇴르는 이 면역 요법을 모든 일반 병원체에 적용시킬
수 있다고 확신했던 것이다. 그렇기에 소아마비, 독감, 황열병 등 병
원체가 발견되지 않은 병도 반드시 병원체가 있다고 믿었으며 백신
을 만들 가능성을 시사했다. 그러던 중 실제로 광견병 백신 제조에
성공한 것이었다.

실제의 백신은 광견병에 감염한 환자들로부터 채취한 미지의 병원
체를 토끼의 척추에 이식시키고 그것을 건조시켜서 만들었다. 그것
은 실제의 광견병 바이러스보다 약한 독성을 가졌으며 광견에 물려

서 잠복기에 있는 동안에 주사하면 항체가 생기므로 본래의 광견병 바이러스를 죽이는 장치가 되었다.

결국 제너의 종두법(1796년)은 종이 다른 병원체를 이용하는 방법이었지만(우두 바이러스의 항체로 천연두의 바이러스를 죽인다), 파스퇴르가 한 방법은 진짜 병원체의 독성을 약하게 한 것을 접종하는 것으로, 인체에 강제적으로 항체를 만들게 하고 그것으로 침입한 바이러스를 죽이는 방법이었다.

이렇게 만든 광견병 백신을 접종한 환자는 극적으로 회복했고, 파스퇴르는 구세주가 되었다.

파스퇴르는 이 광견병 백신을 시작으로 수많은 의학적 연구를 통해 '병에는 반드시 원인이 있다'는 오늘날의 상식이자 과학적인 사고를 확립했다. 중세로부터의 신비주의와 드디어 결별할 수 있게 된 것이다.

노구치는 보이지 않는 황열병 바이러스에 쓰러졌다. 반면에 파스퇴르는 보이지 않는 광견병 바이러스의 백신을 만들었다.

이 두 사례의 차이는 어디에서 온 것일까?

노구치는 광학현미경을 고집한 나머지 병원체의 발견을 최우선으로 하는 연구 방법을 끝까지 믿었고 의심하지 않았다. 이에 대해서 파스퇴르는 원인이 있으면 결과가 있다는 인과관계에 중점을 두었다. 그래서 병원체가 보일 가능성이 없지만 방법 자체는 변하지 않는다는 확신을 기초로 광견병 백신을 만들었고 바이러스에 의한 면역학을 확립한 것이다.

여기에서 서양과 동양의 과학 연구 방법의 차이를 볼 수 있다. 과학에서 가장 중요한 것은 개개의 사실보다 과학적인 방법이나 사고 방식에 있다. 이 과학철학의 유무에 따라 같은 바이러스학이나 면역 요

사르트르
[Sartre, Jean-Paul.
1905~1980]
프랑스의 작가 · 사상가.
1938년에는 소설 《구토》가 간행되
었는데, 존재론적인 우연성의 체험
을 그대로 기술한 듯한 이 작품의 특
수성은 세상의 주목을 끌어 신진작
가로서의 기반을 확보하게 되었다.
주요 저서로 《존재와 무》(1943)가
있으며 1964년 노벨 문학상 수상을
거부하였다.

메를로 퐁티
[Merleau-Ponty, Maurice.
1908~1961]
프랑스의 철학자.
1945년 리옹, 1949년 소르본대학
을 거쳐 1952년에 콜레주 드 프랑
스의 철학교수가 되었다. 사르트르,
보부아르 등과 더불어 무신론적 실
존주의의 대표적 이론가.

보부아르
[Beauvoir, Simone de.
1908~1986]
프랑스의 소설가 · 사상가.
사르트르의 영향을 받아 실존주의
철학을 익혔으며, 이를 사상과 행동
의 기조로 삼았다.
집요한 논리 추구와 사상과 행동의
일치를 위한 끊임없는 노력이 그녀
의 문학활동의 정신적인 지주가 되
었다.

법에 대해서도, 노구치는 병원체를 발견하지 못하고 실패했지만 파
스퇴르는 병원체를 발견하지 못했음에도 성공했던 것이다.

오늘날에도 과학 연구나 과학 교육은 너무 사실에만 구애되어 가장
중요한 과학적 사고법이나 과학철학이 부족하며, 노력한 만큼 성과
를 올리지 못하는 면이 있다. 이 노구치와 파스퇴르의 비교는 우리에
게 많은 교훈을 주고 있다.

4. 뇌출혈로 인한 반신불수

파스퇴르가 대학을 나와서 처음으로 부임했던 곳은 프랑스의 지방
대학인 디종대학이었다. 그는 이 대학에 물리학 교수로 초빙되었다.

화학이나 의학 분야에서 많은 업적을 쌓은 파스퇴르가 물리학 교수
로서 학자 인생을 시작한 것을 의외라고 생각할지 모르지만, 이 무렵
물리학은 오늘날과 같은 이론물리학이 아니라 일반과학에 아주 가까
운 물리학이었다.

파스퇴르가 졸업한 학과는 에콜노르말의 화학과였지만 전공한 것
은 '일반과학'이었다. 에콜노르말은 중학교, 고등학교, 또는 대학
의 일반 교양을 담당할 교사를 양성하는 대학으로, 프랑스에서는 저
널리스트나 문단에 입문하는 통로로 생각되고 있으며, *사르트르나
*메를로 퐁티, *보부아르 등도 이 대학의 졸업생이다.

파스퇴르 역시 이 에콜노르말에서 폭넓은 교양을 몸에 익혀 과학철
학의 부산물과 같은 그의 연구방법을 확립시키는 데 밑거름이 되게
하였다.

파스퇴르는 디종대학을 시작으로 해서 스트라스부르대학, 릴대학,

릴과학대학 등 지방 대학을 돌았다. 당시 직위는 대체로 물리학이나 박물학의 교수였다.

지방 대학에서 가르치고 있을 때면, 그 지역의 사장들이 상담을 받기 위해 찾아오는 경우가 많았다.

성실했던 그는 대학에서 배우고 가르칠 이론이 실제로 역할을 하는 '실학'이지 않으면 안 된다는 신념에서 문제 해결에 최선을 다했다.

가장 많은 상담은 프랑스라는 토지의 특성이나 농업에 관한 것이었고, 포도주의 부패나 누에의 병에 관한 문제 등도 있었다. 파스퇴르는 그러한 문제들을 훌륭하게 해결하면서 결과적으로 위대한 발견을 하게 된 것이다. 파스퇴르의 업적에는 이처럼 '수많은 상담' 끝에 결실을 맺은 것이 많다.

파스퇴르의 생애를 일관했던 실학주의는 실제로 수많은 업적으로 연결되었다. 코흐에 의해서 시작된 병리학과 면역학의 선구자가 되었으며 국민들의 존경을 받았다.

그가 집중적으로 존경을 받았던 이유로 또 한 가지가 있다.

파스퇴르는 1868년 46살이었을 때 뇌출혈로 쓰러져 반신불수가 되었다. 아마도 연일 계속된 연구로 인한 과로때문이었다고 생각된다. 그러나 연구에 대한 정열은 전혀 줄어들지 않았으며 탄저 병원균 발견, 닭 콜레라 병원균의 발견, 가축에 대한 예방접종법 확립으로 이어지는 업적을 세웠다. 그리고 유명한 광견병 백신을 만든 것도 반신불수가 된 다음인 63살 때의 일이었다.

만년에는 그의 이름을 딴 파스퇴르 연구소가 설립되었는데, 그 낙성식에서 다음과 같은 말을 한 것이 유명하다.

"과학에는 국경이 없지만, 과학자에게는 조국이 있다."

5. 평범했지만 그림을 잘 그렸던 소년

파스퇴르가 천재 소년이었다는 이야기는 남아 있지 않다. 그는 스위스 국경의 산기슭에 넓은 밭이 있는 돌르에서 한가하게 자랐으며, 천재라고 할 만한 부분은 없었다. 다만 위인의 배경에는 반드시 위대한 어머니나 아버지가 있는 것처럼, 그에게도 부지런한 아버지와 마음씨 고운 어머니가 있었다.

아버지는 무두질 업자였지만 나폴레옹 시대의 훈장을 받은 병사였으며, 노령에도 공부를 게을리하지 않았던 것이 소년 파스퇴르에게 열심히 공부하도록 영향을 주었다. 연구자가 되어 대성한 파스퇴르에게 학술적인 내용의 편지를 쓸 정도로 공부를 열심히 하는 사람이었다.

어머니는 부지런하고 아름다웠다. 파스퇴르가 평생 연구하고 인류를 위해 헌신적으로 노력할 수 있었던 것은 바로 양친의 행동에서 감화를 받으며 자랐기 때문이었다.

소년 시절 파스퇴르가 보인 유일한 재능은 그림 그리기였다. 그 중에서도 특히 파스텔화가 특기였다. 그는 정물, 풍경, 인물 등을 모두 좋아해서 자주 그렸는데, 파스퇴르의 묘사력이 뛰어났다는 사실을 보여주는 이야기가 있다.

그는 어머니를 즐겨 스케치했는데, 그가 그린 어머니의 데생은 실물과 거의 같았다. 어느 날 그녀를 처음 만나게 된 사람이 그 그림을 가지고 사람들 가운데서 정확하게 그녀를 찾을 정도였다고 한다.

물리학이나 화학에서의 독창적인 능력과 예술적 재능과의 상관성 여부는 자세한 통계조사가 필요할 것이지만, 일반적으로 저명한 과학자 중에는 그림이나 음악에 재능을 보이는 사람이 의외로 많았다.

유카와는 노래를 잘 불렀고 서예도 명인 수준이었으며, 아인슈타인의 바이올린은 프로 수준이었다.

또 반대로 음악가가 수학의 학위를 가진 예도 있다. 스위스 로망드 관현악단의 안세르메는 원래 수학자였다. 또한 벤젠 고리의 육각 구조를 발견했던 *케쿨레는 원래 전공이 건축학이었다. 그의 스케치 실력은 화학자로서 대단히 뛰어났는데, 그것이 벤젠 고리의 이미지 창출로 연결되었을지도 모른다.

이와 같이 미적 · 예술적 능력과 과학자와 같은 독창적인 일을 생업으로 하는 사람의 지적 능력은 서로 관계가 있는 것처럼 보인다.

파스퇴르의 그림 재능은 그의 특기였던 시범 실험에서 흑백을 분명하게 가르는 이미지주의와도 연결되었다고 생각된다. 비할 수 없는 그의 직관력은 좋아하는 그림을 통해서 길러졌으며, 대상을 잘 관찰하는 능력을 토대로 한 것임에 틀림없다.

케쿨레
[Friedrich August Kekul(Kekule) von Stradonitz. 1829~1896] 독일의 유기화학자. 탄소원자의 연쇄설(1858)과 벤젠의 고리구조론(1865)을 제시했으며, 모든 화합물의 상호관계 · 분류 · 계통을 화학구조로 조직화하는 데 성공하였다.

과학자가 남긴 한마디

> 과학에는 국경이 없지만, 과학자에게는 조국이 있다.

그 밖의 이야기들

스스로 목숨을 끊은 늙은 수위
파리가 나치 독일에 점령되었던 1940년, 파스퇴르 연구소의 직원인 늙은 수위가 스스로 목숨을 끊었다. 파스퇴르 묘를 열 것을 강요하는 나치에게 무언으로 저항한 65살의 이 늙은 수위는 55년 전, 파스퇴르에게서 최초로 광견병 백신을 접종받아 목숨을 구한 조제프 소년이었다.

미친 개와 싸운 소년
파스퇴르 연구소 정원에는 소년이 미친 개와 싸우는 모습을 한 동상이 있다. 이 소년의 모델은 조제프 다음에 광견병 백신을 접종하여 생명을 건진 소년 쥬피유이다.

라이트 형제

미국의 기술자, 발명가

업적 · 동력 비행기 발명

Wright brothers (월버 1867~1912, 오빌 1871~1948)

형 월버와 동생 오빌은 4살 차이가 난다. 형제가 함께 자전거 제조 판매업을 경영하면서, 하늘을 나는 데에 흥미를 가지고 글라이더를 기초로 동력비행기 개발에 착수했다. 1903년 12월 17일, 노스 캐롤라이나 주 키티호크에서 '플라이어 1호'로 인류 최초의 유인동력비행에 성공했다. 비행거리는 36m였다. (사진 왼쪽이 형)

1867	형 윌버 인디애나 주 밀빌에서 태어남. 아버지는 목사.
1871	동생 오빌 오하이오 주 데이턴에서 태어남.
1892	고등학교 졸업 후 형제가 자전거 가게를 경영.
1899	스미스소니언 연구소 랭글리로부터 비행기 관계의 문헌을 입수하여 연구하기 시작함.
1901	세계 최초의 풍동 실험.
1903	12월 17일, 플라이어 1호가 키티호크 해안에서 인류 최초로 동력 비행(36m)에 성공함.
	(형은 36세, 동생은 32세).
1905	플라이어 2호로 39km 비행 성공.
1907	미 육군이 라이트 비행기의 특허를 채용함.
1908	형 윌버가 프랑스로 공개 비행 여행, 라이트 A형으로 2시간 20분(145km) 비행에 성공.
1909	형제가 아메리칸 라이트 비행기 제조회사 설립, 미국 육군과 제조 계약,
	뉴욕의 허드슨 강 상공을 곡예 비행함. 미 정부가 라이트 비행기 특허를 프랑스에 매각함.
	이 해 프랑스 과학아카데미로부터 금메달을 받음.
1912	형 윌버 사망(45세).
1917	동생 오빌, 영국 왕립기술학회로부터 앨버트 메달을 받음.
1918	라이트 항공연구소 설립.
1948	동생 오빌 사망(77세).

1. 글라이더에서 출발한 형제의 비행기 제조

본격적인 동력 비행기의 발상은 윌버와 오빌의 라이트 형제가 아니라 스미스소니언 연구소의 교수였던 *랭글리가 처음이었다.

그는 기술자이자 건축가 겸 천문학자로서 여러 대학에서 천문학 교수를 역임했으며 마지막으로 스미스소니언 연구소 교수가 된 사람으로, 동력비행기 개발의 첫 번째 성공자가 될 것을 노렸다.

랭글리는 이론가였는데, 앞뒤로 배치한 두 장의 주날개를 가진 모형비행기를 만들고 그것을 확대하여 동력을 실으면 성공할 것이라고 확신했다.

이 고무동력을 한 모형은 확실히 잘 날았다. 최고 2시간이나 난 적도 있었다.

1903년 라이트 형제가 첫 비행에 성공하기 9일 전에 랭글리는 포토맥 강에서 동력기 에어로드롬 호의 시범비행을 시도했다.

모형은 그대로이고 크기만 확대한 비행기 몸체에 소형 증기기관으로 돌아가는 프로펠러를 장치했다. 포트맥 강 위에 설치한 활주대를 출발했지만 결과는 무참했다. 출발하자마자 바로 곤두박질쳐 추락한 것이었다.

모형을 확대한 비행기 몸체에서 날개의 강도는 상대적으로 약했고 또한 동력으로 탑재했던 증기기관은 너무 무거웠다. 출발하자마자 비행기는 앞날개가 부서졌고 전혀 활공하지 못한 채 곧 강으로 떨어지고 말았다. 이로 인해 랭글리는 비웃음을 샀으며 고액의 세금을 낭비했다는 비난을 받았다.

재료의 강도에 관해서는 갈릴레이 시대부터 '세제곱의 법칙'이라는 것이 있다. 물체의 치수가 확대되는 것에 상응한 강도를 얻으려면

랭글리

[Langley, Samuel Pierpont. 1834~1906]
미국의 천문학자 · 항공기술자.
1851년 보스턴전문학교를 졸업한 후 시카고에서 토목건축업에 종사하다가 1865년 하버드천문대 조수로 기용되었다. 1866년 해군사관학교 수학 교관을 거쳐 1867년 펜실베이니아주의 알레게니천문대 대장, 웨스턴(현 피츠버그)대학 물리학 · 천문학 교수가 되었다.
만년에는 항공에 관심을 가져 1896년 원동기에 의한 무인비행기의 시험비행을 실시, 성공하였다. 이는 이 분야에서의 첫 성공으로 항공기 개발에 큰 힘이 되었다.

릴리엔탈

[Lilienthal, Otto. 1848~1896]
독일 항공의 개척자.
동생인 구스타프(1849~1933)와
함께 소년시절부터 새의 비상을 관
찰한 일화는 유명하다. 1870년에
프로이센-프랑스전쟁에 종군하였고,
그 후 구스타프와 새의 비상을 역학
적으로 연구, 1889년《비행술의 기
초로서의 새의 비상》이라는 저서를
발표하였다. 베를린 직업학교 졸업
후, 새의 비상 관찰을 기초로 하여,
1877년 첫 글라이더를 시험제작,
1891년 처음으로 사람이 탈 수 있는
글라이더를 개발하여 행글라이더 시
대를 열었다.

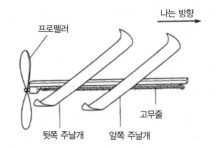

랭글리의 모형비행기 개략도

힘이 걸리는 부분의 크기는 부피의 곱(길이의 세제곱)으로 할 필요가 있다.

랭글리 역시 세제곱의 법칙을 알고 있었지만 실제로 글라이더를 탄 경험이 없었으므로, 실물에서 힘이 어디에 걸리는지 알지 못했다. 그 때문에 더하거나 빼지 않았으므로, 비행기 전체는 무거워졌고 오히려 중요한 곳을 약하게 한 비행기를 만들고 말았다.

라이트 형제가 성공한 요인은 모형비행기가 아니라 실물의 글라이더에서 출발한 것에 있었다.

1890년대에 유럽 각지에서는 전문적으로 글라이더 타는 기술을 겨루는 경쟁이 있었다. 그 중에서 뛰어났던 인물이 독일의 *릴리엔탈이었다.

그는 1890년부터 1896년 사이에 2000번 이상 비행하였으며 최고 250m를 날아간 적도 있다. 그때의 경험과 결과를《비행술의 기초로서의 새의 비상》이라는 책으로 정리하여 출간했다.

1896년에 릴리엔날은 어떤 이유였는지는 모르지만 방어틀을 장치하지 않은 새로운 글라이더 시험 비행 중에 추락하여 사망했지만, 라이트 형제는 이 책을 읽고 감동을 받았다. 그리고 릴리엔탈의 실패를 분석하여 진짜 동력으로 날 수 있는 비행기를 실현시키는 것을 인생의 목적으로 정했다. 레오나르도 다 빈치 이후 인류의 꿈, 하늘을 자유롭게 날아다니는 꿈을 실현할 것을 결의했던 것이다.

그들은 릴리엔탈의 글라이더를 복엽 글라이더로 개량해서 활공

기술을 익히고 1900년부터 1902년까지 1,000번 이상의 비행을 시도했다.

1903년 12월 17일, 라이트 형제는 드디어 동력비행기의 첫 비행에 성공한다. 이 성공은 동생 오빌의 탁월한 조종기술이 큰 역할을 했다.

당시에는 랭글리 이외에 *맥심 등도 동력비행기 연구에 매진하고 있었지만, 그들은 글라이더에서부터 시작하는 것을 경시하고 있었다.

동력비행의 성공에는 가장 먼저 불안정한 대기 속에서 안정하게 균형을 잡는 것과 공중에 머무를 수 있는 양력을 연구할 필요가 있다. 그럼에도 불구하고 그들은 먼저 동력을 완성했고 그것을 머리로만 생각하여(실제로 난다는 것인데도) 비행기 몸체에 장치했다. 그들의 비행기가 마지막까지 날지 못했음은 말할 필요도 없었다.

오늘날에도 안정된 글라이더의 설계는 동력기의 설계보다 어렵다고 한다. 동력기는 동력의 힘을 빌려서 양력을 내는 것이지만 글라이더는 그야말로 균형을 유지함으로써 날지 않으면 안 된다. 글라이더가 제대로 되면 나중에 엔진을 장착하여 나는 것도 쉽다.

글라이더에서부터 출발한 라이트 형제의 동력비행기 제조 방향은 매우 적절했다고 할 수 있다.

맥심
[Maxim, Hiram Stevens.
1840~1916]
미국의 발명가.
총탄을 발사할 때의 반동을 이용하여 연속적으로 자동장전되는 근대기관총을 완성하였다. 맥심이 발명한 기관총은 각국에서 제조되어 전세계에 보급되었다. 그 때문에 그를 '기관총의 아버지'라고 한다.

2. 공중으로 날아오른 자전거

운명의 1903년 12월 17일 오전 10시, 동생 오빌이 탄 '플라이어 1호'는 노스 캐롤라이나 주 키티호크 해안을 날아올랐다. 체공 시간은 12초, 거리는 36m에 불과했지만 인류 최초로 동력비행에 성공한 순간이었다.

1903년 12월 17일 첫 비행에 성공했던 라이트 형제

플라이어 1호는 이날 네 번째 비행에서 체공 시간과 거리를 59초와 260m로 확대했다. 1호를 개량한 2호는 1904년 말에 체공 시간 5분으로 이동 거리 5km, 1905년 10월에는 39km로, 1908년에 형 윌버가 프랑스에서의 시험 비행에서 당당히 1시간 14분, 그 해 마지막 시도에서는 2시간 20분으로 145km를 날았다.

짧은 시간 동안 발전을 거듭한 플라이어의 기체는 본질적으로 우수했으며 비행원리에 합치된 완전한 것이었다.

이 위대한 인류 최초의 동력비행기가 가는 곳마다 성공할 수 있었던 것은 사실 자전거 기술 덕분이었다. 라이트 형제는 원래 자전거 가게를 운영했다.

1892년 두 사람은 공동으로 자전거를 제조, 판매, 수리하는 일을 시작했다. 4살 위인 형 윌버는 소극적이어서 정리하는 역을 맡은 것에 비하여 동생 오빌은 재기 넘치고 사교적이었다. 두 사람의 자전거 사업은 상당한 성공을 거두었다.

그러나 두 사람은 하늘을 난다는 부푼 꿈을 가지고 연구에 연구를 거듭하여 이와 같이 위대한 업적을 이루었던 것이다.

플라이어 비행기에는 자전거의 기술이 많이 도입되었다. 비행기 몸체의 프레임도 자전거와 같았고 자전거 제작에서 얻은 경험이 구석구석에 살아있었다. 또한 나중에 개발된 플라이어 호는, 이착륙용으로 처음에 장치한 썰매형을 개조하여 자전거의 바퀴를 연결했을 정도였다.

동력비행에 성공한 이후부터 형제는 자전거 사업을 정리하고 비행기 제조회사를 세웠다.

3. 새의 비트는 날개에서 얻은 힌트

당시 최초의 동력비행 성공을 목표로 했던 사람들은 라이트 형제나 랭글리뿐만이 아니었다. 유럽, 특히 프랑스의 기술자들도 경쟁 상대였다.

오히려 프랑스 쪽이 기술적으로는 앞서 있었는데, 항공기 연구 분야에서 완전히 후진국이었던 미국의 라이트 형제가 첫 비행에 성공했다는 소식에 당초 프랑스의 기술자들은 자신들의 귀를 의심했다.

그러나 형 윌버가 1908년에 프랑스로 가 현지에서 실제로 보여준 '플라이어 2호'의 2시간 20분, 145km가 넘는 비행을 보자 완전히 머리를 숙였다.

이때 프랑스 기술자들이 놀랐던 것은 그 비행 시간이나 거리뿐만 아니라 비행기를 안정하게 선회시키는 성능이었다.

수평비행 중에는 글라이더에 난류가 잘 생기지 않지만, 이륙하거나 선회 비행하는 중에는 난기류가 발생하기 쉽고 이때 생긴 난류에 의해 기체가 매우 불안정해진다. 따라서 이륙할 때의 안정성 유지가 동력비행기 성공을 위한 첫 번째 관문이었다.

새들은 양쪽 날개를 묘하게 비틀어 과대 양력을 피하기도 하고, 또한 반대로 비틀지 않고 날개를 평면으로 해서 양력을 발생시키기도 하여 이러한 불안정성 문제를 극복한다.

비둘기가 비행하는 연속 사진을 보면, 양 날개의 끝을 동체로 향해서 안쪽으로 내밀면서 비트는 듯한 날갯짓을 하여 호버링(공중에 정지해 있는 듯한 상태)을 하다가, 오른쪽 날개 끝을 안쪽으로 내밀면서 비틀고 왼쪽 날개 끝을 바깥쪽으로 가도록 하여 왼쪽으로 선회하는 것을 알 수 있다.

라이트 형제는 그들에게 성경과도 같았던 릴리엔탈의 저서에 나와 있는 새가 비상하는 기술과 기르고 있던 비둘기를 잘 관찰해서 안정된 상태의 비행을 위해 날개를 비틀고 휠 필요가 있다는 사실을 알았다. 그리고 이러한 사실을 재빨리 그들의 비행기 복엽 구조에 채용했다.

여기서 휘어짐이 필요한 이유는 날개란 반드시 유연성이 있어야 공기에 대한 저항성이 약해져서 비행기가 안정되기 때문이다. 새의 경우에는 관절이 있는 뼈와 깃털에서 이러한 유연성이 실현되는 것이다.

또한 중요한 것은 비트는 것인데, 라이트 형제는 엎드려서 타는 조종자 허리의 좌우를 움직임으로써, 주날개를 비틀어지게 했다. 이것으로 기류의 불안정함과 양력의 불균일한 점을 조정하면서 안정되게 날 수 있는 기술을 개발한 것이었다. 그때까지의 비행기 날개로는 이와 같은 양력 조정이 불가능했으므로 한번 기울어지면 그대로 선회하여 추락했기 때문에 자세를 다시 고칠 수 없었다.

첫 비행을 조정한 동생 오빌은 이륙할 때 부지런하게 허리를 움직여서 좌우의 기울기를 조정함으로써 추락을 막고 안정적으로 상승시켰다고 한다.

라이트 형제가 만든 비행기가 성공하게 된 최대 요인은 이와 같은 '비틀 수 있고 휘어지는 날개'에 있었다. 비행기 전체의 프레임은 자전거 기술로 튼튼하게 만들었지만, 주날개는 새의 날개처럼 아주 '부드러운' 것이었다.

오늘날 이 원리는 '보조날개'의 기술로 이어졌다. 불안정한 기류가 있을 때 사용하거나 선회할 때 반드시 필요한 기울임을 만들 때 이용한다. 튼튼한 주날개의 앞부분에서 뒤로 달려있는 날개이다.

선회할 때 사용하는 방향타는, 물론 유럽에서 만들려는 비행기에서도 고려되었지만, 안정 선회에는 이와 같은 비틀어진 날개로 비행기 몸체를 기울인 채 회전할 필요가 있었다.

그것은 라이트 형제가 창안한 독창적인 것이었다. 프랑스 기술자들은 비트는 날개에 대한 착상이 없었으므로 불가능했던 기술이었다.

라이트 형제는 이 비트는 날개의 기술을 최대의 비밀로 했으며 여러 나라의 기자들에게도 감추었다. 그런데 그 비밀이 스승인 *샤누트에 의해 경쟁 상대였던 프랑스로 흘러들어가게 되었다.

샤누트는 프랑스 출생의 토목기사로 라이트 형제에게 초빙된 조언자였으며 라이트 형제에게 복엽기를 가르친 사람이었다.

이 샤누트가 프랑스를 방문했을 때, 라이트 형제와 공동작업으로 알게 되었던 날개의 비밀을 결국 흘려버리고 말았다. 이로 인해 프랑스 항공계에서도 '비트는 날개'에 대해서 알게 되었으며, *블레리

샤누트

[Chanute, Octave.
1832~1910]
프랑스 태생 미국의 항공기술자.
토목기술자로서 철도와 철교 건설에 명성이 있었으나, 1890년대에 비행기에 흥미를 느껴 비행기의 여명기에 많은 공헌을 하였다.
1900년경 라이트 형제와 알게 되어, 그들의 연구에 많은 조언과 도움을 주었다.

블레리오

[Louis Blriot. 1872~1936]

프랑스의 항공기술자.

1907년 처음으로 단엽기를 제작하였고, 1909년 11호기(25마력)를 조종하여 37분의 비행 끝에 최초의 영국해협 횡단에 성공하였다. 후에 항공기의 설계·제작에 종사하고 블레리오 비행기 제조회사를 설립하여 항공계에 크게 이바지하였다.

파르망

[Farman, Maurice. 1877~1964]

프랑스의 항공기술자.

초기 비행술에 공헌하였다. 1908년 형 앙리와 함께 최초로 1km가 넘는 원 궤도 비행을 했고, 파리 근처에서 1.6km를 비행했다.

커티스

[Curtiss, Glenn Hammond. 1878~1930]

미국의 항공기 제작가·비행가.

1908년 자신의 비행기로 미국 최초의 공공비행에 성공하여 사이언티픽 아메리칸 트로피를 획득하였다.

그는 각지에 비행학교를 설립하였으며, 1917년에는 공장을 확장하여 미국은 물론 영국, 러시아에 군용기를 공급하였다.

그의 회사는 라이트사와 특허관계로 법정 소송도 하였으나 후에 커티스-라이트사로 합병하였다.

오, *파르망 등이 재빨리 자기 비행기에 채용하여 비행거리를 늘리기 시작했다.

1909년에는 블레리오의 비행기가 영국해협을 횡단하는 데 성공했다.

4. 랭글리와의 비행기 승부

라이트 형제의 첫 비행 성공이 있기 9일 전, 포토맥 강에서의 공개 비행에 실패한 랭글리는 라이트 형제의 훌륭한 성공을 질투한 나머지 바로 다음에 비행기 승부에 도전했다.

항공공학의 전문가였던 자신의 비행기가 라이트의 비행기보다 훨씬 좋다고 신문 지상에 선언한 공개 비행이었다.

그렇지만 그는 또다시 대중 앞에서 창피를 당했다.

랭글리의 개량은 본질적인 것이 아니었고 모형을 확대한 것이었다. 풍동실험도 하지 않았으며 글라이더 경험도 없이 너무 무거운 엔진을 장착한 비행기로는 성공할 까닭이 없었다. 겉보기에는 튼튼했지만 본질적인 강도가 부족했으므로 무참하게도 이륙 직후에 날개가 부러지고 크게 파손되었다.

랭글리는 결국 자작한 동력기를 성공시키지 못한 채 실의에 빠져 지내다 1906년에 사망했다.

다만 1914년에 미국의 비행가 *커티스가 실패한 랭글리 비행기를 개량해서 강력한 엔진을 달고 비행하는 데 성공했다. 그러나 그것도 라이트 형제의 발명을 여러가지 도용한 것이었다.

그런데 랭글리의 후계자들과 스미스소니언 협회는 이 성공을 확대

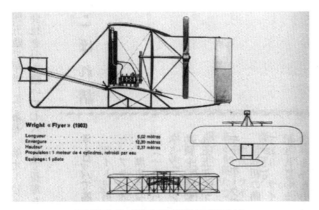

1903년에 첫 비행에 성공했던 플라이어 1호

해석했다. 1903년의 랭글리가 제작한 비행기도 같은 것이었으며, 그렇기에 첫 비행의 성공은 랭글리이며 라이트 형제는 그것을 가로챈 것이라고 신문을 통해서 중상모략을 했다. 아무리 보아도 미국 최고 연구소의 학자들로서는 생각지도 못할 추태를 저지른 셈이다.

권위 있는 대연구소의 학자들이 한갓 기술자에 지나지 않는 라이트 형제에게 준 사회적 압력은 상당한 것이었다. 미국에서 라이트 형제를 첫 동력 비행의 성공자로 정식 인정한 것은 양자의 소송이 화해된 1940년 이후의 일이었다.

형 윌버가 1912년 45살의 나이로 일찍 죽었던 것도 스미스소니언 협회와의 치열한 특허소송에 휩싸였고 거기서 심적 부담을 받았기 때문이라고 한다.

그런데 라이트 형제에 대한 랭글리의 증오심은 엉뚱한 데에서부터 시작되었다.

1899년 비행기에 흥미를 가지고 있던 형 윌버는 전문적인 공부를 위해 스미스소니언 연구소에서 책을 찾고 있었다. 거기에는 랭글리의 《기체역학의 실험》, 샤누트의 《비행기계의 진보》, 릴리엔탈의 논문 등 당시 입수할 수 있는 비행 관련 문헌이 모두 갖추어져 있었다. 라이트 형제는 동력비행과 기체역학에 관한 사항을 문의했고 이때 친절하게 상담을 해준 사람이 랭글리였다.

랭글리는 "제대로 배우지 못한 녀석이 동력비행과 같은 일을 해낼 리 없다"고 무시했지만, 계몽하는 차원에서 항공공학에 관한 여러가지 내용을 친절하게 가르쳐주었다.

그러한 인연이 일개의 자전거 가게 운영자였던 형제에게 완전히 패배한 결과로 이어졌으니 그에 대한 한이 클 수밖에 없었다.

젊은 라이트 형제는 랭글리에 대해 처음에는 감사의 마음을 가졌지만, 자신들의 독창적인 권리에 대해서는 강하게 주장했다. 동력비행을 처음으로 성공한 사람이 랭글리라고 말하는 것을 결코 용납하지 않았다. '가르쳐 주었음에도 불구하고'라고 생각한 랭글리의 분노는 상당한 것이었다.

그러나 어느 누가 보아도 라이트 형제와 랭글리의 비행 실력차는 분명한 것이었다. 동생 오빌의 조종 비행을 본 미국 국민도, 형 윌버의 조종 비행을 본 유럽의 국민도, 1908년 라이트 형제의 미국 국내와 유럽에서 동시에 공개한 비행의 대성공을 보고 라이트 형제에게 승리의 손을 들어주었다.

라이트 형제의 기술에서 본질적으로 뛰어난 점은, 이론가인 랭글리처럼 유체 역학 등을 몰랐어도 실제로 하늘을 날았다는 것에 있다.

오늘날은 과학 원리의 응용에서 개발되는 '과학기술'과 달리, 라이트 형제가 살았던 시대처럼 기술이 창출되던 시기에는 시행착오를 통해서 얻는 경우가 많았다. 이론보다도 뛰어난 기술적인 아이디어가 승리한 셈이다.

5. 자전거에서 벗어나지 못한 발상

라이트 형제의 비행기에는 두 개의 수수께끼가 있다.

그것은 라이트가 만든 비행기에 항상 붙어 있던 앞날개와 체인드라이브였다. 앞날개는 이른바 승강타였으며 체인드라이브는 엔진에서 프로펠러로 연결되는 구동 계통이었다.

이것들이 수수께끼인 이유는 이 두 가지 기술이 실제적으로 효율이 좋지 않은 부자연스러운 기술이기 때문이었다.

앞날개는 주날개의 앞부분에 장애물을 설치한 꼴이 되며 난류가 발생되기 쉬우므로 비행이 불안정해진다. 그러므로 오늘날의 비행기는 모두 뒷날개의 승강타형으로 개량되었다.

체인드라이브는 동력을 전달하는 데 생기는 마찰로 손실이 크며 힘도 전달하기 어렵다. 또 체인이 자주 빠지거나 끊어진다. 그러므로 글라이더와 같이 저출력의 엔진을 장착하면 큰 문제는 없지만 더 빠르고 큰 비행기를 만들기에는 역부족이었다.

라이트 형제가 만든 비행기로는 1903년의 역사적 '플라이어 1호' 이외에 비행거리 5km를 실현했던 1904년의 '플라이어 2호', 1905년의 '플라이어 3호', 아메리칸 라이트 비행기 제조회사 설립 이후 1909년의 '스탠더드 라이트 A호', 그때까지의 썰매형에서 바퀴를 장착한 1910년의 '모델 V8호', '모델 R', 1911년의 '모델 EX' 등이 있다.

모델 V8, 모델 R과 모델 EX에서는 앞에 이야기한 앞날개를 없앴고 주날개와 꼬리날개가 있는 오늘날의 모양으로 변했지만 체인드라이브는 끝까지 계속되었다.

이것은 어떤 의미를 가질까?

라이트 형제의 비행기 제조공장 내부 모습

이 두 가지 기술을 잘 살펴보면, 앞날개는 '방향타가 앞에' 있는 것이며, 체인드라이브는 '동력 전달은 체인' 이라는 것이다. 본래 자전거점을 경영했던 형제는 마지막까지 자전거 중심의 발상에서 벗어나지 못했던 것이다.

라이트 형제는 누가 뭐라고 해도 세계 최초로 동력비행기로 하늘을 날았다. 그러나 앞에 서술한 바와 같이 이상한 집착으로 인해 기술적으로는 점차 퇴보하게 된다. '비트는 날개'를 빨리 받아들였던 블레리오나 파르망 등 프랑스의 비행기술에 선수를 빼앗기고 말았다.

블레리오 등의 비행기는 전방에 에너지 손실이 없도록 엔진을 프로펠러에 직접 연결되도록 배치했고 이착륙에는 차륜을 사용했으며, 주날개를 앞으로 꼬리 날개(방향타, 승강타)를 뒤로 배치하여 지극히 자연적인 스타일로 실용성을 높였다. 이것은 순식간에 라이트의 비행기를 시대에 뒤떨어진 것으로 만들었다.

발명과 기술의 세계에서는 최초 개발자의 독창성을 높게 평가하지 않을 수 없다. 그러나 한번 그 기술이 공개되면 이후부터는 경제성, 실용성에 주안을 둔 기업, 정부, 군대를 중심으로 한 기술개발 전쟁으로 이어진다.

여기에는 노력하여 여기까지 이끌어 온 기술자가 설 여지가 없다. 역사의 한 획을 그은 윌버와 오빌 형제도 이로써 그 역할이 끝났다.

이후 형 윌버가 장티푸스로 1912년 45살의 젊은 나이로 죽었지만, 동생 오빌은 기술 창조기에 크게 번성했던 아메리칸 라이트 비행기 제조회사를 은퇴하고 77세까지 장수하다가 1948년에 사망했다.

과학자가 남긴 한마디

우리는 함께 살았고 같이 공부했으며,
항상 같이 일하고 함께 생각했다.

유럽에서의 높은 평가

라이트 형제는 처음에 미국보다도 유럽에서 높게 평가를 받아 프랑스 과학아카데미나 영국 왕립학회로부터 수많은 표창을 받았다. 역사적인 '플라이어 1호'도 오랜 기간 동안(1928~1948) 런던 과학박물관에 대출되었다가 나중에 미국의 민족주의 운동에 의해 겨우 스미스소니언 항공우주박물관으로 되돌아오게 되었다. 미국 정부가 형제의 공적을 공식적으로 인정한 것은 동생 오빌마저 사망한 다음인 1948년 이후로, 1955년에 겨우 형 윌버가 미국의 위인전당에 들어갈 수 있었다.

키티호크의 기념비

세계 최초의 동력비행을 성공한 장소인 키티호크에는 비행기념비가 세워져 있으며, 라이트 형제의 오두막도 남아 있다. 실험을 한 풍동이나 공작 도구 등도 전시되어 있다. 1932년의 비행기념비 제막식에서 오빌은 "이 기념비를 형과 함께 보았다"고 했다. 윌버도 생전에 "동생 오빌과 나는 함께 살았고 같이 공부했으며, 항상 같이 일하고 함께 생각했다"고 말한 바 있다.

복원 마니아들

오늘날 라이트 형제의 '라이트 1호'를 복원하려는 마니아들이 엄청나게 많다. 그러나 글라이더 훈련을 받지 않은 그들로서는 첫 비행의 36m 기록조차 깨기 어렵다. 역시 이 비행기는 형제의 천재성을 필요로 하는 것 같다. 그러나 라이트의 기술을 도입해서 개량한 블레리오 비행기, 파르망 비행기로는 쉽게 날 수 있다.

드미트리 이바노비치 멘델레예프

러시아의 화학자

업적 · 원소의 주기율 발견

Dmitrii Ivanovich Mendeleev (1834~1907)

원자량의 크기 순으로 나열한 원소의 성질이 주기적으로 변화하는 주기율을 발견함. 노벨상급 발견이었지만, 사망하기 직전의 선정위원회에서 1표 차이로 받지 못했다. 화학, 물리학 분야에서의 업적뿐만 아니라 유전의 개발, 기술백과사전의 간행 등 과학 행정에도 능력을 발휘했다. 말년에는 도량형국 총재로서 단위 개선에 최선을 다했다.

1834	시베리아 토볼스크에서 태어남. 아버지는 고등학교 교장, 어머니는 유리 공장을 경영함.
1850	상트페테르부르크 중앙교육대학 입학.
1855	상트페테르부르크 중앙교육대학 졸업.
1857	상트페테르부르크 중앙교육대학 화학 시간강사가 됨(23세).
1859	파리대학 유학, 나중에 하이델베르크대학에서 분젠에게 배움.
1860	카를스루에의 제1회 국제화학자회의에서 카니차로의 원자량 강연을 듣고 주기율 연구에 대한 착상을 얻음.
1861	러시아로 돌아옴.
1864	상트페테르부르크 공과대학 교수(30세).
1868	상트페테르부르크대학 화학과 교수(34세).
1869	최초의 주기율표를 러시아 화학회에서 발표. 《화학의 원리》 출간(35세).
1871	주기율표의 상세한 논문을 러시아 화학회지에 발표, 미지원소의 성질을 예언함.
1875	미지원소 칼륨 발견.
1879	미지원소 스칸듐 발견.
1882	영국 왕립학회로부터 데이비 메달을 받음(48세).
1886	미지원소 게르마늄 발견.
1890	정치 문제로 상트페테르부르크대학을 사직함.
1893	도량형국 총재가 됨(59세).
1907	사망(73세).

1. 반나절만에 만든 주기율표

그것은 1869년 2월 17일(오늘날의 그레고리력으로는 3월 1일) 아침의 일이었다.

드미트리 이바노비치 멘델레예프가 아침에 커피를 즐기고 있을 때 한 장의 엽서가 배달되었다. 보낸 사람은 오랜 연구 동료인 *메슈토킨이었다. 시계의 바늘은 오전 9시를 가리키고 있었다.

"*삼조원소를 어떻게 생각하십니까?"

엽서에는 이렇게 쓰여져 있었다.

삼조원소란 독일의 *되베라이너가 1800년대 전반에 발견한 것으로, 화학적 성질이 서로 닮은 세 가지 원소의 조합이었다.

예를 들면 '플루오르·염소·브롬', '리듐·나트륨·칼륨', '칼슘·스트론튬·바륨' 등의 조합이다.

친구가 문의한 내용에서 멘델레예프는 번뜩이는 생각이 떠올랐다. 그는 즉시 서재로 들어갔다.

이 때 그는 엽서 위에 커피잔을 두었던지, 동그란 흔적이 남아 있는 엽서가 지금도 상트페테르부르크의 멘델레예프 박물관에 남아 있어, 주기율표 발견의 역사적인 순간을 보여주는 물건으로 전시되어 있다.

그는 골몰하여 점심 때까지 최초의 주기율표의 초안을 완성했으며 오후에는 타이프로 깨끗하게 정리했다. 역사상 최초의 주기율표의 완성이었다.

이 번뜩이는 생각의 계기가 되었던 것은 '삼조원소'였다.

당시 멘델레예프 이외에도 주기율표를 생각한 과학자들은 많이 있었다. 그들은 당시 알려진 63개의 원소를 원자량 순서대로 나열하면

메슈토킨
[Menschutkin, Nicolai Aleksandrovich. 1842~1907]
러시아의 화학자.
독일에서 A.콜베와 C.뷔르츠의 지도를 받고, 1885년 상트페테르부르크대학 교수가 되었다. 에스테르화(化)나 아민과 할로겐화합물과의 반응속도가 반응물질의 구조나 용매에 따라 어떠한 영향을 받는가 하는 것을 상세하게 연구하였다.

삼조원소
[三組元素, triad]
원소의 주기율이 확립된 1860년대 이전에 J.W.되베라이너는 리듐·나트륨·칼륨, 플루오르·브롬·요오드, 칼슘·스트론튬·바륨 등 각각 3개로 이루어지는 원소의 조에 대하여, 이들 원소 사이에 원자량이 등차급수를 이루는 등 규칙성이 있음을 지적하였다. 이들 세 원소의 조를 삼조원소 또는 세쌍둥이원소라고 한다.

되베라이너
[Johann Wolfgang Doebereiner. 1780~1849]
독일의 화학자.
1829년 삼조원소의 존재를 인정함으로써 화학원소의 계통적 분류를 밝혀, 주기율 발견의 중요한 계기를 만들었다.

주기성이 있다는 것까지는 알고 있었다.

　그러나 이 63개의 원소를 나열한 '테이프'를 어디에서 잘라서 반복시키면 될까라는 결정적인 생각은 아직 나오지 못했다.

　멘델레예프는 테이프를 자르고 반복시켰을 때에, 이 삼조원소는 세로의 위치에서 고정시켜야 한다는 영감이 번뜩였던 것이다. 그것들은 오늘날 말하는 '동족원소'였기 때문이다.

　그것을 계기로 주기율표는 순간적으로 만들어졌다. '세기적이고 천재적인 영감'의 순간이었다.

　이 주기율표는 〈원소의 성질과 그 원자량과의 관계〉라는 제목의 논문으로 같은 해 3월 6일(그레고리력으로 3월 18일) 러시아 화학회 모임에서 처음 발표되었는데, 멘델레예프 자신은 출장으로 참석하지 못하고 대신 엽서를 보낸 메슈토킨에 의해 대독으로 발표되었다. 또한 2년 후인 1871년에는 96쪽에 달하는 두꺼운 논문(독일어)의 핵심부분이 인쇄되어 세계에 공표되었다.

　오늘날, 화학 이론의 전부를 지배한다고 할 수 있는 멘델레예프의 주기율표가 세상에 선보인 것이었다. 페테르부르크대학 화학 교수로서 그의 나이 35살 때의 일이었다.

2. 예언된 미지의 원소

　이날 멘델레예프의 행동만 추적해보면, 주기율표는 아주 간단히 만들어진 것처럼 보이지만 사실은 그런 것이 아니었다.

　그는 그때까지 날이면 날마다 원자량을 보정하는 측정을 했고, 각 원소에 대한 자료를 폭넓게 모았으며, 63장의 카드로 정리했다고 한다.

각 카드에는 각 원소의 원자번호, 원자량, 원자가, 산·염기성, 금속·비금속성 등이 아주 자세하게 쓰여져 있었다.

이와 같은 배경에서 비로소 1869년 2월 17일 아침에 번뜩이는 영감을 더해 '삼조원소'를 세로 위치에 고정시켰다.

그 밖에 그가 성공할 수 있었던 이유가 또 한 가지 있다.

			Ti =50 V =51 Cr =52 Min=55 Fe =56 Ni=Co=59	Zr =90 Nb =94 Mo=96 Rh =104.4 Ru =104.4 Pd =106.6	? =180 Ta =182 W =186 Pt =197.4 Ir =198 Os =199
H=1	Be =9.4 B =11 C =12 N =14 O =16 F =19	Mg=24 Al =27.4 Si =28 P =31 S =32 Cl =35.5	Cu =63.4 Zn =65.2 ? =68 ? =70 As =75 Se =79.4 Br =80	Ag =108 Cd =112 Ur =116 Sn =118 Sb =122 Te =128 J =127	Hg =108 Au =197 Bi =210
Li=7	Na=23	K =39 Ca =40 ? =45 ?Er=56 ?Yt=60 ?In=75.6	Rb =85.4 Sr =87.6 Ce =92 La =94 Di =95 Th =118?	Cs =133 Ba =137	Tl =204 Pb =207

멘델레예프가 최초로 만든 주기율표(1869년)

사실은 당시 잘 알려져 있던 63개의 원소로부터 만든 테이프를 잘라서 반복시켰을 때, 세로 위치에서 '삼조원소'를 무리하게 고정시키자 테이프가 채우지 못하는 부분이 나왔다. 즉 빈칸이 생긴 것이었다.

거꾸로 말하면, 그때까지는 그러한 빈자리를 허용하지 않았기 때문에 '삼조원소'가 세로줄에서 어긋나 있었다.

멘델레예프의 훌륭한 점은 빈 부분에 아직 발견되지 않은 미지의 원소가 있을 것이라는 예언과 함께 미지원소의 원자량까지 예측한 물질을 계속해서 세분해 보면 원자라는 아주 작은 입자가 되는데, 이 원자는 또 양성자, 중성자, 전자로 구성되어 있다. 그 모양을 보면 양성자와 중성자로 된 원자핵을 중심으로 전자들이 일정한 궤도를 돌고 있는 모양이 된다.

원자핵 주변을 돌고 있는 전자들은 일정한 궤도를 돌게 되는 가장 바깥쪽 궤도를 돌고 있는 전자를 최외각전자라고 한다. 특히 가장 바깥에 있는 이러한 최외각전자들은 8개를 채우려 하는 성질이 있는데 이것이 원자와 원자를 서로 결합시키는 원동력이 되고 이렇게 해서 분자도 되고 또 분자들이 모여서 물질이 되는 것이다. 최외각전자의 개수가 같은 원자끼리는 비슷한 성질을 가진다. 주기율표는 바로 최외각전자의 개수가 같은 원자들을 정리해 놓은 것이다.

것에 있다.

멘델레예프가 존재를 예언했던 미지원소 에카알루미늄(에카는 다음이라는 뜻, 오늘날의 갈륨), 에카붕소(오늘날의 스칸듐), 에카규소(오늘날의 게르마늄)는 그가 살아있을 때 발견되었다. 비로소 의심스러웠던 주기율표의 가치와 러시아인에게조차 경시되었던 멘델레예프의 이름은 빠른 속도로 국제적으로 알려지게 되었다.

3. 한 표 차이로 받지 못한 노벨상

멘델레예프라면 주기율표를 떠올릴 사람이 많을 것이다. 또한 대부분의 사람들이 생각한 주기율표가 현재 교과서에 나오는 유명한 표 그대로라고 생각하는 사람도 의외로 많다는 것이 사실이다.

근대 과학 성립 과정에서의 멘델레예프 주기율표의 중요성은, 유감스럽지만 그다지 인식되지 않았다.

화학 반응에서는 원자가가 결정적으로 중요한데 그 값을 결정하는 것이 *최외각전자의 개수라는 사실은 오늘날에 와서야 알려지게 되었다.

멘델레예프 이전에는 최외각전자라는 개념은 없었다. 주기율표의 제출에 의해 처음으로 그 숫자는 주기율표의 '족(族)'에 해당한다는 원자 구조의 개념이 확정되었다.

우리들이 현재 알고 있는 원자의 전자각 구조는 모두 멘델레예프의 주기율표를 입체화한 것이다.

주기와 족이라는 것만 알면 모든 화학 현상을 완전히 설명할 수 있다. 주기율표가 화학 물질의 구조와 반응의 모든 것을 지배한다고 해도 과언이 아니다.

최외각전자의 개념은 화학 결합론으로서 하이틀러와 런던 등의 1929년에 발표한 수소분자 결합론으로 연결된다. 그들은 H원자가 왜 H₂분자가 되는 것인가를 이상하게 생각했고, 두 개의 원자핵이 최외각에 있는 2개의 전자를 공유함으로써 안정적으로 결합할 수 있다는 생각을 해낸 것이다.

또한 1913년에 *보어의 원자모형이나 원자 발광 현상의 에너지에 의한 설명 등도 최외각전자의 존재를 기반으로 한 것이다.

1910년대부터 1930년대에 걸쳐 노벨상 물리학 분야의 수상자가 계속해서 나온 것은 원자 구조에 관한 연구인데, 이것은 모두 멘델레예프 주기율표를 기반으로 한 것이었다.

원자 구조는 모든 물질 이론의 기초이므로 멘델레예프의 업적의 중요성은 아인슈타인의 상대성 이론에 필적할 정도라 할 수 있다.

그런 만큼 그의 업적에 대해 노벨상이 수여되지 않았던 것은 실로 부당한 일이라고 생각한다. 1907년 그가 죽기 수 주일 전에 이루어진 스웨덴의 과학아카데미의 1906년도 노벨 화학상 심사위원회에서 그는 단지 한 표 차이로 프랑스의 *무아상에게 패배했다.

멘델레예프의 주기율표라는 거대한 업적에 비해서 무아상의 주된 수상 이유는 '전기로의 발명' 이라는 사소한 것이었다.

여기에 당시 노벨상이 서양 백인 사회를 중심으로 했으며, 같은 백인계라 할지라도 러시아인이거나 특히 동양인 등 비유럽계에 대한 선정은 상당히 꺼렸다는 것을 생각할 수 있다.

또 당시 노벨상은 과학상 중요한 발견이나 도구의 발명, 개발에 대해서만 선정되었고, '이론' 에 대해서는 수상하지 않았다. 그 유명한 아인슈타인의 수상도 상대성 이론이 아니라 광전효과로 양자적 설명

보어
[Bohr, Niels Henrik David. 1885~1962]
덴마크의 물리학자.
원자모형 연구에 착수, 러더퍼드의 모형에 플랑크의 양자가설을 적용함으로써 원자이론을 세우고, 수소의 스펙트럼계열 설명에 성공하였다 (1913).
1922년 원자구조론 연구 업적으로 노벨 물리학상을 받았다.

무아상
[Moissan, Henri. 1852~1907]
프랑스의 무기화학자.
파리 자연사박물관의 E.프레미의 조수가 되어 화학을 공부하기 시작하였다. 1886년 파리고등약학전문학교 교수, 1889년 무기화학 교수, 1890년에 파리대학교 교수를 역임하였다. 1886년 프레미의 실험 실패에서 힌트를 얻어, 플루오르의 분리에 성공하였다. 이 공적으로 1906년 노벨 화학상을 받았다.

에 대한 것이었다. 순수하게 이론에 대한 수상은 유카와 히데키 이후
에나 실시되었다.

4. 14명의 형제 중 막내

신장 190cm에 가까운 거인이었던 멘델레예프는 1834년 14명의 형
제 중 막내 아들로 시베리아의 토볼스크에서 태어났다. 아버지는 고
등학교 교장이었고, 어머니는 유리 공장을 경영했던 여걸이었다. 특
히 이 어머니는 늘 자식들에게 "육체만을 위해 사는 것은 무의
미하다"고 가르쳤던 교육열이 높은 신세대 여성이었다.

부모는 형제 중에 제일 뛰어났던 그의 지적 능력을 최대한 발휘할
수 있도록 노력했다.

멘델레예프는 유소년기에 시베리아 유형의 정치범 과학자들로부
터 유럽 최신 과학의 기초를 배웠다.

당시는 시베리아 전체가 정치범의 유형지로, 토볼스크는 그 중심적
인 도시였다. 유형이라고 해도 간단한 감시가 붙여졌을 뿐 시내를 왕
복하는 것은 자유였다. 유형인은 거의 모두 로마노프 체제에 반대하
여 체포된 인텔리 계층이었다. 멘델레예프 부모는 그 정치범들을 가
정교사로 초빙하여 학교 수업 이외에 영재교육을 시켰다.

당시의 시베리아 가정에서는 먹고 살기 위해서 부모와 아이가
함께 일해야만 했다. 공부할 여유가 있던 것은 막내인 멘델레예프
정도였다.

1847년 멘델레예프가 중학교 재학 중에 아버지가 사망하였고, 설
상가상으로 다음해 어머니의 공장이 불타버렸다.

어머니는 이미 독립한 다른 아이들은 놔두고 멘델레예프만 데리고 제대로 교육을 시키기 위해 모스크바로 갔다. 여기서 멘델레예프는 모스크바대학 입학 시험에 응시했으나 실패했다. 멘델레예프는 당시 어머니의 낙담한 얼굴을 평생 잊지 못했다고 한다. 결국 돌아가신 아버지의 친구의 도움으로 페테르부르크 중앙교육대학에 입학할 수 있었다. 그러나 그후 얼마 지나지 않아 어머니도 사망하고 말았다.

아버지와 어머니의 기대를 한몸에 받았던 멘델레예프는 그 자신이 부모님의 유품이었다.

그는 페테르부르크 중앙교육대학을 수석으로 졸업하고, 졸업 후 대학의 학비 지원으로 유럽으로 유학을 떠났다. 그는 파리대학(르뇨에게 배움), 하이델베르크대학(*분젠에게 배움) 등에서 당시 최고 수준의 화학을 공부했다.

이 유학중에 칼스루에에서 제1회 국제화학자회의가 있었다. 독일어에 능통한 그는 이 회의에 참석하여 원자량의 의미에 관한 *카니차로의 강연을 듣고 감명을 받았다. 이 때 당시 세계 화학계가 가장 필요로 한 것이 주기율표의 작성임을 인식했던 것이다.

'주제 찾기'는 성공하려는 과학자에게 가장 중요한 일이다. 마치 우연처럼 멘델레예프는 때를 잘 맞추어 첫 번째 일을 했으며 주기율표 작성이라는 목표를 정했던 것이다.

러시아로 돌아오면서는 주기율표 작성에 최선을 다했고, 그것을 완성시켰다.

분젠
[Bunsen, Robert Wilhelm von. 1811~1899]
독일의 화학자.
유기화학 방면에서는 독이 있는 카코딜화합물을 연구하였는데 이 실험 중에 오른쪽 눈의 시력까지 잃었다 (1836~1841). 물리화학 방면에서는 광화학변화를 연구하여 (1855~1862), 로스코와 함께 광화학의 기초가 되는 분젠-로스코의 법칙을 발견하고(1855~1857), 기체의 성질을 밝혔다

카니차로
[Cannizzaro, Stanislao. 1826~1910]
이탈리아의 화학자.
프랑스로 망명하여 파리의 화학자 M.E.슈브뢸의 실험실에서 유기화학을 연구하였다. 1851년 알렉산드리아대학의 교수가 되어 카니차로 반응을 발견, 그 후 몇 개의 대학을 거쳐 1871년 로마대학 교수, 같은 해 과학적인 공적이 인정되어 상원의원으로 임명되었다. 아보가드로의 가설을 원자량·분자량 결정의 기초로 해야 함을 밝혔다.

5. 페테르부르크대학 좌익 학생운동을 지지

유럽에서 돌아온 뒤 러시아 학계를 거의 혼자의 힘으로 이끌었고 연구의 근대화에 최선을 다했던 멘델레예프는 1890년 갑자기 페테르부르크대학을 그만두었다. 연구 생활의 절정기였던 56살의 일이었다.

문제의 발단은 이 해 장학금 증액을 요구하는 것으로 시작된 좌익 학생운동이었다. 멘델레예프는 그들을 지지했고 이 요구를 교육부에 전달했다. 그러나 교육부는 경제 요구를 인정하면 정치 개혁으로 연결된다는 이유로 거부했다.

장학금 문제에서 시작했지만 농노제 비판을 포함한 이 학생운동은 로마노프 왕조 타도의 러시아혁명으로 발전할 과격성을 본질적으로 가지고 있었고, 급속하게 정치 개혁을 전개하려는 위험한 반정부운동이었다. 멘델레예프는 여기에 연계되어 대학을 그만두었던 것이다. 사실상 그것은 면직 처분이었다.

그가 좌익학생을 지지했던 이유는 시베리아에서 보낸 어린 시절에서 원인을 찾을 수 있다.

멘델레예프의 할아버지는 시베리아에서 최초로 신문사를 세운 언론인으로, 자유를 주장하는 사람이었다. 이와 같은 가족 전통의 영향을 강하게 받았던 멘델레예프는 처음부터 자유주의자였다.

또한 유소년 시절, 시베리아로 유배되었던 과학자들로부터 과학교육을 직접 받았던 체험에서, 그가 정치범에 대한 동정과 공감을 밑바탕에서부터 가지고 있었다는 점도 간과할 수 없다.

그렇지만 좌익학생에 대한 지지는 그의 입장을 결정적으로 불리하게 했으며 러시아 과학아카데미 회원에도 선출되지 못했다.

그러나 그 무렵 아직 후진국이었던 러시아의 정치나 경제의 지도자들은 완전히 그를 버린 것은 아니었다.

그는 당시의 러시아 과학계에서 유일하게 유럽 과학의 수준에 도달했으며, 주기율표라는 역사상 불후의 업적으로 유럽 과학계를 능가했던 학자였다. 또한 그는 기술백과사전의 간행, 코카서스 유전이나 도네츠 탄광 조사, 기구 관측 등의 활동을 통해서 적극적으로 나라에 공헌도 했다.

그래서 러시아 정부는 1893년에 멘델레예프를 도량형국 총재로 취임시켰고, 러시아 국내의 단위 문제 해결에 전력을 다하도록 했던 것이다.

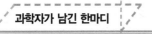

과학자가 남긴 한마디

어머니의 낙담한 얼굴을 평생 잊을 수 없었다.

멘델레비움

1955년에 발견된 원자번호 101의 새 원소는 불후의 업적을 남겼음에도 노벨상을 타지 못한 그를 기려, '멘델레비움' 이라는 이름이 붙여졌다.

언제나 3등석

멘델레예프가 투철한 자유주의자였는지는 알 수 없다. 하지만 그는 페테르부르크대학의 유명한 교수가 된 다음에도 열차를 탈 때에는 반드시 3등칸을 탔었다.

기념우표

멘델레예프 주기율표 발견 100주년 기념우표가 1969년 러시아에서 발행되었다.

갈릴레오 갈릴레이

이탈리아의 물리학자, 천문학자

업적

· 진자의 등시성 발견
· 가속도 운동 발견
· 물체의 운동에 관한 수학적 연구
· 망원경의 발견
· 온도계의 발견 등

Galileo Galilei (1564~1642)

성은 갈릴레이, 이름은 갈릴레오. 중세 최대의 물리학자이며 근대 과학의 창시자. 아리스토텔레스의 낙체의 법칙에 의문을 품고 가속도의 개념을 발견했다. 여러가지 업적 중에서 자연세계가 수학으로 표시될 수 있음을 처음으로 보여준 것이 최대의 업적이라고 할 수 있다. 태양중심설을 주장했으며 종교재판에 회부되어 최후에는 자택연금 상태에서 사망했다.

1564	피사에서 몰락한 귀족의 아들로 태어남.
1574	바론브로사 수도원에 들어감(10세).
1581	피사대학 의학부 입학(17세).
1583	진자의 등시성 발견. 수학자 리치를 만나 전공을 수학으로 바꿈(19세).
1585	피사대학 의학부 중퇴.
1586	최초의 논문 〈작은 천칭〉 발표.
1589	피사대학 수학 강사가 됨(25세).
1590	낙체 실험에 관계된 논문 〈운동에 대해서〉 발표.
1592	파도바대학 수학 교수가 됨(28세).
1597	《레 메카리케》 출간.
1606	《기하학적이며 군사적인 컴퍼스의 효용》 출간.
1609	망원경 발명(45세).
1610	파도바대학 사직, 토스카나 대공의 개인 수학자가 됨. 《별세계의 보고》 출간(46세).
1613	《태양흑점론》 출간.
1616	제1차 종교재판 판결, 경고 처분(52세).
1623	《시금자》 출간.
1632	《천문대화》 출간, 발표 금지를 당함(68세).
1633	제2차 종교재판 판결, 이단 결정, 아르체트리에 자택연금(69세).
1637	장님이 됨.
1638	《신과학의 대화》 출간, 즉각 발표금지가 됨.
1642	사망(78세).

1. 피사의 사탑 낙하 실험은 허구?

갈릴레오 갈릴레이의 학문상 출발점은 운동학으로, 피사대학에서 수학 강사를 할 때로 거슬러 올라간다. 갈릴레이는 그 중에서도 특히 낙하운동 연구에 최선을 다했다.

그때까지는 '10배 무거운 물체는 10배 빨리 떨어진다'는 *아리스토텔레스가 주장한 낙하 법칙이 계속해서 믿어져왔지만, 갈릴레이는 '물체의 무게에 관계없이 떨어지는 속도는 일정하다'는 것을 발견했다.

이것을 증명하기 위해 1590년에 피사의 사탑에서 했다는 유명한 낙하 실험이 전해온다.

갈릴레이는 어떤 물체도 같은 가속도로 낙하하며 지상에 동시에 도달한다는 것을 증명할 목적으로, 높이 55m의 유명한 피사의 사탑에서 공개 실험을 했다. 일반 시민, 철학자, 피사대학의 교수와 학생들이 지켜보는 가운데서 한 실험이었다.

그는 모여 있는 군중을 둘러보면서 무게가 10배 차이가 나는 서로 다른 2개의 공을 동시에 낙하시켰는데, 그것들은 동시에 땅에 떨어졌다. 2000년 동안 믿어 온 아리스토텔레스의 낙하 법칙이 완전히 무너지는 순간이었다. 마치 근대 과학이 승리한 것처럼 보였다(이 실험에서 사용했다는 공이 오늘날까지 남아 있다).

그런데 피사의 사탑에서 수행한 이 낙하 실험이 실제였는지에 대해서는 상당히 의심스럽다.

1638년 출간된 갈릴레이의 저서 《신과학의 대화》 속에는, 높이 100m 정도의 높은 탑에서 포탄과 작은 총알을 동시에 떨어뜨리면 1스판(약 20cm) 정도 차이가 날 정도로 거의 같이 떨어진다는 서술은

아리스토텔레스

[Aristoteles. BC 384~BC 322] 고대 그리스 최대의 철학자. 17세 때 아테네에 진출, 플라톤의 학원(아카데미아)에 들어가, 스승이 죽을 때까지 거기에 머물렀다. 그 후 여러 곳에서 연구와 교수를 거쳐(이 동안에 알렉산드로스대왕도 교육), BC 335년에 다시 아테네로 돌아와, 리케이온에서 직접 학원을 열었다. 지금 남아 있는 저작의 대부분은 이 시대의 강의노트이다. 스승 플라톤이 초감각적인 이데아의 세계를 존중한 것에 대해, 아리스토텔레스는 인간에게 가까운, 감각되는 자연물을 존중하고 이를 지배하는 원인들의 인식을 구하는 현실주의 입장을 취하였다.

비비아니

[Viviani, Vincenzo.
1622~1703]
이탈리아의 물리학자·수학자.
1639년 토스카나대공 페르디난트 2
세에 의해 갈릴레이에게 맡겨진 후,
1642년 스승이 별세할 때까지 그
곁을 떠나지 않았다. 갈릴레이의 마
지막 제자로서 기하학에 뛰어났으며,
프랑스 과학아카데미 외국회원이었
다. 갈릴레오의 전집출간을 원했으
나 이루지 못했다. 오늘날 갈릴레이
에 관한 전설은 대부분 그가 구술한
것이다.

스테빈

[Stevin, Simon. 1548~1620]
네덜란드의 수학자·물리학자·기술
자.
스테비누스라고도 불린다. 그의 과
학적 연구는 여러 방면에 걸친 것이
었으며, 문학적·군사적인 양면의
기술자로서도 활약하였고, 특히 축
성(築城)기사로서의 명성은 매우 높
았다. 그의 최대의 공헌은 역학 분야
의 업적으로서, 이른바 아르키메데
스적인 정역학은 스테빈에 의하여
대성되었다고도 할 수 있다.

피사의 사탑

있지만, 여기서 나오는 높이의 탑이 피사
의 사탑이었다고 기록되어 있지는 않다.

더우기 유명한 사건이었음에도 같은 시
대에 다른 사람의 문헌 속에는 피사에서의
공개 실험에 대한 기록이 전혀 없다.

이런 점들로 보아 피사의 사탑에서 했다
는 낙하 실험 이야기는 전기작가였던 *비
비아니의 창작일 가능성이 높다. 비비아니
는 갈릴레이의 신봉자였으며, 종교재판 이
후 불명예스럽게 사망한 갈릴레이를 동정
하여 역사상 제일급의 업적을 강조하여 특별하게 기술했을 것이며,
1654년에 쓴 《갈릴레이전》 속에서도 이야기를 과장했을 가능성이
매우 높다.

1586년에 네덜란드의 물리학자 *스테빈이 높이 10m 정도의 2층
창에서 크고 작은 2개의 공으로 실시한 낙하 실험을 통해서 "2층의
창에서 몸을 바깥으로 내민 다음 10배 정도의 무게의 차이가 있는 크
고 작은 두 개의 공을 떨어뜨리자, 모여 있던 사람들은 단지 같이 떨
어지는 소리만 들었다"는 기록이 있다. 이 내용은 갈릴레이의 피사
의 사탑 실험과 아주 비슷하다.

결국 스테빈의 실험을 이미 알고 있었던 비비아니가 《신과학의 대
화》 속에서 낙하 실험이 이루어졌다는 높은 탑을 피사의 사탑으로
바꾸었고, 거기에 스테빈의 낙하 실험 이야기를 만들어 덧붙였을 것
이다.

그러나 이것과 완전히 다르게 갈릴레이가 피사의 사탑에서 공개 실
험 등을 하지 않았다는 상황 증거도 남아 있다.

만일 이 공개 실험이 사실이었다면, 그것은 '정치적인 것'으로 상당히 위험한 실험이었기 때문이다.

당시 로마 교회가 중심 교의로서 생각한 것이 아리스토텔레스의 자연철학이었다. 피사의 사탑의 공개 실험은 아리스토텔레스를 완전히 부정하는 것이었으며, 그것은 로마 교회의 체면을 완전히 깎아내리는 것이었다. (역자 주:로마 교회가 고대부터 아리스토텔레스의 자연철학을 중심으로 믿어온 것은 아니다. 교부철학이 완성되면서 아리스토텔레스의 자연철학을 로마 교회에서 인정하게 되었다.)

더구나 갈릴레이에게는 적이 많았다. 그의 강의는 학생에게 인기가 있어 유럽 전역에서 청강생들이 모여들었지만, 그것은 동료 교수들의 질시로 연결되었다. 또한 논쟁을 좋아하는 성격은 자연적으로 많은 적을 만들 수밖에 없었다.

갈릴레이는 자신이 처한 그러한 상황을 정확하게 파악하고 있었다고 생각된다.

사실 그는 '처세의 대가'였으며 대공이나 교황 등의 정치 권력에 편승하여 출세를 계속해 왔다.

어떤 의미에서 갈릴레이는 '어른의 상식'을 가졌고, '학문'과 '정치'를 나누어서 생각했었다. 그러한 그가 학문적으로는 분명히 유용해도 정치적으로는 무모하기만 한 공개 실험을 했을 리가 없다. 그러한 일을 하면 분명히 정치적 보복이 올 것을 알았기 때문이었다.

나중에 지구중심설을 둘러싼 종교재판에서, 똑같이 지구중심설을 주장하는 구권위를 부정하면서 만용을 부렸던 *브루노처럼 화형을 당하지 않았던 이유도, 그의 '처세의 대가'다운 행동의 영향이 있었기 때문인지도 모른다.

여하튼 아리스토텔레스의 낙하 법칙의 모순은 다음과 같은 사고실

브루노

[Bruno, Giordano. 1548~1600]
르네상스 사상을 대표하는 이탈리아의 철학자.
18세에 도미니코 교단에 들어가 사제가 되었다. 그 동안에 고대와 당시의 자연학에 대해서 많은 관심을 가지게 되었으며, 점차 가톨릭 교리에 대한 회의를 품게 되었다. 1576년 이단과 살인 혐의로 사제복을 벗게 되자 이탈리아를 비롯하여 유럽 각국을 돌아다녔으며, 자연에 대한 동경으로 가득찬 그의 철학은 범신론적인 특징이 강하다.

험으로 분명하게 밝힐 수 있다.

A가 무겁고 B가 가벼운 공이라고 하자. 아리스토텔레스의 설에 따르면 A가 빨리 낙하한다. 그렇지만 A와 B를 끈으로 묶어서 결합한 A+B는 A보다 무겁지만 A는 B에 의해 잡아당겨져 감속하게 되므로, A+B는 A보다 천천히 떨어진다. 이것은 모순이다.

2. 샹들리에의 흔들림을 보고 진자의 등시성 발견

갈릴레이는 일반에게 진자의 등시성을 발견한 사람으로 알려져 있다.

진자의 등시성이란 진동하는 폭이 작을 때 진자의 주기는 그 진폭에 상관없이 일정하다는 것이다.

그가 이것을 발견한 것은 젊은 나이인 19살, 아직 피사대학 의학부의 학생일 때였다. 그것도 우연히 스쳐지나간 영감이었으므로 거인 갈릴레이의 천재적인 면모를 볼 수 있는 일화로 유명하다.

그 날 갈릴레이는 수업의 일환으로 피사의 대성당 예배에 참가하고 있었다. 심심했던 그는 문득 대성당 중앙 천장의 샹들리에를 올려다 보았다. 성낭 안에는 스쳐지나가는 바람이 있었는데, 샹들리에는 이 바람으로 크게 흔들리거나 작게 흔들리고 있었다.

그런데 진폭이 크든 작든 간에 샹들리에가 흔들리는 왕복 시간에는 차이가 없는 것처럼 느꼈다. 갈릴레이는 시계 대신 자신의 맥박을 사용해서(이 때 갈릴레이는 의대생이었다), 그 왕복 시간을 측정했다.

예상 그대로였다. 진자의 흔들리는 시간이 같음을 관찰한 갈릴레이는 예배가 끝나자마자 집으로 뛰어들어와, 그 결과를 수식으로 나타내 보았다.

또한 실험으로 확인해 본 다음에 등시성의 원리를 발표하게 되었다.

그런데 이 샹들리에의 일화도 앞의 피사의 사탑에서의 낙하 실험과 마찬가지로 비비아니가 쓴 전기에 상당히 극적으로 꾸민 감이 없지 않다.

갈릴레이의 물리학을 연구했던, 도요타씨의 논문에 의하면, 갈릴레이가 1583년 19

피사의 대성당에 있는 샹들리에

살이었을 때 진자의 등시성을 발견했다는데, 피사의 대성당 중앙에 있는 샹들리에는 1587년에 설치한 것이라고 한다. 따라서 갈릴레이가 어떤 샹들리에를 보았는지, 진짜 샹들리에가 그곳에 있었는지에 대해서는 확실치 않다.

대성당 안의 샹들리에가 아니라, 대성당 뒤편에 있던 강당의 작은 샹들리에였다는 것이 현지의 설명이다.

아무튼 실제 샹들리에가 크게 흔들리는 것을 보자 번뜩이는 영감이 떠올랐고, 집으로 돌아와서 크고 작은 두 개의 진자를 흔들어 본 다음, 꼼꼼히 시간을 들여서 발견하고 확인했을 것으로 생각된다.

갈릴레이가 그 장면에서 시계 대신 맥박을 짚었는지 여부는 중요하지 않다. 중요한 사실은 샹들리에의 흔들림 속에 숨어 있는 자연의 법칙을 발견했다는 것이다.

그는 오늘날 공식 $T=2\pi\sqrt{l/g}$ 에 근접하는 $T=8\sqrt{l/g}$ 라는 공식을 유도해

냈다.

샹들리에의 흔들림을 보고 이와 같이 번뜩이는 영감을 발휘했던 것은 그가 천재였기 때문이라고 쉽게 이야기할 수도 있겠지만, 여하튼 누구나 쉽게 발견할 수 있는 일은 아니다.

3. 최초로 자연 세계를 수학으로 기술

갈릴레이의 운동학 연구의 원점은 유명한 경사면에서의 청동구슬 굴리기 실험이었다.

그는 경사면의 각도를 여러가지(각도 5도 전후로)로 변화시켜 공을 굴렸다. 그 결과 어떤 경우에도 원점을 지나는 점에서 구의 이동 거리가 물시계가 측정한 시간의 제곱에 비례하여 증가하는 것을 발견했다.

가속도 운동의 발견이다.

낙하법칙에서는 가속도가 크기 때문에 사람의 눈으로는 아무리 해도 관측할 수 없지만, 경사면을 사용하면 낙하 운동의 구분 동작이 이루어지므로 성공할 수 있었다.

이 아이디어는 레오나르도 다 빈치도 가지고 있었지만 종합적으로 해석한 것은 갈릴레이가 최초였다. 그는 동일한 조건에서 실험을 각각 100번 이상 했으며 실험적인 이론임에도 뛰어난 결과를 얻었다.

갈릴레이는 가속도 운동의 공식을 얻었으므로 이미 스스로 확립시킨 관성에 의한 등속 운동($x=vt$, v는 속도)과 조합시켜 탄도학의 과학적인 연구에 몰두했다.

갈릴레이의 초기 논문이나 저술을 읽으면 여기저기에 군사적인 것을 대상으로 한 서술을 볼 수 있다. 대포 탄도의 과학적 연구는 당시 왕족이나 귀족들이 해결해야 할 군사상의 과제였으며, 갈릴레이도 이에 대한 많은 조언을 주었다.

갈릴레이는 먼저 포탄의 운동을 수평 성분과 연직 성분으로 분해할 수 있다는 사실을 수학의 직교 좌표를 통하여 착상해냈다.

그리고 탄환을 수평으로 발사할 경우 수평 방향은 등속 운동, 연직 방향은 자유 낙하 운동이 되고, 비스듬하게 위로 발사할 경우 수평 방향은 등속 운동, 연직 방향은 위로 던졌을 때 떨어지는 것과 같음을 발견했다. 즉 수평 방향은 항상 등속 운동이고 연직 방향은 항상 가속도 운동이었던 것이다.

이 때 수평 방향의 등속 운동에 관한 수학적 공식과 연직 방향의 가속도 운동의 수학적 공식을 조합시키면, 하나의 이차함수를 얻을 수 있다. 이 이차함수는 직교 좌표에서 포물선을 그린다. 즉 발사된 포탄에서 이루어지는 운동은 포물선 운동이었으며 자연의 운동 속에 수학이 숨겨져 있었던 것이다.

이처럼 자연 현상을 처음으로 수학으로 기술한 갈릴레이의 연구 방법은 근대 과학의 출발점이 되었다.

옛날부터 수학과 자연 세계는 서로 다른 것이었다. 수학자와 물리학자는 서로 매우 다른 분야를 다루고 있다고 생각되었지만 갈릴레이를 경계로 하여 수학은 자연 현상을 설명하는 도구로서 역할을 다했으며 근대 과학의 대발견을 후원하게 되었다.

4. 기존의 모든 이론과 상식을 의심

과학 연구에서 본질적으로 중요한 것은 기존 사실을 먼저 의심해 보는 업적 비판의 태도나 방법이다.

갈릴레이가 피사대학에 부임했을 무렵, 중세의 여러 대학은 크기 여부를 불문하고 선인의 기존 연구를 비판 없이 받아들이고 있었으므로 진보는 없었다. 강의는 옛날 이론을 다시 반복했으므로 신선함이 없었고 권위만 강조되고 있었다. 교수는 열심히 공부하지 않았으며 지위를 이용해서 악덕을 쌓았다. 대학은 새로운 학문을 개척하려는 활력을 잃어버렸다.

여기에 나타난 사람이 '싸움꾼' 갈릴레이였다.

그는 젊은 시절부터 생각한 바를 솔직하고 신랄하게 비판하는 일을 대중 앞에서 전개했으며, 독설의 재능과 배짱을 타고났다. 그렇기에 '싸움꾼' 또는 '토론쟁이' 라는 별명이 붙여질 정도였다.

갈릴레이의 이러한 성격은 "진리를 구하기 위해서라면 어떤 권위와도 맞서서 싸울 용기와 지혜를 가질 필요가 있다"고 가르쳤던 아버지로부터 이어받은 것이라고 한다.

그의 아버지는 옛날 궁중 전속 음악가이자 수학가로 근무했던 재주 많은 사람으로, 매사에 빈정거리지 않고 의견을 확실하게 말하는 타입이었다.

학문이 활력을 가지게 되는 원천은, 낡은 이론에 대한 철저한 비판과 새로운 이론의 창조에 있다고 믿었던 갈릴레이는 피사대학에 들어오고 나서 거의 모든 기존의 상식과 이론을 의심했다.

그 중에서도 으뜸가는 것은 교회는 물론이고 대학 교수조차 어느 한 사람도 의심하지 않았던 아리스토텔레스의 낙하 이론에 대한 철저한 비판이었다. 아리스토텔레스의 오류를 이론적이면서 실험적으로 철저하게 깨뜨렸다는 사실은 이미 언급했다.

또한 갈릴레이는 논쟁을 즐겼다. 옛날 이론을 파괴하기 위하여 많은 사람에게 논쟁을 걸었다. 봉건적이며 권위적이고 제대로 공부도 하지 않는 연구자들에게는 논쟁에서 지는 것이 무척 자존심 상하는 일이었다. 당연히 갈릴레이는 피사대학에서도, 나중에 옮긴 파도바 대학에서도 그리고 학회에서도 모두에게 따돌림을 받았다.

그러나 그는 기죽지 않았다. 새로운 세계를 창조하기 위해서는 타협하지 않고 싸우는 수밖에 없었다.

동료들로부터 따돌림이 있었지만 한편으로 논쟁을 통하여 많은 중요한 연구 업적을 얻었고, 그의 강의실은 전 유럽에서 온 학생들로 꽉 찼다. 세계적으로 명성은 높아졌으며, 당대의 일류 자연철학자로서 일반 사회나 종교계에도 지지자가 넘쳐났다.

그러한 사정이 주변에서 '성격이 나쁜' '잘난척 하는' 동료 교수들의 반발과 질시를 더 보태게 했고, 종교재판의 함정에 빠지게 되었던 것이다.

《천문대화》, 《신과학의 대화》는 갈릴레이의 '논쟁에 의한 진리탐구', 오늘날 말하는 '토론' 의 예를 보여주는 명저였다.

그 가운데 《천문대화》는 다음과 같은 A, B, C 세 사람이 행하는 대화 형식으로 되어 있다.

A : 프톨레마이오스를 믿는 사람

B : 코페르니쿠스를 믿는 사람

C : 상황을 잘 이해하는 보통 사람

A와 B가 대결하면서 C에게 설명하는 방식인데, 처음에 C는 A편을 든다. 그러나 A와 B의 대화 및 설명을 듣고 있는 가운데 C는 나중에

B의 의견에 동조하게 된다.

B의 방식은 특히 A로 하여금 스스로 말하도록 유도하고 그 모순을 날카롭게 지적하면서, 계속해서 대화하는 가운데 자기모순에 빠지도록 하는 것이었다. 또한 C는 보통 사람이 생각할 수 있는 내용을 말하게 하여 독자를 잘 인도하도록 장치가 되어 있었다.

그것은 아주 쉽게 읽혔고 또한 신선한 인상을 주었으며 좋은 평판을 불러왔다.

더욱이 《천문대화》의 문맥 어디를 봐도 직접 코페르니쿠스 체계(태양중심설)를 확신시키는 구절은 없다. 그러나 끝까지 읽으면 자기도 모르게 태양중심설에 대한 의심이 사라져버리는 느낌이 든다. 과연 갈릴레이라고 할 만하다.

갈릴레이가 '근대 과학의 창시자' 라고 불리는 까닭은, 이와 같이 논쟁에 의해 진리에 접근하는 '근대 과학의 방법론' 을 창시했기 때문이다.

그러나 A, B, C에는 명백한 모델이 있었는데, 교황은 A를 자기라고 생각해서 크게 화를 냈고(모델은 교황이 아니었다), 극심한 원한을 사는 계기가 되었다.

5. 함정에 빠진 갈릴레이

갈릴레이의 후반 인생은, 태양중심설을 둘러싼 종교재판과의 싸움이었다.

그가 '지상에서의' 물체의 운동을 중점적으로 연구할 무렵에는 아리스토텔레스의 낙체의 법칙을 부정한 정도로, 그 정도라면 교회로서는 그다지 해가 없었다.

형세가 달라지기 시작한 것은 1609년에 망원경을 제작해서 천체의 운동을 중점적으로 연구하기 시작하면서부터였다.

달이나 목성을 관찰해서 1610년에 출간한 《별세계의 보고》의 내용 중에는, 이미 태양계 모델을 이미지화해서 서술된 곳이 있었다. 즉 갈릴레이는 분명히 태양중심설을 의식하고 시작했던 것이다.

이 무렵 로마 교회의 입장은 견고한 '지구중심설'이었다. 드디어 갈릴레이는 교회의 블랙리스트에 오르게 된다.

교회와의 표면적인 최초의 마찰은 태양 흑점의 발견을 둘러싸고 일어났다.

당시 갈릴레이는 태양의 흑점을 누가 먼저 발견했는가를 둘러싸고, 천문학자이자 신부이기도 한 *샤이너와 대립하고 있었다. 갈릴레이는 샤이너의 제자 카스텔리 앞으로 보낸 편지 속에, 경솔하게도 지구중심설을 비판하는 내용을 쓰고 말았다.

이 편지는 샤이너를 비롯한 교회 안에서 갈릴레이를 반대하는 세력에 의해 조작되었고, 지구중심설 비판에 덧붙여서 교회를 비판한 내용까지 포함된 것처럼 보이게 했다.

교회 측은 이 편지를 근거로 공공연하게 갈릴레이에 대한 비판을 시작했다. 당연히 갈릴레이도 그것에 대한 반론을 폈다.

그렇지만 그것은 함정이었다.

갈릴레이가 지동설을 확신하고 있다고 본 교회는 조작한 편지를 근거로 그를 논쟁의 장소로 이끌었다. 논쟁을 좋아하는 그의 성격을 이용해서 그가 태양중심설을 확신하고 있다는 증거를 계속해서 폭로했다.

갈릴레이는 변명하면 할수록 점점 진흙과 같은 수렁으로 빠져들고

샤이너

[Scheiner, Christoph.
1575~1650]
독일의 사제 · 천문학자.
1611년 J.케플러의 《굴절광학》을 읽고 케플러식 망원경을 제작하여 태양흑점을 발견하였다. 그러나 태양흑점은 그 전 해에 이미 이탈리아의 G.갈릴레이가 발견했으며, 같은 해에는 J.파브리치우스도 독자적으로 발견하였다. 샤이너는 흑점 발견자의 선취권 다툼에서 갈릴레이를 적대시하여 교황청에 이단자로 고발하였다.

말았다.

"나는 교회를 존경하며 매주 예배에 나가고 있다"고 대공 앞으로 긴 변명의 편지를 썼지만 소용없었다.

1615년 갈릴레이는 반갈릴레이파의 중심 인물인 로리니에 의해 종교재판에 회부되었다. 다음해인 1616년 판결이 내려졌고, 그의 태양중심설 관련 저작 모두가 금서가 되었다. 이것이 첫 번째 종교재판이다.

로리니는 교황청 사람으로 평소 갈릴레이의 언동에 반감을 가졌으며, 한편으

갈릴레이가 만든 망원경

로는 건방진 갈릴레이를 혼내주려고 기회를 노리고 있었던 것 같다.

갈릴레이는 이후 7년 동안 침묵했지만 1623년 《시금자》라는 책에서 종교학자의 무지를 공공연하게 비판하는 내용을 서술했고, 이에 다시 교회의 반발을 샀다.

또한 1632년에는 《천문대화》를 출간했다. 종교재판 후 다시 탄압받는 것을 피하기 위해 대화 형식을 빌려서 기술했지만, 그것이 또 종교재판소에 확인되어 두 번째 종교재판에 올랐다.

이 때 마침 갈릴레이가 가정교사를 할 때 그를 따르던 바르베리니 추기경이 교황 우르바누스 8세가 되어 있었다. 그러나 첫 번째 재판에서도 갈릴레이가 별로 혼나지 않았던 점과 《천문대화》에 보이는 확실한 이단의 증거로 인해, 결과적으로 교황도 갈릴레이를 변호할 수 없었다(마지막에는 보신을 위해서 변절했고, 은혜를 입었던 갈릴레이에 대해서 엄한 심문을 명령했다).

두 번째 종교재판은 1633년 6월에 결정 심판이 있었으며 갈릴레이는 법정에서 성서에 손을 얹고 정식으로 태양중심설의 파기 선언을 강요받았다.

이 때 그가 "그래도 지구는 돈다"라고 말했다는 것이 널리 알려져 있지만, 그것은 종교 권위와 싸웠던 갈릴레이의 이야기를 미담으로 만든 후세의 각색이다.

실제는 태양중심설 파기를 선언하고 방면되었던 갈릴레이는 다음과 같이 말했다고 한다.

"이런 세상에서 나는 이미 죽은 사람이다."

아마도 이 말은 진실이었을 것이다.

그 후 갈릴레이는 피렌체 교외에 있는 아르체트리의 자기 집에 감금당하는 몸이 되었다. 1638년 비밀리에 대작 《신과학의 대화》를 완성했고, 교회의 눈을 피해 네덜란드의 라이든에서 출간되었지만 즉각 금서가 된다.

마지막 4년 동안은 두 눈이 멀어갔고 정말로 죽은 사람처럼 살았으며, 1642년에 78살의 나이로 생애를 마쳤다.

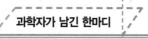

과학자가 남긴 한마디

이런 세상에서 나는 이미 죽은 사람이다.

종교 탄압과 명예 회복

갈릴레이의 사후에도 종교 탄압은 아주 치열했으며 300년 이상이나 갈릴레이는 유해조차 소재불명이었다. 갈릴레이의 묘비가 피렌체의 산타크로체 교회에 있다는 사실을 알게 된 것도 1960년대의 일이었다. 갈릴레이의 복권, 즉 로마 교황 청과의 화해가 최종적으로 완료된 것은 최근의 일이었다. 1989년 요한 바오로 2세가 "갈릴레이를 종교재판에 회부한 것은 잘못되었다"고 발표했으며, 1992년 10월에 정식으로 갈릴레이의 파문을 해제하고 명예회복을 선언했다.

갈릴레이 전집

이탈리아에서의 갈릴레이에 대한 평가는 아주 높다. 가리발디가 이탈리아 민족주의를 강조하던 시기에는 이탈리아에서 태어난 세계적인 위인의 상징으로서 갈릴레이를 들었다.

1890~1909년에는 파도바대학 물리학 교수 파바로에 의해 이탈리아 국가판 《갈릴레이 전집》 전 20권이 편집되었다. 이후 독재자 무솔리니가 이어받아, 1929~1939년 사이에 개정판을 출간했다. 과학자에 대한 완전한 전집은 현재까지 갈릴레이 전기뿐이며 세계 여러 나라에서 갈릴레이를 연구하는 사람이나 과학사 연구자들이 주목하고 있다. 그의 모든 편지글, 주변 문헌까지 포함한 완벽한 1차 자료의 보물이다.

칼 프리드리히 가우스

독일의 수학자, 천문학자, 물리학자

업적
· 최소제곱법의 발견
· 정17각형의 작도법 발견
· 정수론 확립
· 소행성 세레스 재발견
· 가우스의 정리 발견 등

Karl Friedrich Gauss (1777~1855)

수학, 천문학, 물리학 등 여러 분야에서 활약한 천재. 어렸을 때부터 뛰어난 계산능력을 보여 '신동'이라고 불려졌다. 천재다운 능력뿐만 아니라 인격적으로도 훌륭해서 사람들로부터 존경을 받은 천재 중 천재였다. 뫼비우스, 리만, 칸토르 등의 일류 수학자들이 유학을 통하여 그에게 배웠다.

1777	브룬스비크 공국의 기와 공장 노동자의 아들로 태어남.
1788	김나지움 2학년으로 입학, 이항정리를 혼자 힘으로 증명, 라틴어를 독학하여 정복함(11세).
1792	브룬스비크 공의 후원에 의해 카롤링고등학교 입학(15세).
1795	최소제곱법을 발견함. 이차의 상호법칙 발견, 괴팅겐대학 입학(18세).
1796	정17각형의 작도법 발견(19세), 제곱잉여의 상호법칙을 최초로 증명함.
1798	괴팅겐대학 졸업.
1801	소행성 세레스의 궤도를 계산하여 재출현을 적중시킴. 정수론의 명저 《정수론》 출간(24세).
1807	괴팅겐대학 수학교수가 됨.
1809	괴팅겐대학 천문대장을 겸임함. 이후 46년 동안 천문대장을 역임하였음. 《천체역학》 출간(32세).
1819	최소제곱법에 관한 논문 발표.
1831	괴팅겐대학 물리학 교수 겸임, 동 대학 물리학 교수에 취임했던 웨버와 지자기에 관한 공동연구를 시작함(54세).
1838	영국 왕립학회로부터 코플리 메달을 받음(61세).
1840	퍼텐셜 이론에 대한 가우스 정리 발표.
1855	사망(78세).

1. 18살에 최소제곱법, 19살에 정17각형, 24살에 정수론

칼 프리드리히 가우스는 역사상 보기 드문 진짜 천재였다.

어렸을 적부터 신동다운 능력을 보여준 가우스가 이룬 최초의 학문적 업적은 18살로 아직 어린 고등학생이었을 때 발견한 '최소제곱법'이다.

대부분의 실험 결과는 오차를 포함하고 있으므로 그래프에 표시한 점은 흩어지게 마련이다. 그러나 그 배후에 진리가 있다면 그것은 그래프에서의 직선이나 곡선으로 나타낼 수 있을 것이다. 그 선을 그을 때에는 옛날이나 지금이나 함부로 아무렇게나 긋는 경우가 많지만 그것은 옳은 방법이 아니다.

최소제곱법에서는 먼저 진리라고 가정한 가상선을 긋고, 다음에 실험값과 그 가상선 사이의 차이를 각 점에서부터 구한다. 그리고 이러한 오차를 제곱한 값을 모두 더한 합(오차함수 $\sum(x_i-\bar{x})^2$)이 최소가 되는 선이 참(진리)의 선이 된다는 것이다.

이 최소는 오차함수의 미분계수가 0이 된다는 것으로 결정할 수 있다. 그것에 의해 참의 직선이나 곡선을 그릴 수 있게 되는 셈이다.

최소제곱법은 오늘날에도 실험 결과를 처리할 때 사용하는 기본적인 방법이다.

괴팅겐대학에 입학한 가우스는 대학 1학년 때인 19살에 상당히 대단한 발견을 했는데, 그것이 바로 정17각형의 작도법이다.

그리스에서는 옛날부터 정3각형, 정5각형의 작도법은 알려져 있었다. 그러나 7, 11, 13, 17 등의 소수개의 변을 가진 정다각형의 작도는 불가능하다고 믿어져 왔다. 그래서 사실 2000년이나 시간이 지난 다음에서야, 불과 19살의 소년에 의해서 정17각형 작도법이 발견되었다.

이 작도법을 고안하기 위해서 밤낮을 가리지 않고 열중했던 그는, 어느 날 아침 눈을 뜨자마자 갑자기 그 해법이 머리를 스쳐지나갔다. 곧 종이를 준비하고 순식간에 정17각형이 가능한지 여부에 대한 일반 법칙까지 유도할 수 있었다. 또한 자와 컴퍼스를 이용하여 정n각형을 그릴 수 있는지에 대한 일반법칙까지 유도했던 것이다.

n을 기수로 한다면, 정n각형이 자와 컴퍼스로 작도가 가능한 것은, n이 $2^{2^k}+1(k=0,1,2, ...)$의 형태인 소수에서만 가능하다. 정17각형은 k=2의 경우가 된다.

가우스는 상당히 많은 재능이 있었는데 이 작도법의 성공으로 수학자의 길을 걷기로 결심했다고 한다.

한편 당시의 대학 교과서로 사용되었으며 당대 최고의 명저라는 《정수론》은 가우스가 젊었던 24살에 쓰여진 것이었다. 그것은 어떤 대수방정식에서도 a+bi 형의 근을 가진다는 대수학의 기본 정리를 포함한 정수론 연구를 집대성한 것으로, 이때 처음으로 가우스는 복소수를 도입했다.

이와 같이 가우스는 대학에서 공부할 만한 내용을 이미 고등학교 시절에 끝냈고, 대학생일 때에는 연구자로서의 생활을 했던 것이다. 이러한 일은 오늘날 대학생에게는 불가능한 일이며 당시로서도 이례적인 일이었다.

결국, 가우스는 《정수론》을 기본으로 한 대수학의 기초 연구로 22살에 박사 학위를 받았다.

2. 1에서 100까지의 합을 한순간에 계산

가우스가 신동임을 보여주는 유명한 일화로 다음과 같은 것이 있다.

그가 성 카타리나기본학교(초등학교와 중학교를 합한 학교임) 3학년(9살)이었을 때, 비트너라는 수학 선생님이 문제를 냈다.

"1에서 100까지 모두 더하면 얼마가 될까?"

학생들은 석판에 그 해법과 답을 쓴 다음 답을 구한 순서대로 선생님 앞에 쌓아놓았다. 모두에게 석판을 받고 선생님은 하나하나 점검을 하면서 잘못 계산한 아이들은 꾸짖고 회초리를 들었다.

이 날도 비트너 선생은 아이들에게 문제를 주고나서 그 틈을 이용하여 다른 일을 할 생각이었다고 한다.

가우스가 있던 학급에서도 다른 반과 마찬가지로 문제를 내며 시간을 벌려고 생각했던 비트너 선생은 문제를 내자마자 "다 했습니다" 하고 앞으로 걸어나오는 가우스를 보고 당황했다. 가우스는 석판에 크게 숫자만을 썼다.

장난친 것으로 착각한 비트너 선생이 화를 내며 다가갔는데, 석판에는 정답인 5050이 적혀 있었다. 놀란 선생이 풀이법을 묻자, 가우스는 다음과 같이 대답했다.

"1과 100을 더하면 101이고, 2와 99를 더하면 101, 3과 98을 더하면 101, ..., 50에다 51을 더하면 101. 그러므로 1에서 100까지의 합은, 101을 50개 합한 것과 같아요."

비트너는 명쾌한 설명에 당황했다. 그 신출귀몰한 수학적 재능에 도깨비에 홀린 것 같은 느낌을 받았으며, 놀란 나머지 기분마저 불쾌했다고 전해진다.

선생님은 가우스에게는 더이상 가르칠 것이 없다고 생각하여 고등학교 수학책을 구해 주었다.

3. 신들린 수학 천재

가우스가 어렸을 때부터 보여준 천재성에 관한 일화로는 다른 것도 있다.

한두 살 무렵에는 이미 달력의 숫자를 읽었다고 하며 세 살 때에는 기와 공장 직공이었던 아버지의 급료 계산을 옆에서 보고 있다가 잘못 계산된 부분을 지적하기도 했다.

"아빠, 이 계산은 틀렸어요."

"어른을 놀리면 안 된다."

"한 번 더 해보세요."

"어, 그러네? 계산이 한 군데 틀렸군."

이러한 상황이었을 것이다.

어린 시절을 회상하면서 가우스는 "나는 말을 배우기도 전에 이미 계산할 수 있었다"고 말하기도 했다.

9살 때 1부터 100까지의 합을 순간적으로 계산했던 일화는 앞에서 이미 소개했지만, 11살에는 이항정리의 증명에도 성공했다.

가우스가 태어나고 자란 곳은 브룬스비크 공국의 시골이었는데 그가 신동이라는 소문이 도시로 퍼졌다. 소문이 소문의 꼬리를 물고 퍼지자 천재 소년을 한번 만나보고자 하는 사람이 계속 이어졌다.

소년 가우스가 살던 시대에는 학문을 장려하는 영주가 주최하는 수학 대회 비슷한 것이 있었다.

브룬스비크 공국에서뿐만 아니라 독일 전역의 고등학교에서 수학을 잘하는 소년들이 모여 어려운 수학 문제를 푸는 수학 경시대회였다.

가우스의 젊은 시절(1803년)

가우스는 브룬스비크 대표로 선출되어 이 대회에 참가했다.

주최 측에서 의뢰한 대학의 수학 교수가 출제를 했는데, 그때에는 아직 엄밀한 해법이 나올 수 없는 어려운 문제가 출제되었다.

그런데 경시대회가 시작되자마자, 어른인 전문 수학자도 손을 대기 어려운 문제를 어린 가우스가 보기좋게 짧은 시간에 해결했다. 그것도 새로운 풀이 방식으로 풀어낸 것이었다. 이 대회의 그랑프리는 엄청난 실력을 발휘한 천재 소년 가우스의 것이었음은 말할 필요도 없다.

이 때 출제된 문제에 대한 자세한 내용은 기록이 남아있지 않지만 높은 수준의 기하급수 문제였다고 한다.

경시대회에서 문제를 푸는 모습을 보고 있던 주최자 브룬스비크 공은 14살의 어린 천재라는 소문을 듣고 만난 가우스의 능력이 사실임을 인정했고, 그의 재능을 키워주기 위해서 최고의 교육을 받도록 학자금을 지원했다. 또한 연금까지 주는 등의 많은 경제적 원조를 약속했다.

나중에 회고담에서 가우스는 자신에게 제시된 많은 수학 문제는 그것을 본 순간 답을 알 수 있었다고 서술하고 있다.

그에게는 도식적인 풀이가 직관적으로 먼저 번뜩였으며 이어서 그

피아치
[Piazzi, Giusepp. 1746~1826]
이탈리아의 천문학자.
1801년 최초의 소행성 세레스를 발
견하여 유명해졌다. 1803년과 1814
년에 각각 수천 개의 항성목록을 완
성하고, 별들이 태양에 대하여 상대
운동을 한다는 것을 밝혀 프랑스 과
학아카데미상을 받았다.

것을 수식으로 표현했을 것이다.

그의 천부적인 수학 실력이 어디서 유래했는지에 대해서는 아무도 모른다. 기록된 것이 없으므로 남들보다 갑절이나 노력한 것인지, 아니면 가만히 있어도 저절로 풀이가 떠올랐는지 알 수 없다.

다만 말할 수 있는 것은, 경험이 모든 것을 보여주는 '기술' 의 천재보다는 이성만으로 해결하는 '수학' 의 천재는, 적은 노력으로도 엄청난 독창적인 연구를 할 수 있다는 사실이다.

4. 소행성까지 재발견한 수학자

브룬스비크 공으로부터 연금을 받은 가우스는, 괴팅겐대학 졸업 후 정식 직장을 얻지 않고 집에서 연구 생활을 계속했다.

1801년 이탈리아의 천문학자 *피아치는 화성과 목성 사이에서 떠도는 소행성 세레스를 발견했지만, 곧 그 위치를 잃어버리고 말았다. 많은 천문학자들이 세레스의 위치를 다시 찾으려고 노력했지만 아직 분명하지 않은 채였다.

그러한 사실을 알았던 가우스는 18살이었을 때 빌견한 최소제곱법을 응용하고 개량하여 행성의 궤도계산법을 창안했고, 소행성의 위치를 예측하여 전세계의 천문대에 알려주었다.

그리고 가우스의 예측대로 세레스는 천문학자 올버스에 의해 다음해 다시 발견되었다.

이러한 사실로 젊은 재야의 수학자는 세계적으로 완벽하게 유명해졌다. 그리고 나중에 가우스는 이 업적 때문에 도움을 받는다.

가우스는 1806년 후원자였던 브룬스비크 공이 나폴레옹 전쟁에

독일 10마르크 지폐에 그려진 가우스의 초상

패배하고 사망하자 갑자기 빈궁한 생활로 전락했다.

이러한 사정을 고려한 러시아에서는 러시아 천문대장으로 그를 초빙하고자 했고, 괴팅겐대학에서도 부속 천문대장으로 초빙하였다. 결국 가우스는 1809년 괴팅겐대학의 천문대장이 된다(천문대의 건설이 늦어졌기 때문에, 1807년에 먼저 수학교수로 취임했다).

취임할 때 평가된 그의 업적은 세레스의 궤도 계산과 그 재발견이었음은 다시 언급할 것도 없다. 괴팅겐대학의 천문대장과 수학교수 겸임의 자리는 이후 그가 사망할 때까지 46년 동안 이어졌다.

그는 그리니치천문대에 필적할 정도로 천문대를 발전시켰으며 대학의 발전에도 최선을 다했다. 괴팅겐대학을 수학, 천문학, 물리학 등의 분야에서 세계 최고 수준으로 끌어올렸다. '가우스의 괴팅겐'이라고 말해지는 이유가 여기에 있다.

가우스가 순수 수학의 좁은 영역에 머무르지 않고 넓게 천문학이나 물리학에도 눈을 돌릴 수 있게 된 것은, 이 소행성 재발견의 업적이 계기가 되었을 가능성이 높다.

괴테
[Goethe, Johann Wolfgang von.
1749~1832]
독일의 시인·극작가·정치가·과
학자.
독일 고전주의의 대표자로서 세계적
인 문학가이며 자연연구가이고, 바
이마르 공국의 재상으로도 활약하였
다.

바그너
[Wagner, Wilhelm Richard.
1813~1883]
독일의 작곡가.
1832년부터 작곡을 시작하여 〈탄호
이저〉 〈로엔그린〉 〈트리스탄과 이졸
데〉 등의 오페라와 음악론에서 많은
명저를 남겼다.

5. 행복한 천재

가우스는 독일의 시골 구석에서 가난한 직공의 아들로 태어났다.

아버지는 거친 사람이었지만 어머니는 총명했으며 96살까지 장수
했다고 한다. 가우스의 형제들은 평범했으며, 가우스의 자식들도 학
자로서 대성하지 못했다. 이러한 의미에서 가우스는 한 대에 한정된
돌연변이 같은 천재였다고 할 수 있다.

후진국이었던 독일은 물론 당시 유럽학계의 분위기는 권위주의적
이었으며 출신을 문제 삼는 경우가 많았다.

그렇기에 일개 기와 공장 직공의 아들이 괴팅겐대학의 교수가 된다
는 것은 결코 있을 수 없는 일이었다.

결국 독일의 중심이었던 베를린대학의 교수는 되지 못했지만(이 직
위는 가우스가 고사했다는 설이 있다), 예외적으로 가우스가 출세했
던 이유는 그가 어느 누구와도 견줄 수 없는 천재의 능력을 가졌다는
점 이외에는 생각할 수 없다.

다른 면에서 보면, 권위적이고 보수적인 독일 사회와 학계에서
도 진정한 천재에게만은 출세할 수 있도록 관용을 베푼 것이라 할
수 있다.

가우스는 많은 천재에게 보이는 파란만장한 인생과는 달리 평온하
고 충실하게 인생을 보냈다. 부침이 격심한 것이 많은 천재들의 인생
이었지만 그는 이상할 정도로 담담했던 천재의 인생을 살았다.

주변 사람들과의 교제도 온화했으며 만년에도 좋은 할아버지가 되
었다. 가우스에 대해서 나쁘다고 평하는 사람은 없었다.

뛰어난 사람은 하나님이 일찍 하늘로 불러서 자신의 곁에 두려고

하기 때문에 오래 살 수 없다는 말이 있지만, 가우스는 78살까지 장수했다. 독일의 3대 천재로서 *괴테, *바그너와 나란히 축복받은 인생을 살았다.

  그는 행복한 천재였다.

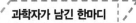

과학자가 남긴 한마디

나는 말을 배우기도 전에 이미 계산할 수 있었다.

정17각형의 받침대

가우스가 죽은 다음 괴팅겐대학에 세워진 가우스 동상의 받침대는 정17각형으로 되어 있다.

가우스 박물관

브룬스비크 시 공원의 가우스베르크 언덕에는 독일 최대의 조각가 샤퍼에 의해 1877년(가우스 탄생 100년)에 세워진 가우스 기념상이 있다. 또 브룬스비크 시에는 가우스의 이름을 딴 거리와 다리도 있다. 시의회의사당의 한편에는 가우스 박물관이 있다.

향학열

78살로 사망했지만 가우스의 향학열은 뜨거웠다. 60살부터는 러시아어를 공부하기 시작했다. 한편 만년에는 심령술에 빠졌었다는 설도 있다.

쿠르트 괴델

체코 태생 미국의 수학자

업적

· 완전성 정리 증명
· 불완전성 정리 증명
· 선택공리의 무모순성 증명
· 일반연속체 가설의 무모순성 증명

Kurt Goedel (1906~1978)

기호논리학, 수리철학, 집합론 등 수학기초론 발전에 공헌을 했다. 최대의 업적은 '괴델의 불완전성 정리' 의 증명이다. 이 제1 정리는 '인간 이성의 한계' 를 나타낸 것이고, 제2 정리는 '이성의 철저한 상대화' 를 보여준 것이다. 그것들은 여러 학문의 근본을 지지하는 수학의 절대성을 부정하는 것으로, 세상에 준 충격이 컸다.

1906	체코의 브륀에서 출생.
1924	빈대학 물리학과 입학(18세), 2년 후 전공을 수학으로 바꿈.
1928	빈대학 수학과 졸업.
1930	케니스베르크에서 열린 독일 과학자·물리학자협회의 회의에서, 힐베르트의 강연을 듣고 불완전성 정리의 아이디어를 얻어 완전성 정리 증명(24세).
1931	괴델의 불완전성 정리 증명(25세).
1933	빈대학 강사가 됨. 도미하여 노이만, 아인슈타인과 친교를 가짐(27세).
1934	빈으로 돌아와서 〈선택 공리의 무모순성 증명〉을 발표함.
1936	유대인으로 오해받아 강사직을 사직당함.
1938	일반 연속체 가설에 관한 괴델의 증명.
1940	빈을 떠나 미국으로 이주함. 프린스턴 고등연구소 정연구원이 됨(34세).
1947	프린스턴 고등연구소 종신연구원이 됨.
1948	미국 국적 취득.
1949	〈우주론〉(괴델의 우주론) 발표(43세).
1953	프린스턴 고등연구소 교수가 됨(47세).
1955	미국 과학아카데미 회원이 됨.
1978	사망(72세).

1. 인간 이성의 한계 발견, 이성의 상대화

쿠르트 괴델을 언급하려면, '완전성의 정리'에서 시작하여 "*불완전성 정리'로 끝난다고 해도 과언이 아니다.

그의 천재성은 '불완전성 정리' 그 자체에 있다.

불완전성 정리는 수학의 공리만으로는 진위를 결정하는 것이 불가능하다는 수학의 명제가 반드시 존재한다고 하는 정리로, 주로 제1 정리와 제2 정리로 구성되어 있다.

제1의 정리는, 여러가지 표현이 가능하지만, 최종적으로는 '수학의 표현은 현재까지의 수단을 이용해서 증명할 수도 부정할 수도 없다'는 것이다. 이것은 통상 인간의 이성이 한계가 있다는 사실을 나타낸 것으로 설명된다.

제2의 정리도, 여러가지 표현이 있지만, 최종적으로는 '수학이 모순이 없는 한 수학은 자기의 무모순성을 스스로 증명할 수 없다'는 것이다. 이것은 통상 인간의 이성을 철저하게 상대화한 것이라고 설명된다.

그러면 제1 정리와 제2 정리로부터 나오는 불완전성 정리의 어떤 점이 그렇게 대단한 것일까?

물리학, 화학, 천문학 등은 시대가 지나면서 크게 변화되거나 개량되어 왔다. 예를 들면 무거운 만큼 빨리 떨어진다는 아리스토텔레스의 설명은 갈릴레이에 의해서 부정되었고, 마침내 '지구중심설'은 '태양중심설'로 바뀌었다.

그런데 그러한 자연과학을 지탱하는 도구라고 할 수 있는 수학은 불변의 것이라고 생각되고 있었다. 결국 지구중심설을 지지한 수학이나 태양중심설을 지지한 수학이 본질적으로는 같은 것으로 변하지

괴델의 불완전성 정리
이 정리가 발표되기 이전까지는 B.러셀과 A.N.화이트헤드를 포함한 대부분의 논리학자들은 주어진 수학적 명제의 참과 거짓을 판별할 수 있는 절대적인 지침이 있다고 믿었다. 즉, 참인 모든 명제는 증명이 가능하다고 생각하였다. 그러나 괴델은 참이지만 증명이 불가능한 식을 제시하여 그렇지 않음을 보였다.

않는다는 것이다.

괴델은 본질적으로 불변이라고 믿어졌던 수학조차도 인간의 지성의 산물인 한 변하지 않을 수 없다는 것을 불완전성 정리로 증명한 것이었다.

수학은 엄밀한 논리학으로서 고대부터 끈질기게 정밀화되어 왔다. 그러나 그 전제가 되는 공리나 공준도 단순한 가정이자 전제였다. 그러므로 수학을 다시 생각해 보면 그것은 철학의 영역에 속한다.

젊은 시절의 괴델

정밀화의 역사 속에서 언제인지 모르는 사이에 수학만은 완전하며 절대적인 것이라고 믿어지게 되었지만, 그 출발점이 가정이나 전제인 한 수학도 절대로 '불완전성' 이나 '상대성' 에서 벗어날 수 없다는 것이다.

불완전성 정리를 부연한다면, 다음과 같은 것이 될 것이다.

자기가 완전하다는 것을 완전한 이론을 믿는 이론으로 증명하는 것은, 신이 아닌 몸을 가진 인간으로서 가능할 리 없다. 자기가 완전한지 불완전한지는, 그것을 판단할 수 있는 기준이 완벽하며 완전해야 한나는 것(신이 만들었다는 의미)이 조건이 된다. 그러나 그 기준(수학)은 불완전한 인간이 만든 것이며, 그 완전성도 영원히 증명할 수 없다. 그것은 결국 자기모순이며 그 조작은 아무리 정밀하게 한다 할지라도 소용없다.

2. 거만한 대가에게서 얻은 발상

괴델이 불완전성 정리를 구상한 것은 젊은 24살이었을 때의 일이었는데, 이 해 쾨니스베르크에서 열린 독일 과학자·물리학자협회의 연회에서 *힐베르트의 고희 기념강연을 들었을 때 아이디어가 번뜩였다고 한다. 힐베르트는 고전수학의 완성자라고 자임하는 사람으로 공간론에 대한 세계적인 대가였다. 괴델은 그의 강연을 듣던 중에 결함을 발견했고 그것을 '불완전성 정리'로 연결시켰다.

"나의 (고전)수학은 절대적이다. 고전수학은 이미 모두 완성되었다. 새로운 시도를 하려는 자는 바보다."

자신있게 웃으면서 힐베르트는 시종일관 자기 수학의 완전성을 설명했다. 반발을 느끼면서 듣고 있던 괴델은 새로운 사실을 알게 되었다.

힐베르트가 수학의 완전성을 강조하면 할수록 내부 모순이 드러나는 것이며, 자기 모순을 보여주는 것이 아닐까? 완전화를 꾀하는 힐베르트야말로 불완전할 수밖에 없다. 괴델은 여기에서 수학적 한계를 느꼈다. 이 착상이 불완전성 정리로 연결되었으므로 거만한 대가도 나름대로 커다란 역할을 한 셈이다.

3. 괴델의 개성을 길러준 빈대학의 풍토

괴델이 불완전성 정리를 증명한 위업에 대해서는 빈대학의 풍토를 제외하고 이야기할 수 없다.

그는 원래 빈대학 물리학과에 입학했지만, 2학년일 때 푸르트벵글

힐베르트

[Hilbert, David. 1862~1943]

독일의 수학자.

현대수학의 여러 분야를 창시하여 크게 발전시켰으며 괴팅겐대학을 세계 수학의 중심지로 만들었다. 힐베르트의 학풍을 찾아 우수한 수학자들이 많이 모여들었다.

저서 《기하학의 기초》(1899)에서 제시한 공리계에 의한 기하학의 이론 구성 문제는 그가 1900년 파리의 수학자회의에서 행한 수학의 전망에 관한 강연과 함께 수학에서의 공리주의의 방향을 자리잡게 함으로써 새로운 시대를 열어 준 획기적인 것이었다.

러의 수학 강의에 감명받아 수학과로 전과했다.

푸르트벵글러는 강의를 통해 고전수학을 벗어나 새로운 수학을 개척해야 하는 의의에 대해 열심히 설명했다고 한다.

수학으로 전과한 괴델은 재빨리 유클리드 기하학을 중심으로 한 평면기하학이나 선형대수학 등 기존의 수학을 바꾸는 데 몰두했으며, 구면기하학이나 비선형대수학과 같은 새로운 수학에 흥미를 가지기 시작했다.

한편으로 괴델은 철학을 좋아하는 청년이기도 했다. 중학생 때 칸트의 저작을 독파한 그는 빈대학에 입학하면서 좋아하는 철학을 공부하는 취미를 살렸다.

당시 1920년부터 1930년 사이의 빈대학에서는 과학철학 부분에서 '빈 학파'라고 불려지는 쟁쟁한 논객들이 있었으며, 그야말로 과학철학의 아성이었다고 할 수 있다.

*카르나프, *슐리크, *헴펠, *라이헨바흐와 같은 중진들이 매일 과학철학의 근본 명제를 둘러싸고 열띤 토론을 했다.

물론 모두가 하나의 체계를 공유했던 것은 아니지만 그들의 경향으로 다음과 같은 것을 들 수 있다.

그들은 우선 과학상의 성과를 모두 논리적인 기호로 표시할 수 있다고 생각했다. 그리고 이러한 생각을 기초로 '논리적으로 옳고 그름이 결정되는 명제' 및 '과학이 인정한 경험에 의해 옳고 그름이 결정될 수 있는 명제'의 두 종류는, 모두 논리 기호에 의해 유의미한 명제로서 표현할 수 있다고 했다.

그리고 이 두 종류의 명제로 고쳐쓸 수 없는 것을 모두 무의미한 명제('형이상학적인 것')라고 했으며, 전통적인 철학의 명제 대부분이 여기에 속하는 것으로 보았다. 이것은 논리실증주의라고 불려지며,

중심이 되어 주도했던 사람은 슐리크였다.

빈 학파의 활동은 구체적으로 분명한 성과를 올리지는 않았지만, 오늘날의 '분석철학' 이라는 분야를 만드는 계기가 되었다. 그리고 괴델도 이 논쟁에 끼어들었으며 철학적인 훈련을 크게 받았다.

빈대학의 이러한 과학철학 전통이 괴델에게 준 영향은 크다.

자연과학자는 무엇보다도 과학의 제1 명제인 '자연계를 어떻게 볼 것인가' 를 망각하고 수식의 전개에만 신경 쓰는 기술주의에 빠지는 경우가 종종 있다.

괴델은 빈대학의 풍토 속에서 자연과학 본래의 존재 의미를 망각하지 않았으며, '과학철학' 의 정면에 서 있었던 것이다.

빈대학에는 괴델 이외에, 물리학 분야의 볼츠만과 *마흐라는 위대한 인물이 있었고, 그들 역시 과학철학의 영향을 받아 위대한 업적을 쌓았다.

4. 왜? 어째서?

괴델은 체코의 브륀(현 브루노)에서 태어났다.

이 곳은 멘델이 '유전의 법칙' 을 발견했던 성 토마스 수도원이 있는 생물학 역사상 유명한 장소이다.

괴델의 아버지는 오스트리아인으로 빈 출신, 어머니는 라인 지방 출신으로 모두 독일어계 이민이었다. 괴델은 독일어로 교육을 받았으며 두 형제 중 차남이었다.

괴델의 어머니는 '다발성 뇌척추경화증' 이라는 병을 가지고 있었다. 이 병은 히스테리나 경련을 자주 일으키고 감정이 불안정해지는

마흐
[Mach, Ernst. 1838~1916]
오스트리아의 물리학자·과학사가·철학자.
'질량상수' (1868)를 논하여 뉴턴역학의 기초를 다지고, 《에너지 보존 법칙의 역사와 기원》(1870)을 써서 에너지론의 기초를 닦는 등 물리학의 기초적 분석과 체계화에 이바지하였다. 아인슈타인에게 영향을 끼쳐 후에 아인슈타인이 이룩한 상대성 이론의 선구적 역할을 하였다.

괴델의 가족(1910년)
아버지, 형, 히스테릭했던 어머니와 함께.

증상이 나타나며 고치기 어려운 병이다. 때문에 그녀는 외출을 삼가했으며, 집에서 괴델을 교육시켰다.

그렇다고 해도 학교에 보내지 않고 집에서만 교육을 한 것은 아니었다. 어머니의 체질이 괴델에게 유전됐는지 모르지만, 그는 병에 잘 걸렸고 약했으며 등교 거부를 해서 학교를 쉬었기 때문에, 대신 어머니가 보호했던 것이다.

어머니의 병 탓인지 모르지만, 괴델 자신도 어렸을 때부터 신경질적인 성격을 가지고 있었다. 이것은 다른 면에서 보면 아주 섬세한 기질을 가지고 있다고 말할 수 있다. 괴델은 감수성이 예민했고 상처받기 쉬운 소년이었다. 또한 사교적이지 못했고 대인공포증도 약간 가지고 있었으므로 주위와의 마찰로 상처를 받은 적도 많았다.

괴델은 원래부터 탐구벽을 가지고 있었다. 천재적인 지적 호기심은 어렸을 적부터 연발한 '왜' 로 대표된다.

이 질문벽은 부모나 주위 사람을 귀찮게 하여 아무 일도 할 수 없을 정도였으며, 집에서도 '질문쟁이' 라는 별명이 붙여질 정도였다.

무엇보다도 만사에 의문을 품었으며 완전하게 해결하지 않으면 납득하지 않았으므로 보통 사람은 끝까지 설명할 수 없었다. 이때에도 '오냐오냐' 하면서 언제나 마지막까지 돌봐주었던 어머니의 존재는, 마찬가지로 '왜, 왜' 를 연발하여 주위로부터 소외당한 에디슨 소년을 격려해준 어머니의 모습과 일치한다.

5. 우울증과 편집증, 피해망상으로 얼룩진 인생

노이만
[Neumann, Johann Ludwing von. 1903~1957]
헝가리 태생 미국의 수학자.
수학기초론에서 시작하여 양자역학의 수학적 기초설정 등 수리물리학적 과제를 대상으로 하고, 또한 수리경제학이나 게임 이론에 이르기까지 매우 다양한 수학적 업적을 이루었다. 현대적 수학기초론의 출발점이 된 《집합론의 공리화》(1928) 《양자역학의 수학적 기초》(1927) 《힐베르트 공간론》(1927) 등은 모두가 20대에 이룬 업적이었다.

괴델은 전 생애를 통하여 강박신경증, 이른바 극도의 피해망상으로 고통을 받았다. 그렇기에 세상에서는 '미친 사람'으로 생각된 경우도 많았다.

그러한 조짐은 일찍이 5살이었을 때 나타났는데, "밤이 무섭다", "다른 사람과 이야기하는 것이 무섭다"고 호소했다.

또한 8살에는 류머티즘에 걸렸고 그때문에 심장에 부담을 주어 심장병이 생겼다. 이 무렵부터 자신의 건강에 대해서 커다란 불안을 가졌던 것 같다.

불완전성 정리 증명 이후 *노이만과 친했던 괴델은, 그의 초청에 응하여 미국의 프린스턴 고등연구소를 여러 번 방문했다. 미국 체재 중 강박신경증은 다소 나아졌지만, 유럽에 되돌아가자 다시 매우 악화됐다.

아마도 유럽에서 그는 상당한 스트레스를 받았던 모양이다.

그 무렵 괴델은 빈대학의 강사로 근무했는데, 급료의 지급이 늦어지자 강제면직 당하는 것이 아닌가 걱정할 정도로 과민해졌다.

1938년에 나치 독일이 오스트리아를 병합하자 유대인으로 오인되었고, 1936년에 직장을 빼앗겼던 괴델에게도 신변의 위협이 가해졌다. 이어 그는 미국으로 이주할 것을 결심

프린스턴 고등연구소 시절의 괴델. 아인슈타인과 함께

아인슈타인상을 받는 괴델(오른쪽 두번째)과 싱거(오른쪽)

했고, 1940년 역시 노이만의 초청으로 프린스턴 고등연구소로 자리를 옮겼다.

24살에 '불완전성 정리'를 증명하고 34살에 미국 영주를 결심하기까지의 기간에 괴델은 끊임없이 강박신경증으로 고통을 받았지만, 계속해서 커다란 업적을 쌓았다.

'선택 공리의 무모순성 증명' 및 '일반 연속체 가설의 무모순성의 증명'은 지병인 신경증이 심해져 입원과 퇴원을 반복하는 가운데 이루어진 일이었다. 특히 후자의 경우 증명을 완성시키지 않으면 직장을 잃어버릴지도 모른다는 불안한 생각을 가지고 연구에 임했다고 한다. 그것은 마치 정신상태가 불안정할수록 지적 생산능력이 높아졌다는 인상을 준다.

강박신경증이 다시 악화된 것은 1946년 40살의 일이었다.

괴델은 십이지장궤양이 의심스러워 의사에게 진찰받으러 갔지만, "아무것도 아닙니다"라는 진단을 받고 집으로 돌아왔다. 그런데 병이 점차 심해져 다시 의사에게 가니 '위험하다'고 할 정도로 병이 진행되어 목숨이 위태로웠다.

그러한 사실을 '의사가 일부러 치료를 늦게 했다'고 생각했던 괴델은 점점 주위에 대한 불신이 커져갔다. 또 연구소에서는 언제나 수학적인 업적을 쌓지 않으면 쫓겨날 것이라고 매일 걱정을 했다.

1970년대에 들어서자 점차 쇠약해졌고 부인의 병도 한몫 곁들면서 우울증과 편집증으로 고통을 받았다. 자신이 독살당할 것이라는 망상 때문에 식사도 거르게 되었다.

1977년에 입원했지만 역시 병원이 자신의 식사에 독을 넣어서 죽일지 모른다고 의심한 나머지 식사도 완전히 거부한 채 결국 영양실조로 굶어죽었다.

과학의 발전에 반드시 인간성이 필요한 것은 아니다. 예를 들어 사회에 적응하지 못한 이상한 사람이었더라도 훌륭한 업적은 평가를 받는다. 그것이 세상의 규칙이다.

괴델은 그의 생애를 통해 보면, 자기파멸형의 이상한 사람이었지만 혁신적인 수학적 이론을 남기고 죽었다.

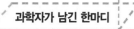

과학자가 남긴 한마디

나는 증명될 수 없다.
수학은 완전할 수 없다.

시간 여행의 가능성 제기

아인슈타인의 비유클리드 물리학에 대해서, 같은 비고전수학을 연구하던 괴델이 주목하게 되었다. 아인슈타인의 일반상대성 이론을 연구한 괴델은, 1949년에 〈우주론〉('괴델의 우주론'이라고 불리는 것)을 제출했다. 아인슈타인은 인정하지 않았던 기발한 시간 여행(광속 로켓을 사용하면 우주여행에서 나이를 먹지 않는다)을 주장하여 화제를 불러일으켰다.

루드비히 에두아르트 볼츠만

오스트리아의 이론물리학자

업적
· 열평형에서 맥스웰 분포를 확률론적으로 증명
· 열역학 제2법칙(엔트로피 증가의 법칙) 해명
· 슈테판–볼츠만의 법칙 발견

Ludwig Eduard Boltzmann (1844~1906)

통계역학의 창시자 중 한 사람. 열역학 제2법칙, 이른바 엔트로피 증가의 법칙은 단순히 역학법칙이 아니라 확률적인 법칙이라는 해석을 했으며, 엔트로피를 상태확률의 함수로서 $S = K log W$ 의 식으로 정의했다(S는 엔트로피, k는 볼츠만 상수, W는 상태확률). 통계역학 이외에 전자기학 분야에서의 업적도 많다.

1844	제국황실 재무관의 아들로 빈에서 태어남.
1862	빈대학 이학부 물리학과 입학, 재학 중에 〈열역학 제2법칙의 역학적 의미에 대해서〉,
	〈기체 분자 내의 원자수 및 기체 내부의 일에 대하여〉를 발표함.
1866	빈대학 졸업, 같은 대학 조교가 됨.
1868	그라츠대학 교수가 됨. 맥스웰 분포를 확률론으로 해명함(24세).
1871	기체의 평형분포에 관한 '에르고드 가설'.
1872	'H 정리'에 의해 열현상의 불가역성에 대한 역학적 설명을 시도함.
1873	빈대학 교수가 됨(29세).
1875	비열의 분자론적 연구.
1877	열역학 제2법칙을 확률적으로 해석하고, 엔트로피를 상태확률의 함수로서 정의함.
	유명한 $S=KlogW$의 식을 창출함.
1884	슈테판–볼츠만 법칙.
1895	《기체론 강의》 출간(~1898년), 뤼베크 회의에서 원자론을 철저하게 옹호함. 에너지론자와 대립.
1897	《역학원리 강의》 출간(~1904년).
1900	원자론을 둘러싸고 *오스트발트 등의 에너지론자와 격심하게 논쟁함. 노이로제에 걸림.
1906	피서지 드비노에서 자살(62세).

1. 원자, 분자를 확인하지 못했던 시대에 기체 분자 운동론을 창시

루드비히 볼츠만이 활동하던 시절에는 오늘날의 통계역학에 대해 주로 기체를 대상으로 한 것이므로 '기체 분자 운동론' 이라고 불렀다.

기체는 온도가 일정하면 부피와 압력은 반비례하며(보일의 법칙), 압력을 일정하게 하면 부피는 온도에 비례하여 증가한다(샤를의 법칙).

이와 같은 법칙성을 기초로 기체에 나타나는 여러가지 성질을 기체를 구성하는 분자의 운동으로 설명하는 것이 기체 분자 운동론이다.

기체 분자 운동론에 의하면, 예를 들어 보일의 법칙도 그릇의 부피가 변했을 때 기체 분자의 충돌 횟수가 변화했다고 생각하면 쉽게 설명된다.

이 기체 분자 운동론의 입장에서 볼츠만은 일찍이 빈대학 이학부 물리학과 재학중에 〈열역학 제2법칙의 역학적 의미에 대해서〉, 〈기체 분자 내의 원자수 및 기체 내부의 일에 대하여〉라는 두 개의 논문을 썼다. 갓 스물의 어린 나이였다.

이러한 업적은 열에 관여하는 현상은 모두 불가역적 변화이며, 열은 고온의 물체에서 저온의 물체로만 이동한다는 것이나, 기체의 일은 압력과 부피 변화의 곱으로 표현된다는 것을 보여준 것이다. 오늘날 고등학교나 대학에서 공부하는 교과서에도 반드시 실려 있는 아주 기본적인 내용이다.

이후 24살의 젊은 나이로 볼츠만은 그라츠대학 교수가 되었고, 하이델베르크대학 교수 등을 거쳐 29살에는 명문인 빈대학의 교수가 되었다.

오스트발트
[Ostwald, Friedrich Wilhelm. 1853~1932]
독일의 화학자·과학철학자. 도르파트대학을 졸업하고 화학연구에 몰두하였다. 1877년에 리가대학 강사를 거쳐 1881년 교수가 되었으며 1887년에는 라이프치히대학 교수로 재직. 산의 강도 등에 관한 물리화학적 연구로 학위를 받았고, 아레니우스의 이온설을 실험적 증명으로 뒷받침하여 확립, 보급하였다. 화학평형, 반응속도, 촉매(특히 그 현상적 개념의 확립), 백금 촉매에 의한 암모니아산화의 공업적 방법에 관한 연구로 1909년 노벨 화학상을 받았다.

이 무렵에 이룩한 볼츠만의 최대 업적은, 먼저 H정리에 의해 열현상의 불가역성이라는 본질을 확산이라는 분자 운동의 본성에 있다는 것으로 설명한 것이었다.

또한 이 H정리의 물리학적 의미를 고찰하는 가운데, 열역학 제2법칙, 즉 엔트로피 증가의 법칙이 역학적 법칙이 아니라 확률론적 법칙임을 알아냈다.

이 무렵에는 아직 해결하지 못한 문제가 포함된 아주 어려운 것이었다. 그 상세한 설명은 생략하지만, 볼츠만은 엔트로피를 상태확률의 함수로서 유명한 $S=K log W$의 식으로 정의했다(S는 엔트로피, K는 볼츠만 상수, W는 상태확률).

이와 같이 기체 분자 운동론에 대하여 계속된 업적을 이룬 볼츠만이었다. 그러나 놀랍게도 당시는 원자나 분자의 존재가 확인되지 않았던 시기였다.

원자의 구조 자체는 멀리 그리스의 *데모크리토스까지 거슬러 올라갈 수 있지만, 19세기 후반의 시점에서도 원자나 분자의 존재는 하나의 가설에 불과했다.

분명히 돌턴이나 *아보가드로에 의해 1800년대 초에 원자론이나 분자론이 다시 주장되었는데, 그것은 화학 반응에서 그렇게 생각하면 전후 사정이 잘 맞는다는 작업 가설에 불과했다. 실제로 어느 누구도 원자나 분자를 본 것은 아니었다.

결국 볼츠만은 미처 확립되지도 않은 원자론을 기반으로 기체 분자의 존재를 계속해서 믿었으며, 그 역학적 모델을 추진했던 것이다.

2. 지금까지도 해결되지 않은 불가역성의 문제

볼츠만이 전술한 H정리로 나타낸 것은, 쉽게 말하면 세상 변화의 일방향성(불가역성)에 있다.

'엎질러진 물 다시 담기'라는 속담처럼, 버려진 물이 자연적으로 컵으로 되돌아오는 일은 없다. 사람은 세월이 흐르면 나이가 들 뿐이지 결코 젊음을 되찾을 수 없다.

이와 같이 우리들이 눈에 보이는 거대한 물리 현상의 대부분이 불가역적이다. 그러나 반대로 원자나 분자의 운동은 가역적이다.

간단한 예를 들어보자.

컵이 넘어져 물이 쏟아지는 장면을 비디오로 촬영해 보자. 그것을 반대로 돌려보면, 우리들은 그것이 거꾸로 돌아가고 있다는 사실을 금방 알 수 있다.

이번에는 그릇에 넣은 두 개의 기체 분자 운동을 비디오로 촬영한다고 해보자. 그것을 역회전시켜도 우리들은 그것이 반대로 돌아가는 것인지 아니면 정상 회전인지 판단할 수 없다. 두 개의 기체 분자의 운동에서는 비디오를 역회전시킨 운동도 가능하기 때문이다.

여기에서 커다란 의문점이 생길 것이다.

우리들의 눈에 보이는 거시적인 물리 현상들은 모두 그 기본이 원자나 분자의 운동이다. 그렇다면 미시적으로 원자나 분자의 가역적인 운동이 일어나는데 어떻게 거시적인 물리 현상에서 불가역적인 변화가 나타나는 것일까?

기체 분자 운동론의 입장에서 거시적인 상태 변화의 불가역성을 나타낸 볼츠만의 H정리는, 처음으로 이러한 큰 문제를 훌륭하게 해결한 것처럼 보였다. 그렇지만 곧 반론이 나왔다.

로슈미트

[Loschmidt, Johann Joseph. 1821~1895]
오스트리아의 물리학자 · 화학자.
프라하와 빈에서 공부한 뒤 공업학
교 교사로서 과학에 관한 연구를 하
였다. 1865년에 밝힌 연구 〈공기분
자의 크기에 관해서는 1g 분자 속
의 분자수를 처음으로 정밀하게 산
출한 것으로서, 그의 이름은 점차 유
명해졌다. 오늘날 로슈미트수(또는
아보가드로수)로 불리는 이 수는 분
자의 종류에 따라 변함이 없음을 증
명했다.

체르멜로

[Zermelo, Ernst. 1871~1953]
독일의 수학자 · 물리학자.
1910년 취리히대학 교수, 1926년
프라이부르크대학 교수가 되었다.
L.볼츠만의 H정리에 관해서는 이른
바 '재귀성의 반론'을 제출하여 이
를 비판하고 논쟁하였다. 이것은
J.H.푸앵카레의 정리를 기초로 하여
역학적인 가역성을 근거로 H정리의
비가역성의 모순을 지적한 것으로서,
통계 역학의 확률적 의미를 명확하
게 함으로써 비가역성을 해명하는
데 중요한 역할을 하였다.

그 중 유력한 두 가지는, *로슈미트의 '가역성의 반론'과 *체르멜로의 '재귀성의 반론'이었다.

이것들은 모두 볼츠만의 H정리에서 나타낸 일방향성에 예외가 있음을 지적했다.

볼츠만은 그것을 인정하지 않을 수 없었지만 곧이어 확률론적인 이론으로 무장하여 반박했다. 즉, '예외'적인 현상은 확률상 거의 나타나지 않으므로 실제로 거시적인 불가역적 변화는 성립한다는 것이었다.

그는 자신의 이론에 대한 깊은 확신을 가졌고 그것을 우주 전체에 적용하여 다음과 같은 요지를 《기체론 강의》에 서술하였다.

"전체가 열평형 상태인 우주에서는 아주 작은 열평형의 동요만이 있는데, 이는 우리 은하 정도 크기의 특정 영역에서는 여러 곳에서 가능하다. 우주에서는 두 개의 시간 방향을 구별할 수 없다. 그렇지만 어떤 특정 영역에 있는 생물은, 지구 표면이라는 특별한 곳에서 지구 중심을 향하는 방향을 '아래쪽'이라고 말하는 것처럼, 보다 실현하기 어려운 상태를 향해 진행하는 시간의 방향을 그 역방향과 구별하는 것이다."

즉, 우주 안에서 열평형을 벗어난 특정의 영역에 있는 우리들은, 원래는 구별할 수 없는 2개의 시간 방향에서 보다 실현되기 쉬운 시간의 방향을 구별했다. 그 결과 세상의 변화는 한 방향을 향한 것처럼 보이게 되었다는 것이다.

그러나 문제는 그 귀착점을 볼 수 없다는 점이다. 볼츠만이 죽은 지 100년이 지난 지금에도 불가역성의 문제는 아직 논쟁중에 있다.

3. 에너지론자와의 사투

전술한 바대로, 볼츠만은 원자론자였다.

당시 원자론자와 완전히 반대 입장으로 대립했던 부류는 에너지론자들이었다.

마흐, 오스트발트 등의 에너지론자의 주장은, 하나의 가설에 불과한 원자를 물리 현상을 설명하는 데 이용할 가치가 없으며, 유일하며 어느 누구라도 인정할 수 있는 에너지를 이용하여 모든 물리 현상을 설명할 수 있다는 것이었다.

에너지론자의 중심적인 존재였던 오스트발트는 자기 집을 '에너지의 집'이라고 이름을 붙일 정도였다.

오스트발트는 학회에서 원자론을 전제로 발표를 하는 사람이 있으면, 일부러 무시한 채 잡담을 하면서 발표자에게 들릴 정도로 큰 소리를 내며 웃는 등 지극히 냉소적인 태도를 취했다. 발표에 대해서는 항상 말꼬리를 잡고 늘어졌으며 끝에 가서는 비웃는 표정으로 질문을 했다.

"……그런데, 당신은 그 원자를 본 적이 있습니까?"

결국, 에너지론자들의 집요한 공격을 받았던 원자론자들은 서서히 한 사람씩 탈락하고 있던 중이었지만, 볼츠만은 끝까지 자신의 신념을 굽히지 않았다.

어느 날 그는 에너지론자와의 격론을 벌이던 중에 다음과 같이 말했다.

"에너지에도 원자가 있다."

볼츠만의 진의가 어떻든 간에, 이 말은 나중에 밝혀진 에너지-양자화를 암시한 선견지명이었다는 평가도 있다.

페랭
[Perrin, Jean Baptiste.
1870~1942]
프랑스의 물리화학자.
노벨 물리학상 수상(1926).
콜로이드 용액 연구를 비롯, 브라운
운동에 관한 아인슈타인의 이론을
실험적으로 증명하여 분자가 실재하
는 것을 제시하였고, 아보가드로수
의 측정에도 성공하였다. 1910년부
터 파리대학 이학부에서 물리화학을
강의하였으며, 이 대학 생물물리학
연구소장, 국제물리화학회장으로 있
었다.

여하튼 원자는 있었다.

1908년 *페랭의 침강 평형 연구에 의해 원자나 분자의 실재가 간접적으로 증명되었던 것이다.

볼츠만이 죽은 지 2년 후의 일이었다.

4. 아이처럼 기분을 내는 어른

논적이었던 오스트발트는 볼츠만을 다음과 같이 평가했다.

"이 세상 사람들 사이의 이방인"

좋게 평가하면 악의가 없다는 것이고, 다른 면으로 보면 아이처럼 기분을 내는 어른이라는 뜻이다. 볼츠만에 대한 이러한 평가는 주위에서 일치된 견해였다.

그의 천진난만함을 보여주는 다음과 같은 일화가 있다.

그라츠대학 교수 시절 볼츠만은 자신의 산장에서 젖소를 기를 생각을 했다. 그래서 그라츠의 우시장에서 소를 한 마리 산 다음, 북적이

볼츠만의 초상화가 그려진 기념우표

는 인파를 헤치고 산장까지 소를 끌고 왔다고 한다.

유명한 볼츠만 교수가 소를 끌고 시내를 걷는 모습은 당연히 사람들의 화제가 되었지만 그는 전혀 개의치 않았다.

또한 의외로 알려지지 않은 다음과 같은 사실도 있다.

볼츠만은 생애를 통해 여러 번 근무하는 대학을 바꿨다. 그가 전직한 이유는

사실 단순한 것이었다.

빈대학 재직시 볼츠만은 반원자론자인 마흐에게 다그침을 당한 끝에 화가 나서 라이프치히대학으로 옮겼다. 그런데 라이프치히대학에는 오스트발트가 있었으며, 그가 또다시 볼츠만을 비난하자 결국 1년 반만에 사직하고 다시 빈대학으로 돌아왔다.

즉 싫으면 전혀 거리낌없이 직장을 바꾸었던 것이다.

보통 성인이라면 인간관계가 나빠도 어느 정도 참고 지내는 것이 보통이지만, 볼츠만이 유치할 정도로 직장을 바꾸었던 사실은 자신의 감정을 숨김없이 드러내는 한 천재 과학자의 일면을 보여준다.

볼츠만의 어린이같은 순진함을 그가 성공할 수 있었던 원천으로 보는 견해도 있다. 결국 전통이나 관습에 무심코 따르지 않는 때묻지 않은 감성이야말로, 모든 사물의 핵심을 매우 정확하게 파악할 수 있으며, 수많은 자연의 수수께끼를 해명할 수 있는 원천이 아닌가 한다.

그러나 천진난만함은 한편으로 불안정한 심리의 다른 표현이기도 했다. 볼츠만에게는 약간의 조울증 경향이 있었다.

5. 우주의 열적 종말을 비관하여 자살

볼츠만은 1844년에 빈에서 태어났다. 양친은 인텔리 계층이었으며 그는 중학교 때부터 성적이 아주 뛰어났다. 그러나 학생 때에는 심각한 조울증이 있었다. 재미있는 사실은 병원의 진료기록카드에서 알 수 있는 바와 같이, 볼츠만이 병원을 다닌 시기와 그의 과학적인 업적의 상관 관계를 조사하면 역사상 유명한 연구 업적은 조울증이

심할 때 집중해서 나왔음을 알 수 있다.

또한 그는 피해망상적 경향이 있었다. 자타가 모두 공인했던 천재인 자신의 능력이 과소평가되고 있으며 사회적 대우가 부당하다는 생각이 강했다(대학 교수도 젊었을 때 시작했으며 학회에서의 인지도도 높았으므로 결코 과소평가된 것은 아니었다).

1900년경부터는 에너지론자와의 논쟁이 시작되었고, 여기서 기력을 다한 결과 볼츠만은 드디어 본격적인 정신병을 앓기 시작했으며, 지병이었던 조울증도 극도로 악화되어 결국 1906년 피서지 드비노에서 스스로 목숨을 끊었다. 62살의 나이였다.

자살의 원인은 우주의 열적 종말에 대한 공포였다고 전해진다.

볼츠만이 엔트로피를 정의한 $S=KlogW$의 식에 의하면, 물질이나 에너지는 확산되며 마침내 우주 전체로 퍼지게 된다. 그리고 우주는 절대온도 0에서 3K만 온도의 상승이 있을 뿐이며, 결국 열평형이 일어나기 때문에 별도 존재하지 않는 암흑세계가 되어 멸망한다는 것이다.

이것이 바로 '우주의 열적 종말'이다.

만일 이것이 사실이라고 해도, 그것은 아주 오랜 시간이 경과한 다음의 일이다. 또한 현재의 이론적 틀에서도 반드시 우주가 열적으로 종말에 이른다고 할 수 없다.

한편 다시 생각해보면, 엔트로피 확산 이론은 관념 세계에서의 물리 이론이다. 그 관념의 세계에 대해서, 그야말로 관념적인 결론인 '우주의 열적 종말'에 비관했다는 것은, 아무리 보아도 볼츠만다운 일이었다.

사실은 자살 직전 그는 오랫동안 같이 산 아내로부터 3년 반 동안 들볶였다. 또한 이 무렵은 에너지론자들과의 논쟁이 극에 달해

가장 피곤했던 시점
이었다.

볼츠만의 묘

이것을 잘 이겨내지
못한 현실과 관념적
인 '우주의 열적 종
말'이 겹쳐진 것이 직
접적인 자살의 계기
가 되었을 것이다.

엔트로피의 식 $S=KlogW$는 무한히 증가하는 엔트로피를 설명한
것이지만, 동시에 그것을 만들어낸 주인의 인생에 종지부를 찍게
했다.

빈에 있는 볼츠만의 묘에는 $S=KlogW$의 식이 새겨져 있다.

과학자가 남긴 한마디

지구는 열평형으로 암흑세계가 되어 멸망할 것이다.

풍부한 유머

볼츠만은 한편으로 유머가 풍부한 사람이었다. 그는 친구인 로슈미트 추도 강연의 끝 부분에 다음과 같이 말했다.

"지금 로슈미트의 몸은 원자로 분해되고 말았다. 얼마나 많은 원자로 변했는지를 내가 저 칠판에 숫자로 표시하겠다."

그 흑판에는 숫자 1 다음에 0이 25개 나열되어 있었다. (10^{25}).

아이 사랑

볼츠만은 곧잘 자기 아이들과 같이 놀았다. 세 남매를 위해서 집에서 무도회를 개최했으며, 댄스를 즐기기도 했다. 어느 날 막내딸이 애완동물점 앞을 지나갔을 때 조그만 토끼 두 마리를 보고 키우고 싶다고 했다. 항상 그렇듯이 아내는 집이 더러워진다고 싫어했지만, 볼츠만은 바로 토끼를 사 가지고 왔으며 서재에다 직접 작은 집을 만들어 주었다고 한다.

기타사토 시바사부로

일본의 의학자, 세균학자

업적

· 파상풍균의 순수배양 성공
· 체액성 면역의 원리를 발견하여 치료에 응용한 혈청 요법 확립
· 페스트균 발견

北里柴三郎 (Kitasato Sibasaburo 1853~1931)

메이지 중기(1880년대)에 독일(베를린대학)로 유학을 가서 공부했으며, 파상풍균 순수배양에 성공했다. 또한 파상풍 독소의 연구로 면역체(항체)를 발견하고 새로운 치료법을 확립하여 세계적으로 유명해졌다. 일본으로 돌아온 다음에는 전염병연구소, 결핵전문병원 등을 설립하고, 페스트균 발견 후에는 시가 기요시, 노구치 히데오, 하타 사하치로와 같은 의학자를 세계적인 학자로 길러냈다.

1853년	히고 국(구마모토 현) 아소 군 오구니에서 촌장의 장남으로 태어남.
1871년	구마모토의학교 입학, 네덜란드 의사 맨스필트에게 배움(18세).
1875년	도쿄의학교(도쿄대학 의학부의 전신) 입학(22세).
1883년	도쿄대학 의학부 졸업, 내무성 위생국에 취직함(30세).
1885년	독일 유학, 베를린대학 위생연구소에서 코흐에게 배움(32세).
1889년	파상풍균의 순수배양에 성공함(36세).
1890년	파상풍균의 면역 체계를 발견함. 혈청 요법 확립.
1892년	일본으로 귀국함. 후쿠자와 등의 원조로 사립 전염병연구소를 설립함(39세).
1893년	일본 최초로 결핵전문병원인 도히츠가오카 양생원을 창설함.
1894년	홍콩에 파견되었고, 페스트균을 발견함(41세).
1899년	전염병연구소가 내무성 관할의 국립연구소로 바뀌었고, 초대 소장으로 취임함(46세).
1914년	사립 기타사토연구소를 새로 창설하여 초대 소장이 됨(61세).
1917년	게이오대학 의학부를 만드는 데 최선을 다함. 초대 의학부장으로 취임, 귀족원 의원이 됨(64세).
1923년	일본의사회 회장 취임(70세).
1931년	사망(78세).

1. 코카인의 '독에 대한 내성'에서 얻은 힌트

기타사토는 32살에 독일로 유학하여 베를린대학 위생연구소에서 코흐의 연구실로 들어갔고, 그의 수제자였던 *뢰플러의 지도를 받았으며, 이곳에서 5년 반 동안 연구에 몰두했다. 당시 기타사토는 종종 코흐로부터 직접 지도를 받기도 했다.

연구실 동료로는 베링, *에를리히 등 쟁쟁한 학자들이 있었는데 두 사람은 나중에 노벨 생리·의학상을 받았다.

기타사토가 처음에 연구한 것은 티프스균과 콜레라균의 성질을 해명하는 것으로, 동료들이 놀랄 정도로 열심히 연구하여 코흐의 신뢰를 받았다.

이어 연구 주제로 삼은 것은 소의 괴질병 원인균인 기종저균의 배양이었는데 이 연구는 계속해서 이어진 파상풍균의 순수배양을 성공으로 이끈 기반이 되었다.

기종저균이 산소를 싫어하는 세균이라는 사실은 이미 알려져 있었지만 이산화탄소를 이용한 배양 실험은 당시까지만 해도 시도되지 않은 상태였다.

이에 기타사토는 수소 가스를 사용해 보기로 착안하고, 완전히 공기를 빼낼 수 있는 편평한 유리 용기를 만든 다음 이 용기 속에 우무로 만든 배지를 넣고 그 위에 기종저균을 이식한 후에 수소 가스를 이용하여 공기를 빼냈다. 그리고 나서 용기의 양쪽 끝을 막고 순수배양에 성공했다.

위험한 방법이었지만 사람에게는 병을 일으키지 않는 소의 기종저균을 취급했던 것은 기타사토로서는 매우 다행스러운 일이었다.

왜냐하면 용기에 수소 가스를 채우고 난 후 용기의 양끝을 막기 위

뢰플러

[Loeffler, Johannes. 1852~1915]
독일의 위생학자.
1879년 베를린의 국립위생원에 들어가 세균학 연구를 하였고, 1886년 베를린대학 위생학 교수, 1888년 그라이프스발트대학 위생학 교수로 임명되었으며, 1913년 베를린 코흐 전염병연구소의 소장이 되었다.
디프테리아균과 그 독소를 발견하여 디프테리아병의 치료와 예방에 공헌하였고, 세균 염색에 널리 응용되는 뢰플러 염색액을 고안하는 등 세균학 연구의 실험법을 개량하였다.

에를리히

[Ehrlich, Paul. 1854~1915]
독일의 세균학자, 화학자. 노벨 생리·의학상(1908) 수상.
아닐린 색소를 응용하여 실험하는 등 여러 가지 화학물질이 생체조직에 끼치는 영향에 관하여 연구하였다.

해 용접하려 할 때 남아 있던 산소 때문에 세 번이나 폭발 사고가 났기 때문이다. 만일 파상풍균으로 실험하던 중에 폭발이 났더라면, 균이 공중으로 퍼져 기타사토의 연구 생활은 그대로 끝났을지도 모른다.

파상풍은 치사율이 높은 병으로, 균이 흙 속에 있기 때문에 상처를 입은 병사들이 넘어지면서 이 병에 걸려 사망하는 경우가 많았다. 따라서 파상풍 치료법의 확립은 모두가 간절히 바라는 것이었다.

코흐는, 병원균을 단정하려면 순수하게 배양해야 하며, 동물 실험을 통해 그 증상이 나타나는지 반드시 확인 작업을 거쳐야 한다고 했다.

그러나·많은 학자들의 노력에도 불구하고 파상풍균은 '순수배양이 불가능' 하다는 것이 지배적인 생각이었다. 기타사토는 이에 도전해 보고 싶은 생각이 들었다.

기타사토는 이미 성공했던 기종저균의 배양 기술을 응용했다. 다만 다른 점은 여러 번이나 실험을 반복한 결과 파상풍균과 눈병균의 아포(포자)가 가장 열에 강하다는 사실을 발견해냈으며, 80℃에서 30분간 가열하여 혼합되어 있는 잡균을 죽인 다음에 수소 속에서 배양을 함으로써 순수배양에 성공했던 것이었다.

불가능을 가능으로 바꾼 기타사토의 연구 결과를 보고받은 코흐는 이후 더욱 기타사토를 신뢰하게 되었다.

기타사토의 명성은 이후 파상풍의 독소를 연구하여 면역체(항체)를 발견하고, 혈청 요법을 확립한 업적으로 더욱 확실해졌다.

우선 기타사토는 배양액에서 균을 완전히 제거하기 위하여 여과기를 개량했고, 여과액을 주사한 동물이 파상풍 증상을 일으키는 것으로부터 파상풍균이 독소를 만들었음을 확인했다.

이어 파상풍 치료의 연구에 몰두하기 시작한 기타사토는 코카인에서 '독성에 대한 내성' 현상에 주목했다.

당시에는 암 환자의 고통을 줄이기 위하여 코카인 등을 희석시켜 사용하고 있었다. 처음에 소량의 코카인을 처방한 다음에 이후 조금씩 처방량을 늘리게 되면 나중에는 한꺼번에 상당한 양을 사용해도 코카인 중독이 일어나지 않게 된다.

이 점에 착안한 기타사토는 세균의 독소에도 이러한 현상이 나타날 거라고 생각했고, 그 가설은 적중했다.

실험용 쥐에게 처음에는 증상이 나타나지 않을 만큼의 극소량의 독소를 주사해서, 조금씩 그 양을 증가시켰는데, 나중에 평상시라면 분명하게 파상풍 증세를 일으킬 만한 양을 한꺼번에 주사했는데도 파상풍이 발병하지 않았다.

이 실험 결과로 기타사토는 독소를 약하게 만드는 면역성 물질이 혈액 속에 있을 것이라고 예상했다. 이어, 먼저 파상풍에 대한 강한 면역성을 가진 실험용 쥐의 혈청과, 확실하게 파상풍을 발병시킬 수 있는 양의 독소를 건강한 쥐에 동시에 주사했을 때에도 아무런 증상이 나타나지 않음을 확인했다.

이것으로 세계 최초로 독소에 대항하고 그것을 무력화시키는 물질(항체)이 존재함을 확인할 수 있었으며 혈청 요법의 기초가 만들어졌다. 그 결과 기타사토의 명성은 더욱 높아졌다.

2. 베링에게 가로채인 노벨 생리 · 의학상

기타사토가 확립한 파상풍의 면역 요법은 노벨상을 탈 만한 업적이었다. 그러나 1901년 제1회 노벨 생리 · 의학상을 수상한 것은 그의

다카미네

[高峰讓吉. 1854~1922]
일본 근대 초기의 공학박사, 약학박사.
아드레날린 결정 추출에 성공했다.

동료였던 베링이었다.

베링은 디프테리아에 대한 면역 요법을 확립한 공적으로 노벨 생리·의학상을 받았지만, 그것은 파상풍에 대한 기타사토의 방법을 디프테리아에 응용한 것에 불과했다. 말하자면 완전히 기타사토의 연구에 의존한 성과였던 것이다.

그렇지만 기타사토에게는 동양에서 온 유학생에 불과하다는 불리한 점이 있었으며 같은 업적을 쌓았어도 낮은 평가를 감수해야만 했다.

초창기의 노벨상은 서구인 중심의 수상자 선정으로 울분을 토했던 일본인들이 적지 않았던 것이 사실이다. 기타사토 이외에 노구치, *다카미네 등도 여러 번 노벨상 후보로 거론되었지만 결국 상을 타지 못했다.

베링과 공동작업을 통해 동물의 디프테리아와 파상풍의 면역성에 관한 논문을 썼고, 노벨 생리·의학상 후보로 거론되었으나 결국 베링만 노벨상을 받게 된 것이다. 이때의 느낌을 묻자 기타사토는 다음과 같이 담담하게 말했다.

"나는 유학생의 신분이었으므로, 당시 세계적 환경 속에서 연구할 수 있었던 것에 감사할 뿐이다."

이와 같이 겸손한 기타사토를 코흐는 상당히 높이 평가했다. 기타사토가 일본으로 돌아간 다음에도 소의 결핵과 사람의 결핵에 관하여 일본에 있는 기타사토에게 질문을 할 정도였으므로, 멀리 떨어져 있던 유능한 조수를 매우 신뢰했다는 것을 알 수 있다.

기타사토 쪽에서도 나중에 홍콩에서 페스트균을 발견했을 때에는 분리한 페스트균을 코흐에게 보내는 등으로 은혜를 갚았다. 동서양을 초월한 사제 관계는 이후 코흐가 일본을 방문했을 때나 죽을 때까지 계속되었다.

기타사토를 높이 평가한 것은 코흐의 나라 독일뿐만이 아니었다.

미국의 펜실베이니아대학에서는 지금의 돈으로 40억 원 이상의 연구비를 준다고 하면서, 전염병 연구의 지도자로 그를 영입하고자 했다. 영국의 케임브리지대학도 전염병연구소를 신설해서 소장으로 초빙하려고 했다.

그러나 기타사토는 결국 모든 요청을 거부하고 일본으로 돌아왔다.

그는 외국에서 업적을 세우는 것보다 유학한 성과를 일본으로 가져와 고국의 과학 연구 풍토를 조성하고, 의사로서 병을 고치고 대중들에게 위생관념을 가르쳐서 질병을 미연에 방지하는 풍토를 조성하는 것이 자신의 사명이라고 생각했던 것이었다.

3. 활동적이었던 학생 시절

기타사토 시바사부로는 막부 말기인 1853년에 히고 국(지금의 구마모토 현) 아소 군 오구니 향 기타사토 촌 촌장의 장남으로 태어났다. 마을 이름이 그대로 성이 된 것으로도 알 수 있듯이 이 지방에서는 유명한 집안 출신이었다.

메이지유신이 일어날 무렵에 소년기를 보낸 시바사부로는 18살에 구마모토의학교로 진학했고, 나가사키 데지마 네덜란드관의 의사였던 맨스필트에게 개인적으로 중세부터 발전해온 네덜란드 의학을 배웠다.

시바사부로의 원래 희망은 군인이나 정치가로 출세하는 것이었다. 그럼에도 불구하고 의학교로 진학한 것은 부모님의 눈을 속이려는 것이었고, 또한 앞으로 필요한 어학을 공부하기 위해서였을 것이다.

그러던 중에 맨스필트가 계속해서 의학 공부를 권했고, 또 그도 현미경으로 조직을 관찰하는 등의 연구에 흥미를 느껴 점차 의학 쪽으로 마음이 기울어졌다.

이 무렵 고향의 집은 경제적으로 곤경에 빠졌다. 기타사토는 고생 끝에 겨우 학비를 조달하여 도쿄의학교(나중의 도쿄대학교 의학부)에 입학했다.

도쿄의학교 시절의 기타사토는 교수들에게 착실하고 선량하다는 평가를 받는 학생은 결코 아니었다. 매사에 분명하게 말하고 행동했으므로 교수 쪽에서 본다면 약간 다루기 까다로운 학생이었을 것이다.

그는 지금으로 치자면 학생회장 같은 역할을 맡아 기숙사 개선을 요구하기도 했고, 실력이 없는 교수에게 꺼내기 어려운 말을 대신 하기도 했다. 실력이 부족한 교수들은 웅변 서클에서 웅변 연습을 했던 기타사토의 언변에 대응하기 어려웠다.

또한 탁월한 어학 능력을 갖춘 그는 독일인 교수와 독일어로 기탄 없이 토론하여 그 토론에서 이기곤 했다. 나중에 독일 유학 시대에 코흐연구소에서 우연히 다시 만난 당시의 교수는 "자네가 그때 그 활발했던 학생이지!"라고 기억했을 정도였다.

여하튼 이와 같이 다른 학생들과 구별되는 기타사토의 자질이야말로, 유학한 곳에서 의학의 본가인 독일인을 상대로 한 치도 뒤지지 않고 세계적인 업적을 쌓을 수 있었던 힘이 되었다는 것을 부정하기는 어려울 것이다.

4. 귀국 후의 활동

기타사토는 도쿄대학 의학부를 졸업한 후 내무성 위생국에 들어갔다. 이후 위생국 국장을 거쳐 나가요 센사이의 알선으로 독일(베를린대학)로 유학가게 되었다.

코흐의 제자로 들어가 공부할 것을 목표로 삼았던 기타사토를 위해 추천장을 써준 사람은 구마모토의학교의 동기이자 도쿄대학 의학부의 선배였던 오가타 마사노리였다.

오가타는 기타사토보다 3년 먼저 도쿄로 왔고 졸업한 다음 독일 유학을 마쳤는데, 유학 비용을 문부성과 내무성으로부터 지원받았기 때문에 귀국 후 처음에는 도쿄대학 조교수와 내무성 위생국의 직원을 겸하고 있었다. 조수로서 배속된 기타사토는 오가타로부터 세균학 연구의 기초를 전수받았고, 도쿄에 발생한 닭 콜레라 원인균의 특정 매개물을 처리하였다.

오가타 자신도 뮌헨대학에서 *페텐코퍼에게 위생학을, 귀국 전에는 베를린대학에서 코흐연구소의 뢰플러에게 세균학을 배우고 귀국한 지 얼마 지나지 않은 시기였다. 마치 오가타와 교대한 것처럼 기타사토는 베를린으로 가게 되었다.

그런데 운명은 의외의 방향으로 전개되었다.

오가타는 기타사토가 독일로 간 직후, 귀국 이후 최초의 논문 〈각기병 원인의 세균설〉을 발표했다.

유학중이었던 기타사토는 이 논문을 여러 각도에서 검토한 결과 중대한 오류를 발견했으나 그와의 관계 때문에 고민했다.

이때 기타사토에게 당당히 오류를 지적하라고 권한 사람은 유학 당시 지도교수인 뢰플러였다. 그는 "진리의 수호자를 자임한다면 은혜

페텐코퍼
[Pettenkofer, Max von. 1818~1901]
독일의 위생학자. 생리화학 분야의 연구로 담즙산, 오줌 속의 히푸르산 크레아틴, 크레아티닌 등에 대하여 학계에 보고하였다. 콜레라와 지하수에 관한 연구에서는 콜레라의 병원(病原)을 지하수에서 찾아냈으며, 코흐의 콜레라균설에 반대하여 코흐의 콜레라균 배양육즙을 마셔 보였다. 또 뮌헨시의 하수도를 완성하여 장티푸스를 일소하였다.

후쿠자와 유키치의 도움으로 세워진
사립 기타사토 연구소

후쿠자와 유키치

[福澤諭吉. 1835~1901]

일본의 사상가 · 교육가

1858년 에도(현재의 도쿄)에 네덜란드 어학교인 난학숙(蘭學塾)을 열고, 1860년 이후 막부 견외사절로 해외를 여행하며 새로운 문물을 접하였다. 메이지 유신 후 신정부의 초빙을 사양하고 교육과 언론 활동에만 전념하였다. 실학을 장려하고, 부국강병을 주장하여 자본주의 발달의 사상적 근거를 마련하였으며 만년에는 여성의 지위 향상을 위해 크게 공헌했다.

를 베풀었던 사람이라도 잘못된 학설은 지적해야 한다"고 기타사토에게 충고했다.

결국 기타사토는 어디까지나 학문적인 관점에서 선배이자 은인이기도 한 오가타의 학설을 비판했고, 각기병의 원인이 세균이라는 학설에 오류가 있음을 독일의 세균학 중앙학회지를 통해 지적했다.

그런데 이 논문이 도쿄대학교 의학부의 눈에 들어오자 관계자들 모두는 격분하였다.

도쿄대 총장인 가토에게 "사제의 도리를 모르는 놈"이라는 소리까지 들을 정도였다.

지극히 일본적인 이 사건을 계기로 기타사토는 도쿄대 학파를 중심으로 형성되었던 일본 의학계의 주류에서 벗어나게 되었고, 달리 활동할 장소를 물색할 수밖에 없었다.

1892년 세계의 위생과 의학 연구 상황을 시찰하고 온 기타사토는 귀국하자마자 전염병연구소 설립의 필요성을 역설했지만, 예산에 난색을 표하는 의견이 제국의회에서 나왔고 그 결과 정부 주도의 연구소 설립은 이루어지지 않았다.

기타사토는 자신의 포부를 나가요 센사이의 선배였던 *후쿠자와 유키치의 원조를 받아 실현시키려고 노력했으며, 후쿠자와의 소유지에 있던 시바공원 안에 일본 최초의 사립 전염병연구소를 창설했다.

이곳에는 기타사토가 해외에서 얻은 명성을 흠모한 우수한 인재들이 많이 모여들었고, 그 수준은 도쿄대 의학부를 훨씬 뛰어넘는 것이었다.

연구원들은 계속해서 세계적인 업적을 쌓아나갔다. 시가 기요시의 이질균 발견, 기타지마의 반시뱀독 혈청 요법의 확립, 하타 사하치로의 살바르산(매독 치료제) 개발 등이 그것이다.

이러한 업적과 함께 기타사토의 전염병연구소는 세계적으로 유명해지게 되었다.

이러한 사실로부터 기타사토가 인재 양성에 탁월한 능력을 가지고 있음을 분명히 알 수 있다. 과학 연구를 자기 정체성 확립의 수단으로만 생각했던 노구치에 비해 기타사토는 일본 전체를 생각하는 조직자의 역할을 수행해냈다.

1899년 전염병연구소는 국가에 기부하는 형식으로 내무성 직속의 국립 전염병연구소로 전환되었다. 1906년에는 시바시로카네의 2만 평 부지에 건평 3400평인 커다란 연구소 사옥이 신설되어 코흐연구소, 파스퇴르연구소와 어깨를 견주는 세계 3대 연구소 중의 하나로 인정받았다.

1908년에는 유학 시절의 은사인 코흐가 미국으로 강연하러 가던 중에 일본을 방문했는데, 이때 그는 귀국한 이후 16년에 걸쳐 일본에서 연구 조직을 성장시켜 온 기타사토의 노력의 결과를 보았다. 기대 이상의 활약상을 본 그는 마음속 깊이 기쁨을 느꼈다. 그러나 이후 건강이 악화된 코흐는 유감스럽게도 미국 강연을 마치고 독일로 귀국한 지 반 년만에 세상을 떠나고 말았다.

5.전염병연구소 소동

기타사토의 인격을 보여 주는 유명한 사건으로 1914년에 일어났던 '전염병연구소 소동'을 들 수 있다.

당시 전염병연구소의 관할을 내무성에서 도쿄대학으로 바꾸는 일종의 행정개혁안이 제시되었다. 전염병연구소가 도쿄대학의 부속 기관이 되면 활동 내용이 변하게 될 것을 우려했던 기타사토는 이 안에 대해 완강하게 반대했다.

그런데 1914년 당시 총리였던 오쿠마 시게노부는 전격적으로 이 개혁안을 승인했고, 전염병연구소는 결국 도쿄대학의 부속 기관이 되고 말았다. 이 사건의 배후에는 도쿄대학 의학부장이 되어 이후 일본 의학계를 장악했던 아오야마의 공작이 있었다고 한다.

자신의 반론이 더 이상 호응을 얻지 못하자 기타사토는 사임을 결심하고 사립으로 새로운 연구소를 세우려는 뜻을 품고 혼자 사표를 제출했다. 그런데 기타사토를 존경했던 전염병연구소 연구원 및 전직원이 이에 동조하여 모두 사표를 함께 제출했던 것이다. 세계적인 전염병연구소의 활동이 한순간에 정지되는 심각한 사태에 대해, 이관 결정의 책임자였던 아오야마는 크게 놀랐지만, 기타사토 집단은 모두 전염병연구소를 떠나고 말았다.

연구소의 중요 직책은 나중에 급하게 모집한 도쿄대 의학부 출신의 의사들로 채워졌지만, 전염병연구소의 수준이 세계적 수준으로 회복된 것은 러일전쟁 이후나 되어서였고, 국가의 경제는 아주 어려운 상태였다.

이것이 세상에 알려진 '전염병연구소 소동'으로, 전염병연구소에 대한 국제적 가치와 기타사토 집단의 강한 결속력을 세상에 알린 사건이었다.

 전염병연구소를 떠난 기타사토 집단은 같은 해에 사립 '기타사토연구소'를 창립했고, 사립 전염병연구소의 창립 때부터 후원을 아끼지 않았던 재벌인 모리무라 이치자에몽 등의 지원으로 이듬해에 새로운 사옥이 완성되었다.

 기타사토는 독립한 지 3년이 지나, 게이오대학 창립 60주년 기념사업의 일환으로 대학 내 의학부 창설에 최선을 다했고, 초대 의학부장으로 취임하여 8년 동안 근무함으로써 이미 사망한 후쿠자와에 대한 은혜를 갚았다. 당시 사립 전염병연구소 시절부터 그의 제자였던 시가, 기타지마, 하타도 모두 교수가 되어 기타사토 체제를 지원했다.

 오늘날 게이오대학 의학부는 도쿄대 의학부와 비견할 만한 높은 수준의 의학부로 인정받고 있다. 그러나 그 기반을 만든 것이 세계적인 기타사토와 노벨상급 업적을 이룬 여러 사람의 문하생들로 이루어진 기타사토 집단이었음은 잘 알려져 있지 않다.

과학자가 남긴 한마디

> 유학생의 신분으로, 세계적 환경 속에서
> 연구할 수 있었던 것에 감사할 뿐이다.

기타사토의 본심

"오늘날 노구치 같은 훌륭한 의학자가 존재하는 것은, 발목을 잡고 방해하거나 학자의 박해를 아무렇지 않게 여기는 일본에서가 아닌, 미국과 같은 세계적인 연구소에서 활약했기 때문이라고 믿는다."

전염병연구소 소동 직후인 1915년, 학사원 은사상과 서훈을 받기 위해 일시 귀국했던 노구치 히데오의 환영식에서 했던 기타사토의 인사말은 그의 본심을 드러낸 것이 아니었을까.

색인 index

index

천재 과학자들의 숨겨진 이야기

지은이 | 야마다 히로타카 山田大隆
옮긴이 | 이면우

펴낸날 | 2002년 3월 30일 · 1판 1쇄
       2003년 1월 5일 · 2판 1쇄
       2017년 5월 15일 · 2판 11쇄

펴낸이 | 이보환
펴낸곳 | 도서출판 사람과책
등 록 | 1994년 4월 20일 (제16-878호)

주 소 | 서울시 강남구 봉은사로 24길 13 세계빌딩 B1 (역삼1동 605-10)
전 화 | 02-556-1612~4 · 팩 스 | 02-556-6842
이메일 | man4book@gmail.com · 홈페이지 | http://www.mannbook.com

ⓒ 도서출판 사람과책 2002
Printed in Korea

ISBN 978-89-8117-067-7 03400